Morphologie der Großpilze

Heinrich Dörfelt • Erika Ruske

Morphologie der Großpilze

mit 112 Farbbildtafeln, Glossar
und Namensregister

HD Dr.rer. nat. habil. Heinrich Dörfelt
Zum Osterberg 15, OT Dederstedt
06317 Seegebiet Mansfelder Land

Dr. rer. nat. Erika Ruske
Wilhelm-Stade-Straße 4
07749 Jena

ISBN 978-3-642-41780-1
DOI 10.1007/978-3-642-41781-8

ISBN 978-3-642-41781-8 (eBook)

Die Deutsche Nationalbibliothek verzeichnet diese Publikation in der Deutschen Nationalbibliografie; detaillierte bibliografische Daten sind im Internet über http://dnb.d-nb.de abrufbar.

Springer Spektrum
© Springer-Verlag Berlin Heidelberg 2014

Planung und Lektorat: Merlet Behncke-Braunbeck, Dr. Ulrich G. Moltmann, Martina Mechler

Gedruckt auf säurefreiem und chlorfrei gebleichtem Papier

Springer Spektrum ist eine Marke von Springer DE. Springer DE ist Teil der Fachverlagsgruppe Springer Science+Business Media.
www.springer-spektrum.de

Morphologie der Großpilze

Inhalt

Vorbemerkung

Die Mykologie als biologische Disziplin

Die Mykologie (Pilzkunde) der Gegenwart ist ein vielfältiges biologisches Fachgebiet. Sie ist in der Human- und Veterinärmedizin (medizinische Mykologie), der Technik (technische Mykologie), in der Phytopathologie, der Land- und Forstwirtschaft, in der Pharmazie und auf vielen anderen Gebieten als „angewandte Mykologie" verankert. Als Wissenschaftsdisziplin wird sie in botanischen, mikrobiologischen oder rein mykologischen Instituten von Hochschulen und Akademien betrieben. Zusammenarbeit zwischen Wissenschaftlern und Autodidakten ermöglicht eine breite mykofloristische und ökogeographische Auswertung der „Geländemykologie", wodurch in den vergangenen Jahrzehnten umfassende Pilzfloren, Rote Listen, Verbreitungskarten und ähnliche Zusammenstellungen aus vielen Regionen der Erde entstanden sind. Die breit gefächerte populäre Mykologie befasst sich im Wesentlichen mit wild wachsenden Gift- und Speisepilzen und deren Bedeutung für die menschliche Ernährung. Dieser Zweig der Pilzkunde lässt sich bis ins Altertum zurückverfolgen. Aus ihm entwickelte sich auch die Speisepilzzucht als ein bedeutender Zweig der gärtnerischen Landwirtschaft.

Während die speziellen Teilgebiete der Mykologie in Hochschullehrbüchern und in ganz spezieller Fachliteratur behandelt werden, hat die populäre Pilzkunde eine unüberblickbare Fülle an Literatur über Gift- und Speisepilze hervorgebracht, die alljährlich durch neue, oft untereinander sehr ähnliche Werke mit farbigen Bildern von Großpilzen, Hinweisen zum Sammeln und zur Zubereitung von Speisepilzen ergänzt wird. Die speziellen systematischen, ökologischen oder biochemischen Arbeitsergebnisse der Forschungseinrichtungen werden in den populären Pilzbüchern nur in eingeschränktem Maße reflektiert, aber es gibt z.B. in den Florenwerken durchaus breite Überschneidungsfelder zwischen wissenschaftlicher und volkstümlicher Mykologie.

Morphologie der Großpilze als Disziplin der Mykologie

Die Morphologie, die Lehre von den Formen, wird im engeren Sinne für die Untersuchung der äußeren Gestalt benutzt und der Anatomie, der Lehre vom inneren Bau, gegenüber gestellt. In der Botanik und Mykologie behandelt die Anatomie im Wesentlichen den zellulären Aufbau. Es gibt zahlreiche Überschneidungsbereiche, eine scharfe Abgrenzung zwischen Morphologie und Anatomie ist nicht möglich. Ebenso unmöglich ist es, den Begriff Großpilze eindeutig festzulegen und gegen „Kleinpilze" abzugrenzen.

Der Schwerpunkt des Großpilz-Begriffes liegt bei Pilzen mit ansehnlichen Fruchtkörpern, deren Größe mehrere Millimeter überschreitet. In manchen Werken werden 4 oder sogar 2 mm als unterer Grenzwert angegeben. Aber man kann Pilzgattungen, in denen Arten mit grenzwertigen Fruchtkörpergrößen vorkommen, nicht auseinanderreißen. Als „Großpilze" werden schließlich auch große pilzliche Gestalten wie große Sammelfruchtkörper, d.h. große Stromata mit zahlreichen, einzelnen Fruchtkörpern, Rhizomorphen oder fruchtkörperähnliche Anamorphen angesehen, die nicht der Fruchtkörperdefinition entsprechen. Trotz dieser Schwierigkeiten in den Grenzbereichen ist die Morphologie der Großpilze als Fachgebiet der Mykologie gut zu umgrenzen. Es geht um den Bau der makroskopisch gut sichtbaren pilzlichen Strukturen, in erster Linie um den Bau ansehnlicher Fruchtkörper, der „Pilze" im Ursprung des Pilzbegriffes, der sich auf gestielte Hutpilze, auf konsolenförmige Porlinge und hypogäische „Trüffeln" bezieht.

Das Begriffspaar Großpilze / Kleinpilze ist nicht mit dem der „höheren" und „niederen" Pilze identisch. Unter höheren Pilzen versteht man alle Sippen, die Fruchtkörper ausbilden, auch wenn diese nur den Bruchteil eines Millimeters groß sind. Sie stehen auf einer phylogenetisch höheren Entwicklungsstufe als die fruchtkörperlosen, niederen Pilze. Die fruchtkörperbildenden Großpilze sind also stets höhere Pilze und fruchtkörperbildende Kleinpilze können nicht als niedere Pilze bezeichnet werden.

Anliegen und Inhalt des Buches

Das Buch ist im Grenzbereich von wissenschaftlicher und populärer Mykologie angesiedelt und soll u.a. zwischen diesen Blickfeldern vermitteln. Auf der Basis von Definitionen, Erläuterungen und Illustrationen fachsprachlicher Begriffe werden dem Benutzer Grundlagen der Morphologie der Großpilze vermittelt, wobei methodisch die fotografische Darstellung im Mittelpunkt steht.

Bei Analysen der Literatur zeigen sich recht häufig Gegensätze bei Anwendung mykologischer Fachbegriffe – und dies nicht nur zwischen populären und wissenschaftlichen Werken oder Lehrbüchern, sondern auch innerhalb der Fachgebiete selbst. Es gibt z.B. terminologische Probleme zwischen der Botanik und der Mykologie, zwischen angewandter und allgemeiner Mykologie und auch zwischen mykologischen und anderen mikrobiologischen Fachbereichen. Die verschiedenen Quellen mykologischer Erkenntnisse haben auf manchen Teilgebieten zu beträchtlichen Unterschieden in der Fachsprache geführt. Die morphologische Terminologie der Fruchtkörper lichenisierter Pilze (Flechten) ist z.B. aus anderen Gesichtspunkten entstanden als bei nicht-lichenisierten Pilzen. Dies führte zu unterschiedlichen Begriffen für homologe Strukturen. Ähnliches gilt für die terminologische Behandlung bei den Stadien der Primordialentwicklung von Fruchtkörpern oder bei der Benennung sporenbildender Organe verschiedener Gruppen von Pilzen. Das Buch soll dazu beitragen, wichtige und allgemein benutzte Begriffe für alle, die sich mit Pilzen beschäftigen, anschaulich vorzustellen und damit einen Beitrag zur Konsolidierung der Fachsprache zu leisten.

Der Blick auf äußere Formen und auf deren Details soll den Benutzer mit dem Bau und der Funktion dieser Strukturen vertraut machen. Die Probleme, die mit einem notwendigen Begriffssystem für die Verständigung der Pilzfreunde, Pilzforscher und Praktiker untereinander verbunden sind, sollen vor Augen geführt werden. Oft wird beklagt, dass Begriffe unscharf definiert sind oder in verschiedenen Werken in unterschiedlichem Sinne benutzt werden. Aber wir müssen stets bedenken, dass die Wörter, die wir benutzen, nicht die gesamte Mannigfaltigkeit der natürlichen Details widerspiegeln können. Begriffe zu bilden heißt, stets auch zu abstrahieren, zu verallgemeinern, Vergleiche zu ziehen, Dinge in Beziehung zueinander darzustellen. So wie in der Systematik Organismen mit gemeinsamen Merkmalen, die auf einer gemeinsamen Abstammung beruhen, zu systematischen Gruppen zusammengefasst und mit einem Namen versehen werden, so braucht man auch für den morphologischen und anatomischen Bau der Organismen Wortschöpfungen, die Gleiches verbinden und klar definiert werden müssen.

Das vorliegende Buch soll das in den Lehrbüchern vermittelte, meist ausschließlich auf Texten und Zeichnungen basierende Wissen durch Fotos als Natururkunden anschaulich unterstützen und erweitern. Dabei wird versucht, Bewährtes der Terminologie zu bewahren, weiter zu entwickeln und dennoch Neues einzubinden und nicht zu ignorieren.

Zielgruppe

Das Buch wurde nicht nur für Biologen und Studenten konzipiert, die mit der Mykologie in Berührung kommen, sondern auch für Praktiker, die aus ganz verschiedenen Gründen mit mykologischen Problemen befasst sind, und nicht zuletzt auch für die Naturfreunde, Naturschützer und für die „Mykophagen", die Speisepilzsammler, die mit der nicht immer leicht verständlichen Terminologie der Pilzbestimmungsliteratur zurecht kommen wollen. Es ist auch ein Ziel des Buches, allen Naturfreunden – nicht nur den Mykologen unter ihnen – die Vielfalt der pilzlichen Formen und deren strukturelle Grundlagen in ihrer Ästhetik nahe zu bringen, um vielleicht den einen oder anderen zu animieren, sich näher mit den von Pflanzen und Tieren so gänzlich verschiedenen Lebewesen zu beschäftigen, die schon immer die Phantasie der Menschen angeregt haben, wie das in Bezeichnungen wie Hexenring, Hexenbutter, Hexen- und Satanspilze oder in den symbolischen Vergleichen phalloider oder vaginaler Formen zum Ausdruck kommt.

Schreibweise von Fachbegriffen

Die Orthographie von Fachbegriffen ist im deutschsprachigen Bereich in vielen Fällen problematisch, da es weder Festlegungen noch allgemein gültige Empfehlungen gibt. In der Fachliteratur hat der angloamerikanische Einfluss zu einer deutlichen Bevorzugung der C-Schreibung gegenüber der K/Z-Schreibung geführt. Auch eine konsequente Beziehung zum griechischen oder lateinischen Ursprung der Wörter führt nicht zur Einheitlichkeit, da viele Wörter griechischen Ursprungs latinisiert wurden, z.B. wurde das Wort Mykologie (von griech. mykes, Helm) von Persoon in der neulateinischen Schreibweise „Mycologie" eingeführt. Auch die Eintragungen in Wörterbüchern können kein Maßstab sein, weil dort zum Teil viele Fachwörter aus lexikographischen Zwängen heraus konsequent eingedeutscht oder ausgedeutscht wurden. Wir folgen unserem Vorgehen in den beiden Auflage des Buches „Die Welt der Pilze" (DÖRFELT & GÖRNER 1989, DÖRFELT & RUSKE 2008), die ursprünglich auf Vorschläge des Philologen Herbert Görner (1930-2001) zurückgehen. Die K/Z-Schreibweise wird benutzt, wenn ein Wort in der deutschen Allgemeinsprache soweit verankert ist, dass die C-Schreibweise in breiten deutschsprachigen Leserkreisen befremden würde. Diesen Kompromiss gehen wir ein, weil eine konsequente „Eindeutschung" aller Fachwörter, z.B. „Kleistothezium" statt Cleistothecium, ebenso irritierend wirkte wie eine konsequente „Ausdeutschung", z.B. „Mycel" statt Myzel oder „Mycologie" statt Mykologie. Bis zu einem gewissen Grade richten wir uns bei allgemeinsprachlich verankerten Wörtern nach den Vorgaben aktueller Duden-Auflagen, wohl wissend, dass Inkonsequenzen unvermeidbar sind. So steht z.B. Myzel neben –myceten, apikal neben Apiculus. Das Anliegen dieses Buches, nicht nur Wissenschaftler und Studenten, sondern auch einen breiten Kreis von Naturfreunden zu erreichen, hat uns bewogen, den weiterreichenden fachsprachlichen Trends, denen z.B. im „Wörterbuch der Mycologie" (DÖRFELT & JETSCHKE 2001) Rechnung getragen wurde, nicht zu folgen.

Problematisch bei Fachwörtern griechischen oder lateinischen Ursprunges sind auch deren Pluralbildung und Deklination. Soweit in der Fachsprache üblich, folgen wir den Pluralbildungen, die der Herkunftssprache entsprechen, z.B. Appendix, Pl. Appendices, Stroma, Pl. Stromata, Seta, Pl. Setae. Bei den sächlichen Substantiven mit der Endung –um (Apothecium, Hymenium etc.) verwenden wir als Plural die eingedeutschte Form –ien, (Apothecien, Hymenien etc.) nicht die sprachlich korrekten Formen (Apothecia, Hymenia). Auch bei der Bildung des Genitivs richten wir uns nach den in deutschen Fachbüchern üblichen Schreibweisen durch Anhängen eines –s an die lateinische Nominativendung (des Apotheciums etc., nicht „Apothecii"). Da auch die Fachsprache einem steten Wandel unterworfen ist, wird in der Titelzeile der Leitbegriffe auf Alternativen aufmerksam gemacht.

Nomenklatur

Deutsche Namen von Gattungen und Arten, die als „Volksnamen" in der mykologischen Allgemeinsprache verankert sind oder in aktuellen Werken benutzt werden und Aussicht auf Akzeptanz haben, werden in den wissenschaftlichen Namen in Klammern nachgestellt. Namensschöpfungen, die allein auf Übersetzungen der wissenschaftlichen Namen beruhen, werden vermieden. In den Texten sind alle wissenschaftlichen Namen der höheren Taxa, der Gattungen und alle infragenerischen und infraspezifischen Epitheta *kursiv* gedruckt. Autornamen sind nicht angefügt. Die Nomenklatur richtet sich nach einschlägigen Übersichtswerken wie BREITENBACH & KRÄNZLIN (1981-2000), BRESINSKY (2008), GRÖGER (2006), HORAK (2005), JÜLICH (1984), KREISEL (1979-1986), KREISEL (1987), MOSER (1985), SINGER (1986), WIRTH (1980). Bei unterschiedlichen Auffassungen zur Nomenklatur oder Umgrenzung von Arten in diesen Werken haben wir aus Gründen der Verständlichkeit versucht, die derzeit gebräuchlichsten Namen zu benutzen.

Problematisch ist auch die Bezeichnung für höhere Taxa. In aktuellen Systemen, z.B. bei KIRK et al. (2008) und auch in aktuellen Darstellungen im Internet sind höhere Taxa – Abteilungen, Klassen und Ordnungen – mitunter in unterschiedlichem Sinne umgrenzt als in gängigen Lehrbüchern. Die lange gebräuchlichen Namen der Klassen Ascomycetes und Basidiomycetes wurden aufgegeben und durch Namen ersetzt, die auf Typusgattungen beruhen. Um verständlich zu bleiben, verwenden wir den eingedeutschten Begriff Ascomyceten für die Pilze, die gegenwärtig als *Pezizomycotina* der Abt. *Ascomycota* geführt werden, und den Begriff Basidiomyceten für Pilze die als *Agaricomycotina* der Abteilung *Basidiomycota* zugefügt sind. Gruppen, die als höhere Taxa im aktuellen Sinne zu verstehen sind, wurden mit den gültigen latinisierten Endungen (z.B. -mycetes für Klassen, –ales für Ordnungen, -aceae für Familien) nach dem ICBN (International Code of Botanical Nomenclature) versehen.

Bearbeitung / Danksagung

Das Buch wurde von den beiden Autoren gemeinsam konzipiert und in den Jahren von 2009 bis 2013 kontinuierlich bearbeitet. Die Textentwürfe stammen vom Erstautor und wurden gemeinsam nach detaillierten Literaturrecherchen verändert, korrigiert und in die Endfassung gebracht. Dabei wurde darauf geachtet, dass fotografisch darstellbare Details betont und hinreichend erläutert werden.

Die Fotos stammen zum überwiegenden Teil von den beiden Autoren des Buches. Das Material stammt größtenteils von Fundorten in Deutschland. Genaue Fundortangaben werden nicht mitgeteilt, sind aber bei den Autoren registriert und verfügbar. Bei allen Fotos von Pilzen, die außerhalb Deutschlands fotografiert oder gesammelt wurden, ist in den Bildlegenden auf die Region der Herkunft des Pilzes in Kurzform verwiesen.

Die Fotos wurden mit verschiedenen Canon-Spiegelreflexkameras digital im Gelände aufgenommen, die Makroaufnahmen fast alle an Reprogeräten. Dazu kamen diverse Wechselobjektive, z.B. Objektive von Pentacon oder Carl Zeiss Jena mit kurzen Brennweiten zum Einsatz, die über einen Retroadapter mit der Kamera verbunden wurden. Für noch größere Abbildungsmaßstäbe wurden Lupenobjektive mit Brennweiten zwischen 15 und 25 mm verwendet, die wie ein Fotoobjektiv aufgebaut sind und über eine manuell einstellbare Blende verfügen. Mit der genannten Technik waren Abbildungsmaßstäbe zwischen ca. 0,75:1 und ca. 6:1 bei guter Schärfentiefe möglich. Mit Hilfe von Zwischenringen bzw. einem Balgengerät wurden Abbildungsmaßstäbe von ca. 8:1 erreicht. Für solche hohen Abbildungsmaßstäbe ist ein sehr stabiler Aufbau erforderlich, der, ähnlich dem Feintrieb eines Mikroskoptisches, die Scharfstellung über eine Mikrometerschraube ermöglicht. Für alle diese Aufnahme-Varianten ist eine manuelle Einstellung von Schärfe und Belichtungszeit notwendig. Die Lupenobjektive sind mit ihrem RMS-Gewinde auch an einem Mikroskop (Tubuslänge 160 mm) einsetzbar, so dass wegen der Vergrößerung des Zwischenbildes mittels eines Projektives auch Abbildungsmaßstäbe von bis zu etwa 20:1 möglich wurden. Um in Einzelfällen die Schärfentiefe zu verbessern, wurden Bildstapel mit geeigneter Software wie Helikon-Fokus bearbeitet. Auflicht- und Durchlichtbeleuchtung wurden mitunter kombiniert. Einige ältere, konventionell aufgenommene Diapositive wurden nachträglich digitalisiert.

Die Bearbeitung der Fotos beschränkte sich auf die Kombination der Bildstapel, auf Änderungen von Helligkeit und Kontrast und die Freistellung einiger Objekte. Farbveränderungen wurden nicht vorgenommen. Hilfsmittel bei der Präparation oder Aufnahmetechnik sind im Quellennachweis für jedes Foto in Kurzform erwähnt.

Die Bildbearbeitung, die Zusammenfügung der Tafeln, deren Umsetzung in ein druckfähiges Format und die Einarbeitung von Maßstäben und Beschriftung übernahm E. RUSKE. Ihr oblag auch die fachliche Aufbereitung und Kontrolle der biophysikalischen Inhalte in Texten wie Lumineszenz, Hydrophobie, Quellung oder Hygroskopiät sowie die Erarbeitung einer neuen, computergestützten Methode zur Charakterisierung von Porlingshymenophoren, die auf der optischen Bildverarbeitung beruht.

Die eingefügten Zeichnungen wurden nach Entwürfen von H. DÖRFELT elektronisch umgesetzt. Die Register haben beide Autoren gemeinsam zusammengestellt. Die Erläuterungen im Glossar stammen von H. DÖRFELT.

Verschiedene Inhalte des Buches wurden mit kompetenten Wissenschaftlern diskutiert. Besonderer Dank für fachliche Hinweise und für Unterstützung bei der Material- und

Literaturbeschaffung gilt U. Braun (Halle/S.), W. Dietrich (Annaberg-Buchholz), M. Gube (Jena), A. Günther (Jena), H. Heklau (Halle/S.) P. Otto (Halle/S.), L. Roth (Adorf), D. Weiss (Jena) sowie den Mitarbeitern des Herbariums Haussknecht der Friedrich-Schiller-Universität Jena. Für sprachliche und orthographische Korrekturen danken wir B. Gerischer (Oelsnitz/Vogtld.), H. Heklau (Halle/S.) E. Wagner (Netzschkau). Besonderer Dank gilt den Fotoautoren, die einzelne Bilder für die Tafeln zur Verfügung gestellt haben, sie sind im Bildquellenverzeichnis namentlich genannt.

Aufbau des Buches / Benutzerhinweise

Leitbegriffe und Bildtafeln

Im Hauptteil sind über 100 morphologische Stichwörter als Leitbegriffe erläutert und durch je eine Farbtafel mit Abbildungen veranschaulicht. Der Schwerpunkt bei der Auswahl der Begriffe lag bei den Fruchtkörpertypen und deren morphologischen Details, die im Bereich von Lupenvergrößerungen sichtbar gemacht werden können. Einige Begriffe von mikroskopischen Merkmalen und physiologischen Zusammenhängen sind ebenfalls aufgenommen worden, wenn sie zur Morphologie der Großpilze in enger Beziehung stehen und wenn uns dies für den Benutzer als zusätzliche Information – beim polyporoiden Hymenophor auch als Bestimmungshilfe – angebracht erschien. Dass bei der Auswahl der Begriffe trotz der Schwerpunktsetzung keine objektiven Kriterien herangezogen werden können, wird jedem verständlich sein, der sich mit terminologischen Problemen auseinandersetzt.

Die Anordnung der Begriffe wurde alphabetisch vorgenommen. Wortgruppen, denen attributive Adjektive vorangestellt sind, wurden beim Substantiv in der alphabetischen Reihenfolge der Attribute belassen. Die Anordnung mag manchem Benutzer befremdend erscheinen, weil sachliche Zusammenhänge auseinander gerissen werden. Für das Anliegen unseres Buches, morphologische Kenntnisse auf der Basis terminologischer Definitionen aufzubauen, erschien uns aber diese Lösung, vor allem wegen des besseren Auffindens der Leitbegriffe, zweckmäßig.

Wenn im Text zu einer Tafel – einschließlich der Abbildungslegenden – ein Begriff verwendet wird, der im Buch als Stichwort (Leitbegriff) enthalten ist, so ist dies bei der ersten Erwähnung vor dem Begriff mit (>) gekennzeichnet. Werden in den Texten Fachbegriffe benutzt, die nicht als Stichwort enthalten sind, aber einer Erläuterung bedürfen, so sind diese Wörter unterstrichen und im kombinierten Sachregister/Glossar erklärt bzw. definiert.

Bildtafeln zum polyporoiden Hymenophor

Um die Vielfalt morphologischer Strukturen und die Möglichkeiten der Nutzung vergleichender Darstellungen für die Bestimmungsarbeit oder die Systematik beispielhaft darzustellen, wurden zum Begriff „polyporoides Hymenophor" mehrere Bildtafeln von den Hymenophoren relativ häufiger Arten angefertigt. Bei gleicher Vergrößerung, die bei der praktischen Arbeit mit einer Lupe erreicht werden kann, sind die Merkmale der Größe und Form in Aufsicht auf das Hymenophor vergleichend dargestellt Diese Tafeln sind auch als Bestimmungshilfe geeignet.

Glossar / Register

Dieses Register ist als wichtiger Teil für den Einstieg in den Inhalt des Buches gestaltet. Es beinhaltet sowohl ein Sachregister als auch ein Glossar und bietet Hinweise auf den Text, die Tafeln und die Erläuterungen. **Rot gedruckt** sind die Leitbegriffe des Buches, die mit einem Text und einer kommentierten Bildtafel im Hauptteil ausführlich behandelt sind. Die benutzte bzw. weiterführende Literatur zu diesen Texten ist durch Hinweise auf das nummerierte Literaturverzeichnis zu erschließen.

Ohne Erläuterung und ausschließlich mit einem Verweis (>) auf einen dieser Leitbegriffe sind solche Stichwörter versehen, die im Text dieses Leitbegriffes definiert oder erklärend erwähnt werden.

Begriffe, die in den Texten ohne nähere Erklärung benutzt werden, aber für Benutzer ggf. einer Erklärung bedürfen, sind im Glossar mit einer kurzen Definition oder Erklärung versehen. Sie sind in den Texten unterstrichen.

Organismenregister (Namensregister)

Das Register umfasst sowohl die wissenschaftlichen, als auch die deutschen Namen von Organismen, die in den Texten einschließlich der Abbildungslegenden erwähnt sind. Es werden die Seitenzahlen angegeben, auf denen der Name erscheint. Auf Abbildungen wird durch Fettdruck der Seitenzahl hingewiesen.

Bildquellenverzeichnis

Das Verzeichnis dient der Erschließung der Bildautoren und ggf. der verwendeten Aufnahme-, Färbe- oder Präparationstechnik der einzelnen Fotos der Bildtafeln.

Literaturverzeichnis

Das Verzeichnis enthält alle Arbeiten, sowohl Monographien als auch Zeitschriftenartikel in alphabetischer Anordnung der Autoren, die in den Texten als Quellen erwähnt sind. Um die Texte des Hauptteiles nicht mit Literaturzitaten zu überlasten, wurden die Literaturquellen im Verzeichnis nummeriert und sind im kombinierten Sachregister/Glossar bei den Leitbegriffen durch diese Nummern zu erschließen.

Leitbegriffe und Bildtafeln

Aecium (Pl. Aecia oder Aecien)

Phytopathogene Pilze können sehr auffallende, makroskopisch erkennbare, rein pilzliche Strukturen bilden, an denen keine Pflanzengewebe beteiligt sind. Diese können in Größe und Gestalt manchen Fruchtkörpertypen der Asco- oder Basidiomyceten ähneln. Zu ihnen gehören z.B. die >Telien der Rostpilzgattung *Gymnosporangium* und die Aecien mancher Blasenroste.

Als Aecium wird ein Lager bezeichnet, das den ersten Typ dikaryotischer Sporen nach der Befruchtung, die Aeciosporen, hervorbringt. Ein Aecium besteht aus einem im Inneren der Pflanzengewebe verankerten Lager palisadenförmig angeordneter Pilzzellen, die apikal nach mitotischer Teilung des Dikaryons dikaryotische Sporen abschnüren. Wenn die Randzellen der Lager eine Hülle (>Peridie) bilden, die becherförmig aufreißt, nennt man solch ein Lager Aecidium (Pl. Aecidia oder Aecidien), bleibt die Hülle persistent und wächst blasenförmig aus, heißt es Peridermium (Pl. Peridermia oder Peridermien), wächst die Hülle hornartig aus und bildet dann seitlich oder apikal gitterartige Längsrippen, nennt man es Roestelia (Pl. Roesteliae oder Roestelien), fehlt die Hülle vollständig, wird das Lager Caeoma (Pl. Caeomata) genannt. *Aecidium*, *Peridermium*, *Roestelia* und *Caeoma* waren ursprünglich Namen für Anamorphgattungen, die in der Phytopathologie noch heute als systematische Begriffe benutzt werden, besonders dann, wenn der vollständige Entwicklungszyklus nicht bekannt ist oder sich ohne experimentelle Arbeiten nicht ermitteln lässt. Der Begriff Aecium wurde vom Gattungsnamen *Aecidium* abgeleitet, es ist ein morphologisch-anatomischer Überbegriff für Aecidium, Peridermium, Roestelia und Caeoma, der allein das Entwicklungsstadium bezeichnet und keinen Bezug zur Systematik hat.

Im vollständigen Entwicklungszyklus der stets auf Pflanzen parasitierenden Rostpilze kommen noch weitere Typen von Keimzellen vor, insgesamt sind es fünf: 1. die haploiden Basidiosporen, die den Haplontenwirt infizieren, 2. die haploiden Spermatien, die der Befruchtung dienen, 3. die dikaryotischen Aeciosporen, die den Dikaryontenwirt infizieren, 4. die Uredosporen, die der Propagierung des Dikaryonten dienen und 5. die ein- bis mehrzelligen Teliosporen (>Telium), deren Zellen je eine zunächst paarkernige, später diploide Probasidie (>Basidie) darstellen, aus der die Basidien nach Kernverschmelzung und anschließender Meiose hervorgehen. Dieser komplizierte Zyklus mit geschlechtlicher und ungeschlechtlicher Fortpflanzung ist zudem mit einem Wirtswechsel verbunden.

Abb. 1–4 : die vier Typen der Aecien von Rostpilzen.

Abb. 1: Caeomata (*Caeoma chrysoides*) auf Blättern von *Orchis militaris* (Helm-Knabenkraut); die Sporenlager haben keine Peridie; die Teleomorphe gehört zum Verwandtschaftskreis von *Melampsora repentis*, das sind Rostpilze von *Salix*- (Weiden-) Arten, die auf Orchideen Caeomata bilden.

Abb. 2: Aecidien (*Aecidium euphorbiae*) auf *Euphorbia cyperissias* (Zypressen-Wolfsmilch); der Pilz verursacht Deformationen der Blätter, Teleomorphen können ca. 10 verschiedene *Uromyces*-Arten auf Schmetterlingsblütlern sein, die nur mit Hilfe der Teliosporen bestimmt werden können.

Abb. 3: Peridermien (*Peridermium pini*; Kiefernnadel-Blasenrost) auf einer Nadel von *Pinus sylvestris* (Waldkiefer); als Teleomorphen kommen über 10 spezialisierte Arten der Rostpilzgattung *Coleosporium* in Frage, die morphologisch nicht zu unterscheiden sind und nur mit Hilfe der Wirtspflanzen bestimmt werden können.

Abb. 4: Roestelien (*Roestelia cancellata* Birnengitterrost) auf Tumoren der Blattunterseite von *Pyrus domesticus* (Kultur-Birne); Teleomorphen sind Rostpilze der Gattung *Gymnosporangium* auf *Juniperus*- (Wachholder-) Arten, meist *Gymnosporangium sabinae* auf *Juniperus sabina* (Stinkwachholder).

unten: schematische Darstellung der Ausbildungsformen der dikaryotischen Aecien: die Initialpalisaden bilden Sporenketten und Hüllen.

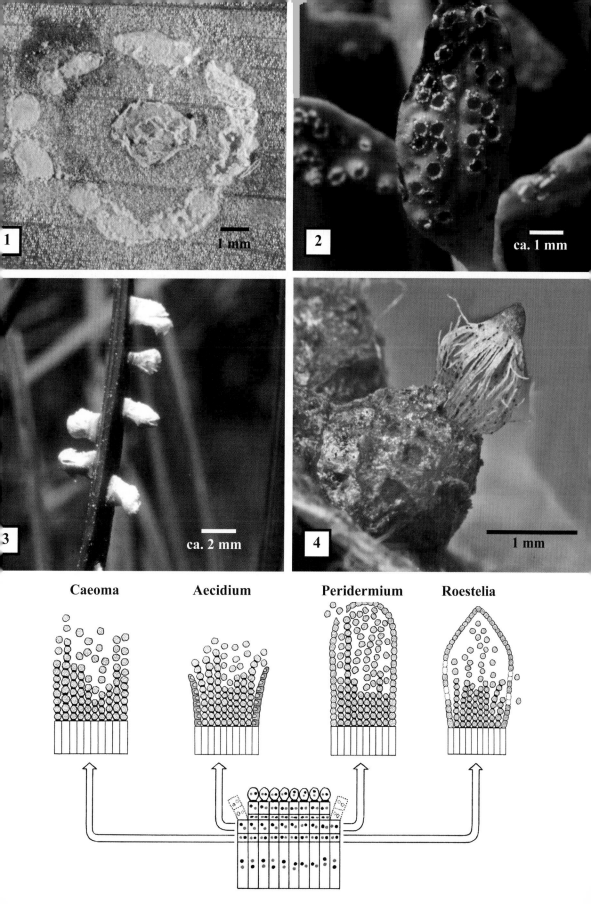

Caeoma   Aecidium   Peridermium   Roestelia

Anastomose (Pl. Anastomosen)

Anastomosen sind Querverbindungen zwischen gestreckten, strangartigen Strukturen, z.B. zwischen Gefäßsträngen, Adern oder Nerven. In der Botanik verwendet man den Begriff bei der Nervatur der Blätter für dünne Adern (Nerven), die zwei dickere verbinden. In der Mykologie bezeichnet man insbesondere die Querverbindungen zwischen den Lamellen des >agaricoiden Hymenophors und den Leisten des cantharelloiden Hymenophors als Anastomosen. Auch beim lenzitoiden Hymenophor kommen oft Querverbindungen zwischen den Lamellen vor, wobei mannigfaltige Übergangsformen zu labyrinthischen >Hymenophoren ausgebildet sind.

Die Anastomosen des agaricoiden Hymenophors verbinden Lamellen oft lediglich im Bereich des Lamellenansatzes an der Hutunterseite. Sie sind wie die Lamellen und Lamelletten mit Hymenium überkleidet. Wenn die Anastomosen die Höhe von den Lamellen erreichen, kommen Formen vor, die zwischen agaricoidem und >boletoidem Hymenophor vermitteln oder auch labyrinthisch werden können.

Manche Arten der Gattungen *Boletinus* (Hohlfußröhrlinge) oder *Suillus* (Schmierlinge) besitzen ein großporiges, boletoides Hymenophor mit radial orientierten, gestreckten Röhren. Ihre radialen Röhrenwände bilden mitunter lamellenähnliche Leisten, deren Querverbindungen nicht die Höhe dieser Leisten erreicht, so dass dieses Hymenophor einer Lamellenstruktur mit Anastomosen entspricht. Bei der Gattung *Phyllotopsis* (Goldblatt) ist der Überschneidungsbereich vom agaricoiden Hymenophor mit Anastomosen zum boletoiden Hymenophor noch deutlicher ausgeprägt.

Bei den >Gasterothecien, die aus Blätterpilzen hervorgegangen sind (>Morphogenesis) und eine gekammerte >Gleba besitzen, ist mitunter die Entstehung der Kammern aus Lamellen und Anastomosen noch nachweisbar, z.B. bei den radial orientierten Kammern von *Endoptychum agaricoides* (>secotioides Gasterothecium, Abb. 2).

Als Anastomosen bezeichnet man auch die Querverbindungen zwischen >Hyphen, Hyphensträngen und Rhizomorphen, die durch Fusionen entstanden sind. Durch Anastomosen zwischen Hyphen entstehen die charakteristischen Geflechte der >Myzelien. Anastomosen zwischen den Hyphen heterogenetischer Myzelien können für die Dikaryotisierung von Bedeutung sein. In den >Plectenchymen der Fruchtkörper haben Anastomosen mitunter für die Konsistenz mancher Oberflächen oder der Trama Bedeutung. Durch reichliche Querverbindungen kann es zu festeren Plectenchymen der Oberflächen (>Cortex) kommen, die den Charakter von Pseudoparenchymen annehmen können.

Abb.1: Anastomosen am Grunde der Lamellen des agaricoiden Hymenophors von *Panellus stipticus* (Eichenknäueling, >agaricoides Hymenophor, Abb. 3).

Abb. 2: Anastomosen zwischen den Leisten von *Cantharellus tubaeformis* (Trompeten-Pfifferling).

Abb. 3 u. 4: boletoide Hymenophore mit radial orientierten Röhren; sie bilden Radialleisten und lassen sich morphologisch von Lamellen mit Anastomosen ableiten; sie besitzen ihrerseits tiefer liegende, irreguläre Verbindungen am Grunde der Röhrenwände, die den Anastomosen des agaricoiden Hymenophors homolog sind.

Abb. 3: *Boletinus asiaticus* (Asiatischer Hohlfußröhrling, Mongolei).

Abb. 4: *Suillus tridentinus* (Trienter Röhrling, Mongolei).

Abb. 5: Myzel mit Anastomosen zwischen den Hyphen von *Gymnosporangium sabinae* (Birnengitterrost) in der Gallerte der Telien; dieses Geflecht entstand aus keimenden Telio- und Basidiosporen (>Telium, Abb. 6).

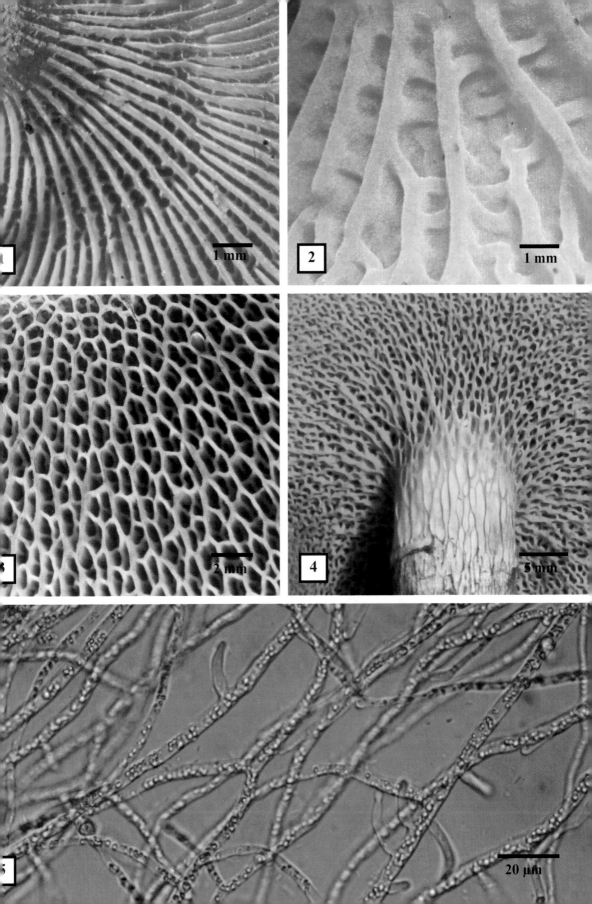

1 mm

1 mm

2 mm

5 mm

20 μm

Apophyse (Pl. Apophysen), auch Apophysis (Pl. Apophyses)

Eine Anschwellung oder auch scharf abgesetzte Verdickung des Trägers einer Keimzelle oder eines Keimzellenbehälters wird als Apophyse bezeichnet, wenn die Spore oder der Behälter dieser Verdickung unmittelbar aufsitzt und deren Breite überragt.

Der Begriff wurde für die Anschwellung der >Setae der Sporogone von Laubmoosen unterhalb der Kapsel geprägt. Da die Verdickung direkt unter der Sporenkapsel liegt und zu dieser überleitet, wird sie mitunter auch Hypophyse genannt.

In der Mykologie wird der Apophysen-Begriff insbesondere für die Anschwellungen der Trägerhyphen oder auch der Basis von den >Sporocyten der Zygomyceten (Jochpilze), Chytridiomyceten und Hyphochytridiomyceten (Flagellatenpilze) benutzt. Die Zoosporocyten von vielen eucarpen monozentrischen Arten der Chytridiomyceten besitzen oft eine halbkugelige Apophyse, an der das Rhizoidmyzel inseriert ist.

Bei den Zygomyceten kommen häufig charakteristische Apophysen an den Trägerhyphen der Sporocyten vor, wobei das Hyphenende verschmälert oder abgerundet als >Columella in die Sporocyte hineinragt, so in den Gattungen *Spinellus* oder *Absidia*. Die typischen Anschwellungen der Sporocytenträger in der Gattung *Pilobolus* sind wesentlich breiter als die Sporocyte und werden als subsporangiale oder subsporocytiale Vesicel, nicht als Apophyse bezeichnet. Dieses Vesicel hat für die aktive Abschleuderung der gesamten Sporocyte Bedeutung.

Bei den Schleimpilzen der Ordnung Protosteliales bilden die Amöben Stielchen, an denen sich apikal auf einer Apophyse die Sporen entwickeln, so in den Gattungen *Protostelium* und *Nematostelium*. Die Apophyse hat bei diesen Pilzen für den Sporenabwurf eine Bedeutung.

Bei den >geastralen Gasterothecien werden basale Anschwellungen der Endoperidie als Apophysen bezeichnet. Bei reifen Fruchtkörpern mancher Arten, bei denen das von der Endoperidie umgrenzte Sporenköpfchen gestielt ist, kann der basale, dem Stiel aufsitzende Teil als abgesetzte ringartige Wulst ausgebildet sein. Wenn derartige Apophysen zusätzlich einen häutigen kragenartigen Ring aufweisen, in den der Stiel eingesenkt ist, wird diese Struktur bei den Erdsternen >Collar (Kragen) genannt.

Bei manchen *Omphalina*-Arten kommen diskusartige, als Gemmen bezeichnete, vegetative Vermehrungseinheiten aus >Plectenchymen, Pseudoparenchymen und hymenidernal angeordneten, mit Hyphen keimenden Zellen vor. Jedes dieser Brutkörperchen bildet sich auf einem Stielchen, von dem es sich bei Reife löst und mit ihm nur durch eine basale, kragenartige Anschwellung verbunden bleibt, bis es vom Stiel emporgehoben und vom Wind verbreitet wird. Diese basale Anschwellung, die der losen Anklammerung dient, nennt man ebenfalls Apophyse. Das gesamte Gebilde, das einem kleinen Basidioma äußerlich ähnelt, wird als Gemmifere oder Stilboid bezeichnet.

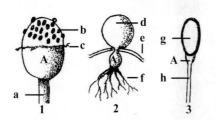

1 *Rhizopus stolonifer* (*Zygomycetes*)
2 *Rhizidiomyces apophysatus* (*Hyphochytridiomycetes*)
3 *Nematostelium ovatum* (*Protosteliomycetes*)

A Apophyse, a Sporocytenstiel, b Columella mit anhaftenden Sporen, c Rest der Sporocytenwand, d Sporocyte, e Wand der Wirtszelle, f Rhizoidmyzel, g Spore, h Sporenstiel

Abb. 1–4: Apophysen von Erdsternen oberhalb des Stieles der Endoperidie, die in deren Basis überleiten; a – Apophyse; b – Stiel; c – Exoperidie; d – Endoperidie; e – >Peristom.

Abb. 1 u. 2: *Geastrum fornicatum* (Großer Nesterdstern).

Abb. 3: *Geastrum berkeleyi* (Rauer Erdstern).

Abb. 4: *Geastrum quadrifidum* (Kleiner Nesterdstern).

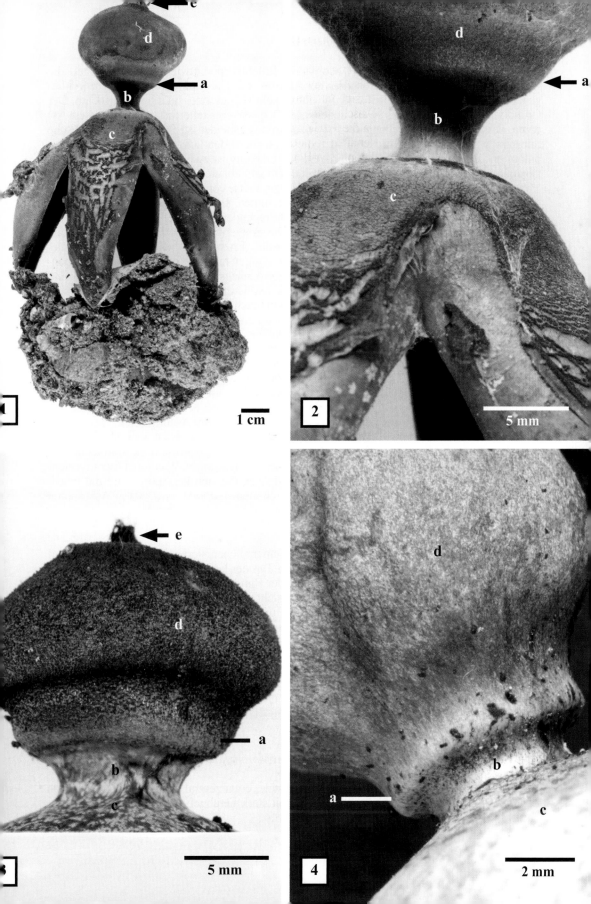

1 1 cm

2 5 mm

3 5 mm

4 2 mm

Apothecium (Pl. Apothecien oder Apothecia)

Apothecien sind ascohymeniale >Ascomata (>Fruchtkörperentwicklung), bei denen die >Asci mit den Ascosporen (Meiosporen der Ascomycetes) bei Sporenreife in einem frei liegenden >Hymenium angeordnet sind. Sie entwickeln sich gymno- oder hemiangiocarp. Der Grundtyp eines Apotheciums ist ein ungestieltes, schüssel- bis tellerförmiges (cupulates) Ascoma, dessen konkave Wölbung vom Hymenium ausgekleidet ist. Die plectenchymatische Substanz wird als Excipulum bezeichnet, dieses ist meist deutlich in ein inneres Entalexcipulum und ein äußeres Ektalexcipulum gegliedert. Häufig ist zwischen Hymenium und Entalexcipulum ein dünnes, aus dichtem Plectenchym aufgebautes Subhymenium ausgebildet.

Apothecien können morphologisch in vielfältiger Weise vom Grundtyp der schüsselförmigen, >cupulaten Apothecien abweichen. Häufig kommen gestielte, pokalförmige Apothecien und gestielte Apothecien mit konvexer, hymeniumtragender Oberseite vor. Die gestielten Ascomata der Familie *Geoglossaceae* mit keulen- bis zungenförmigem Hymenium tragenden apikalen Teilen werden als glossoide Apothecien oder „Erdzungen" bezeichnet. Die komplexen >helvelloiden und >morchelloiden Apothecien tragen hirnartig gewundene bzw. wabenförmig gegliederte Hüte. Von den hemiangiocarpen, zunächst hohlkugeligen Apothecien sind völlig hypogäische, cleistocarpe Ascomata abgeleitet, deren hymeniale Strukturen z.T. nicht mehr nachweisbar sind. Sie werden >Tuberothecien (nach der Gattung *Tuber*, Echte Trüffeln) genannt. Alle Typen sind durch Übergangsformen miteinander verbunden.

Der Apothecien-Begriff stammt ursprünglich aus der Lichenologie (Flechtenkunde). Flechten sind lichenisierte (an die Symbiose mit einem autotrophen Partner gebundene) Pilze. Die meisten von ihnen gehören zu den Ascomyceten, ihre Fruchtkörper sind in vielen Fällen Apothecien, an deren Bau in unterschiedlicher Weise der Flechtenthallus beteiligt sein kann. Solche Teile der Fruktifikation werden Lagergehäuse genannt, während die nur vom Pilz aufgebauten sterilen Teile des Apotheciums als Eigengehäuse bezeichnet werden. Letztere entsprechen dem >Excipulum der Apothecien nicht lichenisierter Ascomyceten.

Die nicht lichenisierten, apothecienbildenden Ascomyceten werden auch als Discomyceten bezeichnet und wurden früher als systematische Einheit begriffen. Sie sind jedoch lediglich eine morphologische Gruppe polyphyletischen Ursprunges. Wichtige Discomyceten-Gruppen sind die *Pezizomycetes* mit operculaten Asci, die sich bei Sporenreife mit einem Deckel (Operculum) öffnen, und die nicht operculaten *Leotiomycetes*, deren Ascosporen durch Sporenschleusen freigesetzt werden.

Abb. 1 u. 2: Apothecien von *Xanthoria parietina*, einem lichenisierten Pilz (Wandflechte), auf dem berindeten Flechtenthallus; sie gehören zum Typ der lecanorinen Apothecien (nach der Flechtengattung *Lecanora* benannt), bei denen der Rand (das Gehäuse) vom Flechtenlager gebildet wird (a); das eigentliche Apothecium besteht nur aus Hymenium (b), Subhymenium (c) und Hypothecium (d), die Begriffe Gehäuse und Hypothecium (unter dem Hymenium liegendes Geflecht) werden ausschließlich für die Apothecien von Flechten benutzt; sie entsprechen teilweise dem Terminus >Excipulum der Apothecien nicht lichenisierter Pilze.

Abb. 3: dicht gedrängte, gestielte cupulate Apothecien von *Dasyscyphella nivea* (Schneeweißes Haarbecherchen) auf einem feucht liegenden, morschen Buchenast.

Abb. 4: einseitig gespaltetes, cupulates Apothecium von *Otidea alutacea* (Ledergelber Öhrling).

Abb. 5: morchelloides Komplex-Apothecium von *Morchella esculenta* (Speisemorchel).

Abb. 6: helvelloide, basal miteinander verwachsene, etwa zentral gestielte Apothecien von *Leotia lubrica* (Grüngelbes Gallertkäppchen) mit stark herabgebogenen Rändern der Hütchen.

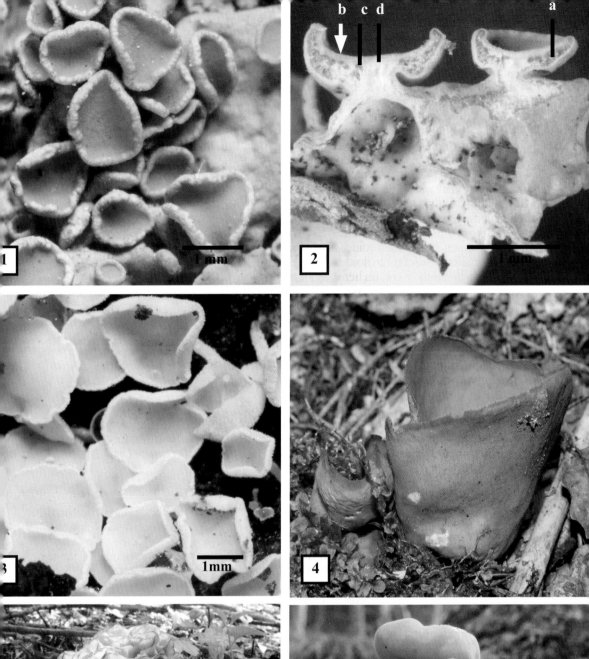

Apothecium cupulat

Der Grundtyp der >Apothecien ist ein schüssel- oder pokalförmiges Ascoma; es wird als cupulat bezeichnet. Der Begriff Cupula (Schüssel, Pokal) wurde in der Botanik zunächst für Flechten-Apothecien geprägt und später auf andere schüsselförmige Hüllen, vor allem bei den Fruchtständen der *Fagaceae* (Buchengewächse) übertragen.

Cupulate Apothecien sind entweder ungestielt oder besitzen z.T. auffallend lange Stiele. Gestielte Formen entspringen mitunter >Sclerotien oder sklerifizierten Substraten.

Bei vielen Arten sind junge Apothecien zunächst regulär cupulat, nehmen aber mit zunehmendem Alter durch inneres Aufwölben, Verbiegen der Ränder etc. unregelmäßige Formen an. Andere sind von Anfang an einseitig tief eingeschnitten, z.B. in der Gattung *Otidea* (>Apothecium, Abb. 4).

Die ungestielten cupulaten Apothecien tragen an ihrer konkaven Innenseite das aus >Asci und >Paraphysen (Safthaaren) bestehende >Hymenium. Die oft intensive Färbung des Hymeniums ist durch die Pigmente der Paraphysen bedingt. Die äußeren konvexen Oberflächen weisen oft charakteristische Strukturen auf, z.B. Haare oder spießförmige >Setae, wobei der Marginalbereich mitunter von der übrigen Oberfläche beträchtlich abweichen kann.

Viele cupulate Apothecien entwickeln sich hemiangiocarp. Es können zunächst geschlossene Hohlkugeln sein, die sich apikal durch Aufreißen der Wand vom Scheitel her öffnen, z.B. bei *Sarcosphaera coronaria* (Kronenbecherling; >Ascoma, Abb. 4), meist sind jedoch präformierte Öffnungen vorhanden, die am sporulierenden Apothecium als charakteristische Marginalstrukturen erkennbar sind. Von derartigen hemiangiocarpen Apothecien sind die cleistocarpen > Tuberothecien (Trüffeln), wie die *Hydnotrya*- oder *Tuber*-Arten, morphologisch abgeleitet, deren Sporen nicht mehr in der Atmosphäre freigesetzt, sondern endozoochor verbreitet werden.

Die cupulaten Apothecien von lichenisierten Pilzen (Flechten) sind entweder rein pilzlicher Natur, oder es sind in unterschiedlicher Weise Teile des Flechtenthallus mit ihren Photobionten an ihrer Struktur beteiligt, z.B. können die Ränder solcher Apothecien, die bei den Flechten auch Gehäuse genannt werden, vom Photobionten führenden Thallus gebildet werden (>Apothecium Abb. 2).

Abb. 1: gestielte, cupulate Apothecien von *Lachnum virgineum* (Weißes Haarbecherchen) auf einem morschen Laubholzästchen; die Apothecien sind außen charakteristisch behaart.

Abb. 2: cupulate Apothecien von *Mollisia cinerea* (Aschgraues Weichbecherchen), junge Apothecien (Pfeil) sind becherförmig, ältere durch herabgebogene Ränder und Aufwölbungen unregelmäßig geformt.

Abb. 3: cupulate Apothecien von *Sarcoscypha coccinea* (Zinnoberroter Prachtbecherling) auf feucht liegenden *Salix*- (Weiden-) Ästen eines Weichholzauenwaldes (Südengland, Cornwall).

Abb. 4: ein typisch cupulates Apotheciun von *Peziza varia* (Veränderlicher Becherling).

Abb. 5: gestieltes, cupulates Apothecium von *Helvella acetabulum* (Hochgerippter Becherling); zur Gattung gehören neben Arten mit cupulaten auch solche mit komplexen helvelloiden Apothecien, die vielgestaltige, gerippte Stiele aufweisen (>helvelloides Apothecium, Abb. 5 u. 6); eine derartige Stielbildung deutet sich in den basalen, bis an die Außenseite des Bechers reichenden Rippen an.

Abb. 6: Apothecien von *Dumontinia tuberosa* (Anemonenbecherling); die meist lang gestielten Apothecien wachsen besonders zur Blütezeit der Buschwindröschen (*Anemone nemorosa*) aus >Sclerotien, die im Boden in Anemonen-Beständen gebildet werden.

1 0,5 mm

2 1mm

3

4

5

6

Apothecium helvelloid (helvelloides Komplexapothecium)

Die verschieden Typen der >Apothecien sind morphologisch von >cupulaten (schüsselförmigen) Apothecien abgeleitet. Die helvelloiden Formen sind stets gymnocarp (>Fruchtkörperentwicklung) und in Hut und Stiel gegliedert. Die hymenienführende Ober- bzw. Außenseite der Hüte ist verschiedenartig gestaltet, sie leitet sich von gestielten cupulaten Apothecien ab, deren fertile Oberfläche von der konkaven zur konvexen Form umgestaltet ist. Konvexe Apothecien kommen z.B. in vielen Gattungen inoperculater Ascomyceten der Ordnung *Helotiales* vor. Von einfachen, konvex gewölbten und fingerhutartig herabgebogenen Formen ausgehend, sind die Hüte der typischen helvelloiden Apothecien mit zunehmender Komplexität wellig, faltig gelappt bis hirnartig gewunden, mitunter auch mit Ausstülpungen versehen. Die Hüte sind unregelmäßig rund oder oval, mitunter auch keulenförmig. In der populären Literatur werden diese Apothecien als Lorcheln bezeichnet. Die Stiele können einfach und glatt oder rillig, gefurcht bis grubig sein.

Die Übergangsformen zwischen cupulaten und helvelloiden Apothecien sind sehr mannigfaltig und häufig anzutreffen. In der Gattungen *Helvella* kommen beide Apothecientypen bei eng verwandten Arten vor. *Helvella acetabulum* (Hochgerippter Becherling) ist z.B. stets becherförmig, während andere Arten der Gattung, wie *Helvella crispa* (Herbstlorchel) oder *Helvella lacunosa* (Grubenlorchel), typische helvelloide Apothecien ausbilden. Derartige morphologische Unterschiede wurden in der Vergangenheit als Kriterien für Gattungsgrenzen herangezogen, spiegeln jedoch für sich allein nicht die wirklichen Verwandtschaftsverhältnisse wider.

Morphologische Übergänge gibt es auch zwischen glossoiden (zungenförmigen) und helvelloiden Apothecien. Glossoide Apothecien gleichen äußerlich manchen keulenförmigen Basidiomata (>Holothecium), besitzen aber stets einen sterilen Stiel, während der apikale Teil mit dem Hymenium überkleidet ist. In den Gattungen *Spathularia* (Spatelinge), *Cudonia* (Kreislinge) oder *Leotia* (Gallertkäppchen), aber auch bei *Trichoglossum hirsutum* (Behaarte Erdzunge) gibt es glossoide Apothecien, die apikal im fertilen Bereich bereits Windungen aufweisen, wodurch sie morphologisch zu den helvelloiden Apothecien vermitteln.

Manche sehr kurz gestielte, dem Boden aufliegende Apothecien sind im Bereich der hymenienführenden Oberseite durch ihre Wölbungen den helvelloiden Apothecien ähnlich, z.B. in den Gattungen *Discina* (Scheibenbecherlinge) oder *Disciotis* (Morchelbecherlinge). Die Apothecien von *Rhizina undulata* (Wurzellorchel) sind völlig ungestielt und durch Rhizoide im Boden verankert.

Typische helvelloide Apothecien kommen vor allem in den Gattungen *Helvella* und *Gyromitra* vor. Am bekanntesten ist *Gyromitra esculenta* (Speiselorchel, Frühjahrslorchel), ein häufiger Frühjahrspilz, der früher als wertvoller Speisepilz galt. Die ansehnlichen >Ascomata enthalten jedoch giftige Gyromitrine, die auch durch Vorbehandlung nicht immer restlos zerstört werden und bereits zu tödlichen Vergiftungen geführt haben. *Gyromitra gigas* (Riesenlorchel) ist von diesem Giftpilz nur mikroskopisch sicher zu trennen. *Gyromitra infula* (Bischofsmütze) ist überwiegend montan verbreitet.

Abb. 1–6: typische helvelloide Apothecien der Gattungen *Gyromitra* und *Helvella*.

Abb. 1: *Gyromitra esculenta* (Frühjahrslorchel); eine häufige Art in Kiefernwäldern.
Abb. 2: *Gyromitra infula* (Bischofsmütze) in einem Bergmischwald (Rumänien, Südkarpaten).
Abb. 3: *Gyromitra gigas* (Riesenlorchel); eine Art nemoraler Wälder.

Abb. 4–6: häufige *Helvella*-Arten von Laub- und Nadelwäldern.
Abb. 4: *Helvella elastica* (Elastische Lorchel).
Abb. 5: *Helvella lacunosa* (Grubenlorchel).
Abb. 6: *Helvella crispa* (Herbstlorchel).

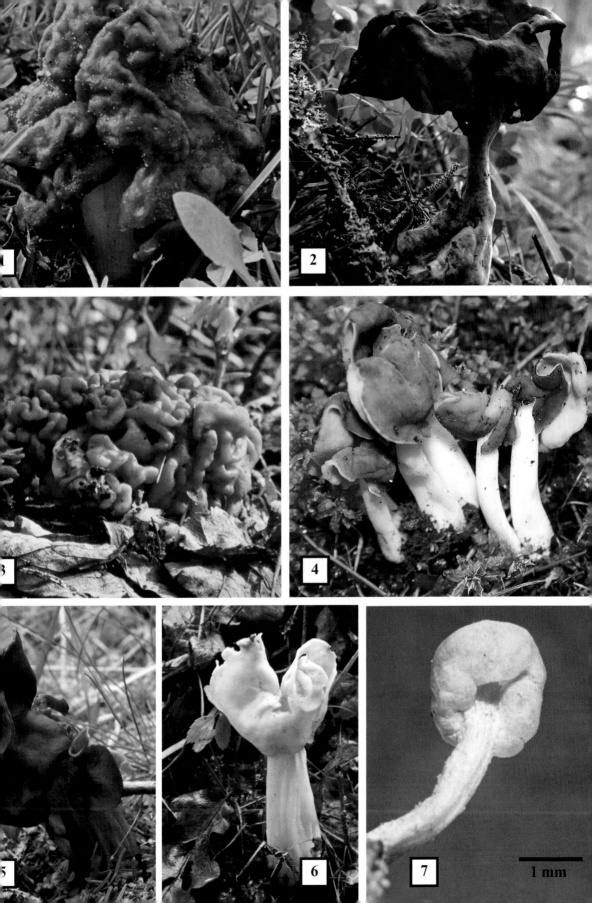

1 mm

Apothecium morchelloid (morchelloides Komplexapothecium)

Die verschiedenen Typen der >Apothecien sind morphologisch von >cupulaten (schüsselförmigen) Apothecien abgeleitet. Die morchelloiden Formen sind stets gymnocarp (>Fruchtkörperentwicklung) und in Hut und Stiel gegliedert.

Die Hüte sind entweder nahezu rund oder käppchenartig bis spitz ausgezogen, mitunter auch keulenförmig. Die Ober- bzw. Außenseite der Hüte weist becherartige, wabenähnliche Vertiefungen (Alveolen) oder langgestreckte, rinnenartige Gruben bis hin zu einer nahezu glatten oder grob welligen Oberfläche auf. Bei einigen Gattungen, so bei *Underwoodia* und *Verpa*, kommen Übergänge zu den auf dem Hut oberflächlich welligen bis hirnartig gewundenen >helvelloiden Apothecien vor. Das Innere der Vertiefungen oder die gesamte Oberfläche des Hutes sind mit dem >Hymenium überkleidet. Bei alveolater oder rinniger Struktur weist die Oberfläche in den Vertiefungen oft unregelmäßig wellige bis grubighöhlenartige Unebenheiten auf, wodurch es zur weiteren Vergrößerung der hymenialen Oberflächen kommt, während die Rippen an der Außenseite der Hüte nicht regulär hymenial aufgebaut sind.

Die Hüte befinden sich auf einem Stiel, der entweder am Rand des Hutes, in dessen Mitte oder zwischen Hutrand und Mitte inseriert ist. Der Stiel ist bei den meisten Formen von Anfang an hohl und besitzt innen wie außen eine körnig granulierte Oberfläche, z.B. bei der Gattung *Morchella* (Morcheln). Diese Oberflächen sind, wie auch die Unter- bzw. Innenseite der Hüte, mit dem Ektalexcipulum (>Excipulum) cupulater Apothecien vergleichbar. Bei anderen morchelloiden Apothecien ist der Stiel anfangs innen mit lockerem >Plectenchym erfüllt und wird erst im Alter hohl, z.B. bei der Gattung *Verpa* (Verpel). Die morchelloiden Apothecien sind im Wesentlichen auf die Familie der *Morchellaceae* beschränkt, zu der aber auch Arten mit nahezu regulär cupulaten Apothecien gehören, z.B. bei der Gattung *Disciotis* (Morchelbecherlinge). Die Gattung *Underwoodia* besitzt morchelloide Apothecien und wird meist zu den *Helvellaceae* gestellt.

Die morchelloiden Apothecien der Familie *Morchellaceae* gelten als Speisepilze, obgleich auch Unverträglichkeiten bekannt sind.

Abb. 1–9: Apothecien der Familie *Morchellaceae*.

Abb. 1–3: morchelloides Apothecium von *Morchella conica* (Spitzmorchel).

Die Hymenium führenden Alveolen sind in undeutlichen Längsreihen angeordnet (Abb. 1); der Stiel ist am Hutrand inseriert (Abb. 2), das Innere der Gruben (Abb. 3) ist unregelmäßig wellig bis höhlenartig strukturiert, wodurch die hymeniale Oberfläche vergrößert ist.

Abb. 4–6: morchelloides Apothecium von *Morchella gigas* (Käppchenmorchel, Halbfreie Morchel).

Die Hymenium führenden Alveolen sind in deutlichen Längsreihen angeordnet (Abb. 4) und langgestreckt (Abb. 4, 6); im Gegensatz zu anderen *Morchella*-Arten ist der Stiel zwischen der Hutmitte und dem Hutrand inseriert (Abb. 5); die mit Hymenium ausgekleideten Vertiefungen sind nahezu glatt (Abb. 6).

Abb. 7–9: Apothecium von *Verpa digitaliformis* (Fingerhut-Verpel).

Die Hymenium führende Außenseite des Hutes weist bei dieser Art keine Gruben auf, sondern ist nahezu glatt oder etwas hügelig aufgewölbt (Abb. 7, 9); die Fruchtkörper vermitteln daher zu den >helvelloiden Apothecien; der Stiel ist zentral in der Hutmitte inseriert, er ist zunächst von faserigem Plectenchym ausgefüllt, wird später hohl, weist aber keine granulierte innere Oberfläche auf wie bei der Gattung *Morchella* (Abb. 8).

Ascoma (Pl. Ascomata), auch Ascocarpium (Pl. Ascocarpia oder Ascocarpien)

Ascomata sind die >Fruchtkörper der Schlauchpilze (Ascomyceten). Ihre Entwicklung ist mit der Befruchtung einer weiblichen (kernempfangenden) Zelle, dem Ascogon, durch männliche (kernspendende) Zellen verbunden. Letztere sind entweder im Hyphenverband eingebunden und meist mehrkernig (Androgamocyten), oder es sind passiv frei bewegliche, einzellige Spermatien. Die Ascomata bestehen stets neben den aus der Befruchtung hervorgegangenen paarkernigen, ascusbildenden (ascogenen) Hyphen auch aus haploiden Hyphen.

Wenn die Befruchtung an bereits durch den Haplonten ausgebildeten Fruchtkörpern geschieht, bilden sich auf diesen die Ascogonien, die nach Befruchtung durch Spermatien mit ascogenen Hyphen keimen. Letztere wachsen in schizogen oder lysogen entstehende, als Loculi (Sgl. Loculus) bezeichnete Hohlräume ein und bilden die meiosporenbildenden >Asci. Man nennt diese Entstehungsweise der Ascomata „ascolocular", die so entstandenen Fruchtkörper heißen >Pseudothecien.

Wird die Bildung der Ascomata mit der Befruchtung eines Ascogons eingeleitet, nennt man diese Entwicklung „ascohymenial", da die Asci an den reifen Ascomata meist in einem >Hymenium angeordnet sind. Die Ascogonien werden in diesen Fällen meist durch mehrkernige Androgamocyten befruchtet, und die haploiden, am Fruchtkörperbau beteiligen Hyphen wachsen häufig aus den Fußzellen des Ascogons aus. Je nach der Morphologie werden die ascohymenialen Ascomata als >Apothecien, >Perithecien oder >Cleistothecien bezeichnet. >Tuberothecien sind morphologisch von Apothecien abgeleitet. Sehr einfache Typen, die aus dichtstehenden Asci ohne, oder mit einfacher, nicht geschlossener Hülle bestehen, werden Prototothecien oder Gymnothecien genannt.

Die ascohymenialen Fruchtkörpertypen werden mitunter als Euthecien den >Pseudothecien gegenüber gestellt. Pseudothecien, Protothecien, Cleistothecien und Perithecien sind meist weniger als 1 mm groß, nur wenige Cleistothecien, viele Apothecien und zahlreiche >Stromata, auf denen viele Perithecien vereinigt sind, haben den Charakter von Großpilzen.

Abb. 1: Cleistothecium von *Phyllactinia guttata* auf einem Blatt von *Corylus avellana* (Hasel); a – weißer Belag aus Myzel, Conidienträger und Conidien; b – schwarze äußere Wand des Cleistotheciums; c – seitlich inserierte, stelzenförmige Appendices, die durch Aufrichten das Cleistothecium vom Myzel abheben; d – apikal inserierte klebrige Anhängsel („Pinselzellen").

Abb. 2: Cleistothecium von *Erysiphe heraclei* (Echter Mehltaupilz auf Bärenklau); aus der aufgequetschten Cleistothecien-Hülle (a) quellen die büschelig angeordneten Asci (b) mit einer unregulären Anzahl von >Ascosporen hervor.

Abb. 3: Perithecien von *Hypoxylon fragiforme* (Rötliche Kohlenbeere), die in einem >Stroma (in der Abb. angeschnitten) zu einem Sammelfruchtkörper vereint sind; die Perithecienwand (a) ist apikal mit der oberflächlichen Kruste des Stromas (b) verwachsen, durch die präformierte Öffnung (c) gelangen die Sporen ins Freie.

Abb. 4–6: verschiedene Typen von Apothecien.

Abb. 4: >cupulate (becherförmige) Apothecien von *Sarcosphaera coronaria* (Kronenbecherling).

Abb. 5: >morchelloides (morchelartiges), komplexes, gestieltes Apothecium von *Morchella esculenta* (Speisemorchel).

Abb. 6: >helvelloides (lorchelartiges), komplexes, gestieltes Apothecium von *Helvella lacunosa* (Grubenlorchel).

Ascospore (Pl. Ascosporen)

Die Ascosporen entstehen durch freie Zellbildung (Gonitogonie, >Sporocyte) im Inneren der zunächst <u>dikaryotischen</u> >Asci. Meist folgt der <u>Karyogamie</u> im Ascus eine Meiose mit einer nachfolgenden Mitose, so dass regulär pro Ascus acht Ascosporen mit je einem <u>haploiden</u> Kern gebildet werden. Ascosporen eines Ascus sind meist gleichgestaltig, bei einigen Sippen kommen regulär vier große und vier kleinere Ascosporen vor.

Die Anzahl der Ascosporen kann durch Absterben von Kernen verringert sein, das kommt zum Beispiel häufig bei den Echten Mehltaupilzen (*Erysiphales*) vor. Durch weitere Teilungen der Kerne vor der Sporenbildung oder durch sekundäre Septierung der Sporen und deren Zerfall kann die Anzahl der Ascosporen im Ascus auch beträchtlich erhöht sein.

Häufige Typen von Ascosporen

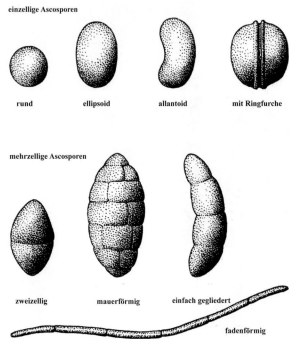

einzellige Ascosporen

rund · ellipsoid · allantoid · mit Ringfurche

mehrzellige Ascosporen

zweizellig · mauerförmig · einfach gegliedert · fadenförmig

Ascosporen können kugelig, ellipsoid, spindelig, gekrümmt (amerospor), zylindrisch oder fadenförmig (scolecospor) sein und in letzterem Fall parallel im Ascus liegen. Manche besitzen eine mediane Furche.

Bei mehreren Gruppen von Ascomyceten kommen regulär septierte Ascosporen vor, häufig sind Querwände in gestreckten Ascosporen ausgebildet, solche Sporen können zweizellig (didymospor) oder auch mehrzellig (phragmospor) sein. Bei einigen Gruppen kommen Längs- und Querwände vor, solche Formen werden als muriform oder dictyospor bezeichnet.

Ebenso vielfältig wie die äußere Form sind die Oberflächen der Ascosporen. Sie können glatt oder ornamentiert sein. Neben Warzen, Stacheln, Gruben oder Leisten kommen komplizierte netzförmige Ornamente vor, z.B. bei den *Tuberaceae* (Echte Trüffeln), die an eine Darmpassage angepasst sind (>Tuberothecium). Auch äußere Anhänge und Einschlüsse in den Ascosporen, elektronenoptische Merkmale der Feinstrukturen der Sporenwände sind für die Systematik oft von ausschlaggebender Bedeutung (>Basidiospore).

Abb. 1–4: verschiedene Formen von Ascosporen.

Abb. 1: vierzellige, wandpigmentierte Ascosporen einer *Metacapnodium*-Art (Rußtaupilz); die acht Sporen je Ascus liegen noch dicht beieinander, obgleich die Ascuswände nicht mehr erkennbar sind.

Abb. 2: unregelmäßig guttulate Ascosporen von *Microstoma protractum* (Tulpenbecherling).

Abb. 3: fadenförmige Ascosporen von *Rhytisma acerinum* (Teerfleckenkrankheit des Ahorns).

Abb. 4: biguttulate Ascosporen von *Otidea alutacea* (Ledergelber Öhrling).

26

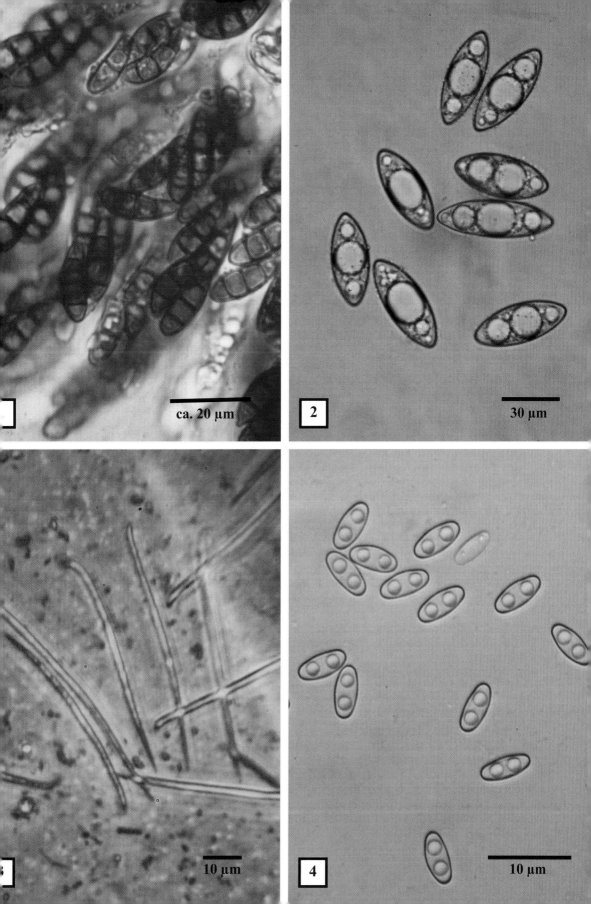

1 ca. 20 μm

2 30 μm

3 10 μm

4 10 μm

Ascus (Pl. Asci)

Asci (Sporenschläuche) sind die <u>Meiosporocyten</u> (>Sporocyte) der Ascomyceten (Schlauch-pilze). Sie sind den >Basidien der Basidiomyceten (Ständerpilze) homolog. Die <u>Meiosporen</u> (Ascosporen) entstehen endogen im Inneren der Asci durch freie Zellbildung (Gonitogonie). In den meisten Fällen sind die Asci langgestreckte Zellen.

Nach der Feinstruktur der Ascuswände und nach dem Modus der Sporenfreisetzung unterscheidet man generell zwei verschiedene Typen: die prototunicaten Asci mit nur

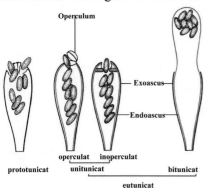

einer Wandschicht und die eutunicaten Asci mit zwei Wandschichten. Diese Schichten werden als Exoascus (äußere Wandschicht) und Endoascus (innere Wandschicht) bezeichnet. Zusätzlich kann eine äußere gelatinöse Schicht vorhanden sein, die man Periascus nennt. Die einfachen Wände der prototunicaten Asci verschleimen oder zerfallen irregulär. Von den eutunicaten Asci werden zwei Typen unterschieden: die unitunicaten und die bitunicaten Asci. Bei den unitunicaten Asci bleiben Exo- und Endoascus miteinander verbunden. Die Sporenfreisetzung erfolgt durch Öffnung eines apikalen Deckels (<u>Operculum</u>, daher operculate Asci) oder durch Apikalapparate, die als Sporenschleusen fungieren (inoperculate Asci). Bei den bitunicaten

Ascustypen

Asci dehnt sich bei Reife der Endoascus aus dem starr bleibenden Exoascus und reißt zur Sporenfreisetzung auf. Die Asci der Flechtenpilze der Klasse *Lecanoromycetes* besitzen einen dünnen Exoascus, der von Gallerte umgeben ist. Der dicke Endoascus ist seinerseits nochmals zweigeteilt, seine innere Schicht bildet Apikalstrukturen zur Sporenfreisetzung. Dieser Typ wurde als Archaeascus bezeichnet, weil die ultrastrukturellen Merkmale als ursprünglich angesehen und als Ausgangsform für uni- und bitunicate Asci gedeutet wurden.

Der Meiose folgt im Ascus meist eine Mitose, so dass regulär acht haploide Sporen gebil-det werden. Durch weitere Teilung der Kerne oder durch Fragmentierung der Sporen kann es zur Vielsporigkeit kommen, durch Verkümmerung von Kernen auch zu reduzierter Sporen-anzahl. Die Ascosporen sind oft einzellig, aber es kommen nach Septierungen bei verschie-denen Gruppen von Ascomyceten auch mehrzellige Ascosporen vor.

In vielen Fällen werden Asci nach dem Hakentyp gebildet, wobei apikal an einer asco-genen Hyphe nach der Teilung des Kernpaares ein Kern über einen auswachsenden Haken in die zurückliegende Zelle geschleust wird – ein homologer Vorgang zur Schnallenbildung der Basidiomyceten. Die Basis besteht daher neben der Querwand zur ascogenen Hyphe aus einer schräg stehenden Wand, die den Ascus vom Haken getrennt hat.

Abb. 1 – 3: unitunicate inoperculate Asci.
Abb. 1: *Bulgaria inquinans* (Schmutzbecherling); vier Sporen reifen aus, vier Kerne sind verkümmert.
Abb. 2: *Rhytisma acerinum* (Runzelschorf des Ahorns) mit acht parallel liegenden, fadenför-migen Ascosporen; rechts eine freiliegende Spore.
Abb. 3: *Leptosphaeria acuta* (Zugespitzter Kugelpilz) mit acht septierten Sporen.

Abb. 4 – 6: unitunicate operculate Asci.
Abb. 4: *Helvella lacunosa* (Grubenlorchel); nahezu reifer Ascus mit noch geschlossenem Operculum und acht guttulaten Sporen.
Abb. 5: *Peziza sepiatra* (Sepiabrauner Becherling); a – entleerter Ascus, b – Operculum, c – freiliegende Ascosporen, d – Paraphysen.
Abb. 6: *Tuber aestivum* (Sommertrüffel) mit reduzierter Sporenanzahl und infolge der zoochoren Sporenverbreitung funktionslosem Operculum.

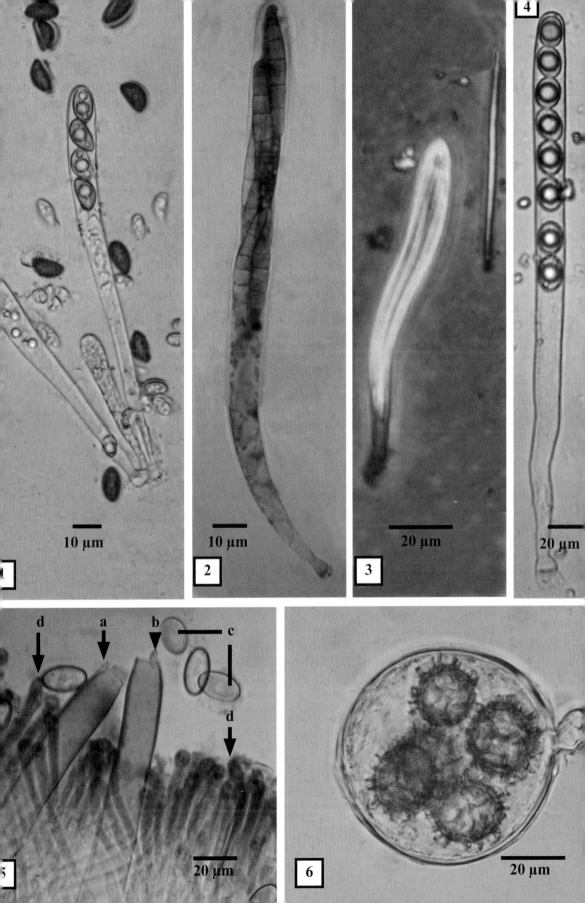

1   10 μm

2   10 μm

3   20 μm

4   20 μm

5   d   a   b   c
        d
        20 μm

6   20 μm

Autolysis (Pl. Autolyses), auch Autolyse (Pl. Autolysen), Autodigestion (Autodigestionen), Deliqueszens (Pl. Deliqueszenses)

Unter Autolysis (Selbstauflösung) versteht man in der Mykologie die Destruktion lebender Teile durch Verflüssigung. Autolyseprozesse sind bei verschiedenen Fruchtkörperteilen von Basidiomyceten besonders auffallend, z.B. an den Hüten von Tintlingen (*Coprinus* s.l.) und in der >Gleba vieler >Gasterothecien. Sie spielt aber auch in vielen anderen Prozessen eine Rolle, z.B. in Myzelien von Anamorphen (>Pleomorphie), bei Fragmentationsprozessen. Nach der Sporulation mancher Basidiomata in Reinkulturen werden durch Autolyse die Fruchtkörper aufgelöst und die frei werdenden Stoffe vom Myzel resorbiert. Die Autolysis ist ein enzymatischer Prozess. An der Auflösung der Zellwände sind Chitinasen in Kombination mit Hydrolasen, am Abbau der Protoplasten sind Proteasen beteiligt.

Bei Tintlingen (*Coprinus, Coprinellus, Coprinopsis* etc.) beginnt die Autolysis in der Regel an den Lamellen des Hutrandes und schreitet zur Hutmitte voran, oft verflüssigen sich zunächst am Hutrand die Cheilocystiden, danach das Hymenium von der Schneide ausgehend und schließlich die gesamte Lamellentrama einschließlich der Huttrama. Die nicht abgeschleuderten Sporen gelangen in die entstehende Flüssigkeit, die dadurch den Charakter einer Sporensuspension bekommt. Wenn innere Teile der Lamellentrama und der Huttrama länger erhalten bleiben als das Hymenium und die hymenientragenden Schichten, krümmt sich der verbleibende Hutrand oft charakteristisch nach oben. Diese Erscheinung wird von manchen Autoren als ein für die Sporenverbreitung vorteilhafter Effekt gedeutet.

Die durch Autolysis von *Coprinus comatus* (Schopftintling) und einigen anderen Arten entstehende Flüssigkeit mit den dunklen Sporen wurde zur Herstellung von Tinte zum Schreiben benutzt, worauf der Name „Tintling" zurückzuführen ist.

Bei den Autolyseprozessen in der Gleba von Gasterothecien, die bei Reife trockene Sporen mit hydrophoben Oberflächen enthalten, sind die entstehenden Produkte für den Reifungsprozess der Sporen von Bedeutung. Während der Autolysis wurde harnstoffspaltende Urease nachgewiesen, die Spaltprodukte dienen der Eiweißsynthese.

Abb. 1: *Coprinus atramentaria* (Faltentintling); Fruchtkörpergruppe bei einsetzender Autolyse der Hüte.

Abb. 2: *Coprinus cothurnata* (Hochstieliger Tintling) auf einem Misthaufen; die Hutränder krümmen sich beim Einsetzen des Autolyseprozesses deutlich nach oben, später zerfließt mit Ausnahme der Velumschüppchen der gesamte Hut.

Abb. 3 u. 4: *Coprinellus micaceus* (Glimmertintling); Sporenreifung und Autolyse.
Abb. 3: Blick auf das unreife Hymenium; a – nahezu reife, bereits leicht pigmentierte Sporentetraden auf den Basidien ; b – unreife, noch helle Sporentetraden; c – Pleurocystidium
Abb. 4: Blick auf das reife Hymenium; durch Autolysis zerfließen die Basidien; die Sporen sind nicht mehr deutlich in Tetraden geordnet; d – ungeordnete, in die sich bildende Flüssigkeit einfließende Sporen.

Abb. 5: *Lycoperdon perlatum* (Flaschenstäubling) während des Autolyseprozesses in der Gleba; Basidien und Hyphen der Tramaplatten (Kammerwände) zerfließen; in der breiartigen Masse (a) verbleiben die Sporen und die derbwandigen Capillitiumfasern, die bereits eine faserige Konsistenz bedingen; in der Subgleba findet keine Autolyse statt (b).

Abb. 6: *Pisolithus arhizus* (Erbsenstreuling); Gleba während der Autolysis; zunächst zerfließen die Plectenchyme zwischen den Pseudoperidiolen (a), dann die Basidien und basidienführenden Strukturen in deren Innerem (b) und zuletzt die derben, peridienähnlichen Umgrenzungen der Pseudoperidiolen.

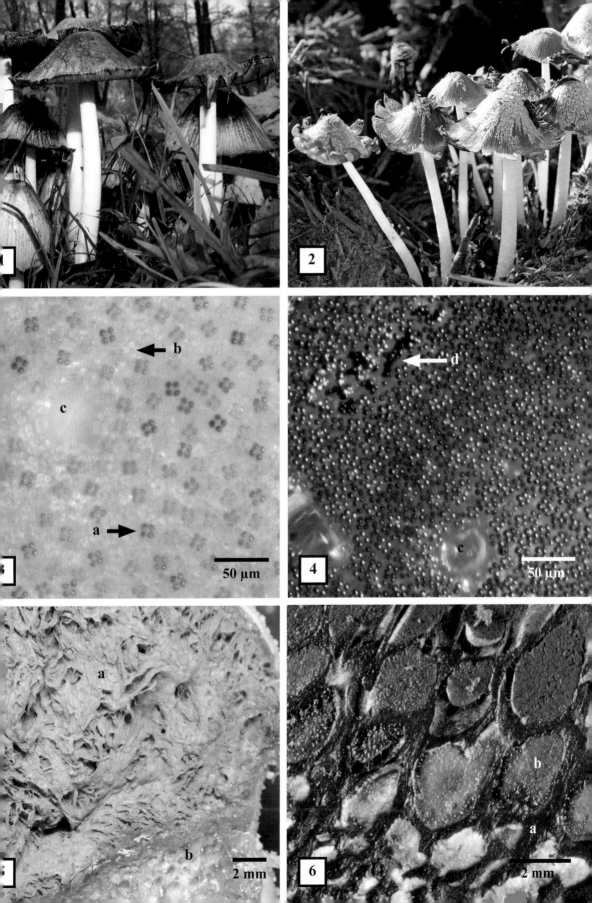

Basidie (Pl. Basidien), auch Basidium (Pl. Basidia)

Basidien (Sporenständer) sind die Meiosporocyten (>Sporocyte) der Basidiomyceten (Ständerpilze). Sie sind den >Asci der Ascomyceten (Schlauchpilze) homolog. Die Sporen (>Basidiosporen) reifen an Basidien exogen, meist entstehen sie einzeln an Auswüchsen der Basidien, den Sterigmata, und werden bei den >Hymenothecien aktiv abgeschleudert. Die Sporenabschleuderung kann rückgebildet sein, z.B. bei den >Gasterothecien, bei denen die Sporen bis zur Reife im Inneren der Fruchtkörper verbleiben. Bei solchen Pilzen fehlen häufig auch die Sterigmata, oder sie bleiben rudimentär.

Einzellige Basidien werden als Holobasidien, septierte, in Zellen gegliederte Basidien als Phragmobasidien bezeichnet. Letztere können durch Querwände oder axiale Wände septiert sein. Die generelle Gliederung der Basidiomyceten in Holo- und Phragmobasidiomyceten musste aufgegeben werden, da es Verwandtschaftskreise gibt, bei denen sowohl geteilte, als auch ungeteilte Basidien vorkommen, z.B. bei den Brandpilzen.

Die häufigste Form der Basidien sind Holobasidien mit vier Sterigmata, an denen je eine Basidiospore entsteht, die mittels eines komplizierten Hilarapparates (Nabelapparat) vom Sterigma abgeschleudert wird, und deren Basidiosporen einen deutlichen Hilarappendix (Nabelanhängsel, auch Apiculus genannt) besitzen, wodurch die Anheftungsstelle (Nabel = Hilum) am Sterigma markiert wird. Die Basidiosporen dieses Basidien-Types keimen stets mit Hyphen, nicht mit Sekundärsporen und bilden keine Hefestadien. Wegen der weitgehenden Übereinstimmung dieser Strukturmerkmale werden solche Basidien auch Homobasidien (gleichgestaltete Basidien) genannt. Homobasidiomyceten (Pilze mit Homobasidien) gelten als monophyletisches Taxon und werden auf unterschiedlicher Rangstufe, z.B. als Unterklasse *Homobasidiomycetidae* zusammengefasst und den polyphyletischen Heterobasidiomyceten (Basidiomyceten mit Phragmobasidie, mit Hefestadien oder Sekundärsporenbildung etc.) gegenüber gestellt. Unter Probasidien oder Hypobasidien versteht man dikaryotische Zellen, aus denen Basidien auswachsen, z.B. die Zellen der Teliosporen der Rostpilze (>Telien). Aus einer Probasidie geht die sporenbildende Epibasidie hervor. Letztere wird auch in Metabasidie und Epibasidie gegliedert, wobei unter Epibasidie die Sterigmata verstanden werden. Die Terminologie stimmt in der Literatur nicht völlig überein. Homobasidien, die noch keine Sporen gebildet haben, nennt man Basidiolen.

Abb. 1: Aufsicht auf das Hymenium einer Lamelle von *Coprinellus micaceus* (Glimmertintling) vor Einsetzen der Autolyse; die Basidiosporen stehen regulär in Tetraden auf jeder Basidie, sind anfangs hyalin (a), färben sich später hellbraun (b) und sind bei Reife dunkelbraun (c).

Abb. 2: Basidie (a) und Basidiolen (b) mit basalen Schnallen (c) von *Pisolithus arhizus* (Erbsenstreuling); die Sterigmata sind rückgebildet, die Sporenanzahl ist irregulär.

Abb. 3: apikaler Teil einer Homobasidie von *Xerula radicata* (Wurzelrübling) mit den vier auswachsenden Sterigmata.

Abb. 4: Basidien von *Hygrocybe acutoconica* (Safrangelber Saftling); es kommen 1- bis 4-sporige Basidien vor; a – Basidie mit zwei Sterigmata; b – Basidie mit einem einzigen Sterigma; c – Basidiolen.

Abb. 5: zweisporige Gabelbasidie von *Calocera viscosa* (Klebriger Hörnling); dieser Basidientyp ist für die Ordnung *Dacrymycetales* (Gallertträffen, Hörnlinge) charakteristisch.

Abb. 6: Phragmobasidie des Rostpilzes *Gymnosporangium sabinae* (Birnengitterrost); a – zweizellige Teliosporen; b – unreife Basidien; c – vierzellige sporulierende Basidie, davon zwei Zellen mit Sterigmata und Basidiosporen (d), eine Zelle mit Sterigma, die Basidiospore ist bereits abgeworfen (e), eine Zelle vor der Bildung des Sterigmas (f); die leuchtend goldgelbe Farbe zeigt den Ort des lebenden Plasmas.

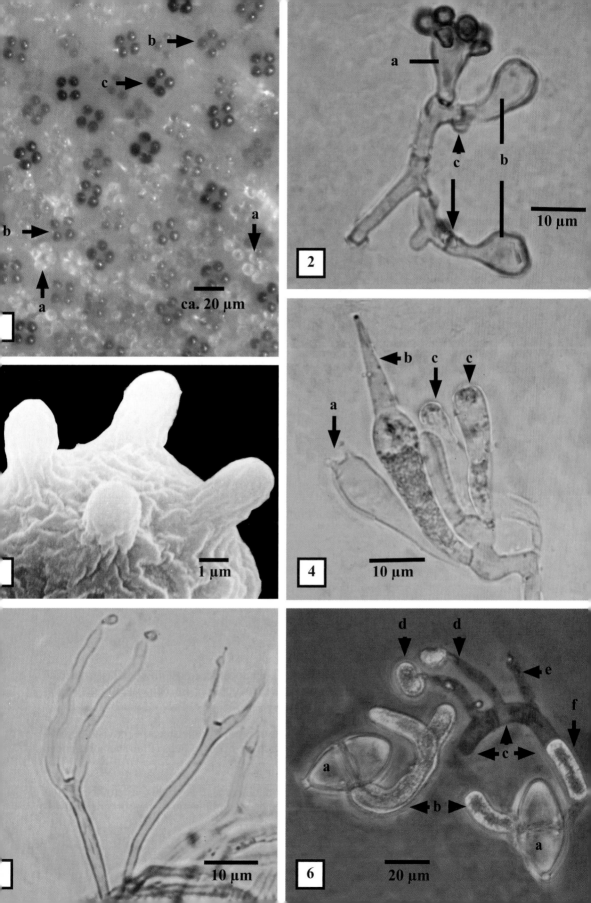

Basidioma (Pl. Basidiomata), auch Basidiom, (Pl. Basidiome), auch Basidiocarpium oder Basidiocarp, (Pl. Basidiocarpia oder Basidiocarpien)

Basidiomata sind die >Fruchtkörper der Ständerpilze (Basidiomyceten). Sie werden in der Regel ausschließlich von Hyphen des Dikaryonten gebildet. Der Dikaryont entsteht meist nach Somatogamie haploider >Myzelien und bildet in den meisten Fällen auch die trophische Myzelphase (Ernährungsphase) im Entwicklungszyklus der Basidiomyceten.

Die Basidiomata sind äußerst vielgestaltig. Nach der Stellung der Meiosporen bildenden Basidien an den reifen Basidiomata unterscheidet man >Hymenothecien und >Gasterothecien. Hymenothecien entwickeln sich gymno- oder hemiangiocarp, Gasterothecien angio- oder cleistocarp (>Fruchtkörperentwicklung). Beide morphologischen Typen werden in zahlreiche Subtypen unterteilt. Nach der Form und der Lage des >Hymeniums gliedert man die Hymenothecien in drei Grundtypen, die >Crustothecien, >Holothecien und >Pilothecien. Die vielgestaltigen Gasterothecien lassen sich phylogenetisch fast alle von Hymenothecien, meist von zentral gestielten Pilothecien ableiten. Übergangsformen werden als secotioide Basidiomata oder >secotioide Gasterothecien bezeichnet.

In der mykologischen Allgemeinsprache werden nach der Form der Basidiomata oft Krusten-, Hut-, Keulen-, Korallenpilze usw. unterschieden. Nach dem Typ des >Hymenophores nennt man sie u.a. Porlinge (>polyporoides Hymenophor), Blätterpilze (>agaricoides Hymenophor), Röhrlinge (>boletoides Hymenophor) oder Stachelpilze (>hydnoides Hymenophor). Die Gasterothecien werden oft nach ihrer Form u.a. als Boviste (>bovistoide Gasterothecien), Stielboviste (>tulostomoide Gasterothecien), Erdsterne (>geastroide Gasterothecien), Nestpilze (>cyathoide Gasterothecien) bezeichnet. All diese Namen wurden in der Vergangenheit in lateinischer Version für systematische Gruppen benutzt, widerspiegeln jedoch die verwandtschaftlichen Beziehungen gar nicht oder nur teilweise innerhalb kleiner Gruppen. Eine allgemein verbindliche Terminologie der morphologischen Typen der Basidiomata existiert nicht.

Abb. 1–3: verschiedene Typen von Hymenothecien.

Abb. 1: *Polyporus squamosus* (Schuppiger Porling); gymnocarpe, seitlich kurz gestielte Crustothecien; das Hymonophor der Hutunterseite (Pfeil) ist poroid, die sterile Hutoberseite auffallend schuppig, ein typischer pileater Porling.

Abb. 2: *Boletus satanas* (Satanspilz); gymnocarpe Pilothecien mit boletoidem Hymenophor an der Hutunterseite (Pfeil), ein typischer Röhrling.

Abb. 3: *Pholiota adiposa* (Hochthronender Schüppling); hemiangiocarpe Pilothecien mit agaricoidem Hymenophor (Pfeil) an der Hutunterseite und Reste des >Velum partiale am Stiel, ein typischer Blätterpilz.

Abb. 4–6: verschiedene Typen von Gasterothecien.

Abb. 4: *Tulostoma brumale* (Winter-Stielbovist); angiocarpe, tulostomoide Gasterothecien mit Stielstreckung und präformierter Öffnung der Endoperidie für den Ausstoß der in der Gleba (Pfeil) befindlichen Sporen.

Abb. 5: *Scleroderma citrinum* (Dickschaliger Kartoffelbovist); cleistocarpe, bovistoide Gasterothecien, die Peridie verwittert bei Reife, wodurch die in der >Gleba (Pfeil) heranreifenden Sporen ins Freie gelangen.

Abb. 6: *Cyathus striatus* (Gestreifter Teuerling); angiocarpe, cyathoide Gasterothecien; das Hymenium befindet sich in >Peridiolen (Pfeil), die durch einfallende Regentropfen herausgeschleudert werden.

Basidiospore (Pl. Basidiosporen)

Die Basidiosporen reifen exogen an der >Basidie. Nach <u>Karyogamie</u> des <u>Dikaryons</u> und nachfolgender <u>Meiose</u> in der Basidie wandern die Kerne in die meist an <u>Sterigmata</u> aussprossenden Sporenanlagen.

Basidiosporen sind in der Regel einzellig und einkernig. An einer reifen Basidiospore ist in den meisten Fällen das basale Hilum (der Nabel), mit dem die Spore vor ihrer Freisetzung am Sterigma befestigt war, durch eine vorgewölbte Erhebung, dem Nabelanhängsel (Hilarappendix), das auch als Apiculus bezeichnet wird, gut zu erkennen.
Die äußere Form der Basidiosporen ist mannigfaltig und für die Bestimmung, mitunter auch für die Systematik von Bedeutung.

Häufige Formen von Basidiosporen
(Hilarappendices rot markiert)

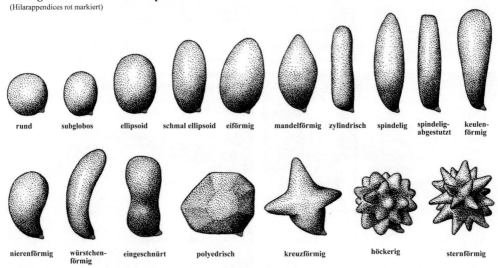

| rund | subglobos | ellipsoid | schmal ellipsoid | eiförmig | mandelförmig | zylindrisch | spindelig | spindelig-abgestutzt | keulen-förmig |

| nierenförmig | würstchen-förmig | eingeschnürt | polyedrisch | kreuzförmig | höckerig | sternförmig |

Ebenso vielfältig wie die äußere Form sind auch die Oberflächen der Basidiosporen. Häufig kommen Warzen, Stacheln oder Leisten vor. Mitunter sind deutlich wahrnehmbare Keimporen vorhanden, sie befinden sich bei vielen Arten am apikalen Zellpol gegenüber dem basalen Hilarappendix.

Manche lichtmikroskopisch wahrnehmbare Skulpturen können durch Färbungen hervorgehoben werden, z.B. ist das Sporenornament von Täublingen und Milchlingen amyloid und färbt sich in Jod-Jodkali-Lösung blau. Die komplizierte Feinstruktur der Schichten der Sporenwände und die Feinstruktur der Oberflächen sind nur elektronenoptisch zu erfassen.

Abb. 1: glatte Basidiosporen von *Agrocybe praecox* (Frühlings-Ackerling); a – Hilarappendices; b – Keimpori, sie sind durch eine leichte Abflachung der Wölbung und durch die weniger stark verdickte Sporenwand zu erkennen.
Abb. 2: ornamentierte Basidioporen von *Scleroderma citrinum* (Dickschaliger Kartoffelbovist).
Abb. 3: glatte Basidiosporen von *Endoptychum agaricoides* (Mongolei).
Abb. 4: ornamentierte Basidiosporen von *Lycoperdon pyriforme* (Birnenförmiger Stäubling).
Abb. 5: Hilarappendix einer Basidiospore von *Oudemansiella mucida* (Buchenschleimrübling).
Abb. 6: Oberfläche einer Basidiospore von *Oudemansiella mucida*; die kristallinen, in unterschiedlicher Intensität vorkommenden Auflagerungen sind nur elektronenoptisch nachweisbar, lichtmikroskopisch sind die Sporen glatt.

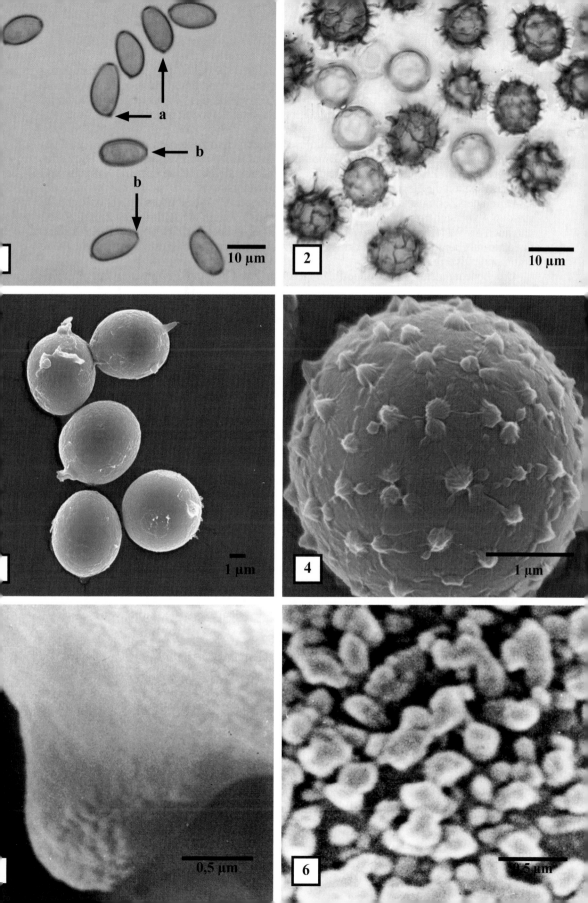

Braunfäule (Destruktionsfäule)

Der Begriff Braunfäule wird in der Mykologie für einen speziellen Typ der >Holzzerstörung durch lignicole Pilze benutzt, wobei sich das Holz zunehmend braun verfärbt. Es werden die Polysaccharide (Zellulose, Hemizellulosen) der Zellwände des Holzes abgebaut, während der Holzstoff, das Lignin, nahezu unverändert zurückbleibt, wodurch eine braune bis rotbraune Verfärbung auftritt.

Die Enzyme für den Abbau der Zellulose und der Hemizellulosen des Holzes gehören überwiegend zu den Hydrolasen, die Bindungen unter Einbau von Wasser spalten. Die Zellulose wird von den Enzymen Glucanase und Glucosidase abgebaut, die Enzyme Xylanase und Mannase spalten die Hemizellulosen in Xylan und Mannan.

Durch den Zelluloseabbau nimmt die Dimensionsstabilität besonders in axialer Richtung stark ab. Es entstehen Quer- und Längsrisse, was sich in einem würfelförmigen Zerfall äußert und auch als Würfelbruch oder Würfelbruchfäule bezeichnet wird. Der Name Destruktionsfäule nimmt ebenfalls auf diese Form des Holzzerfalles Bezug. Im Endstadium sind die Reste braun und pulverig.

Die bedeutendsten Braunfäule-Pilze gehören zur Ordnung *Polyporales* der *Basidiomycota*. Die meisten besiedeln Nadelholz, einige Laubholz, andere sowohl Laub- als auch Nadelholz. Zu ihnen gehören unter anderem die Arten der Gattungen *Antrodia, Daedalea, Fistulina, Fomitopsis, Gloeophyllum, Laetiporus, Lentinus, Phaeolus, Piptoporus, Serpula* und *Sparassis*. Manche sind auf einzelne Gehölzgattungen spezialisiert, z.B. wächst in Eurasien *Piptoporus betulinus* (Birkenporling) in der Natur ausschließlich auf Birkenholz, *Laricifomes officinalis* (Lärchenporling, Apothekerschwamm) ausschließlich an Altholz von Lärchen, *Daedalea quercina* (Eichenwirrling) und *Fistulina hepatica* (Leberpilz) kommen an Eichenholz vor. Diese Substratspezifität ist ökologisch begründet, in Reinkultur wachsen die Myzelien dieser Arten auch auf anderen Substraten, die meisten sind problemlos auf einfachen Nährböden, wie Malzagar zu kultivieren.

Die Fruchtkörper vieler Braunfäule-Erreger sind konsolenförmige Porlinge (>dimitate Crustothecien). In Mitteleuropa gehören *Fomitopsis pinicola* (Rotrandiger Baumschwamm) und *Laetiporus sulphureus* (Schwefelporling) – beide besiedeln Laub- und Nadelgehölze – zu den auffallendsten und dominierenden Braunfäule-Erregern.

Abb. 1–3: durch *Laetiporus sulphureus* (Schwefelporling) verursachte Braunfäule an *Quercus robur* (Stieleiche), einem der am häufigsten durch diesen Pilz befallenen Gehölze.

Abb. 1: frisch gewachsener Fruchtkörper an einer Stammwunde; die >dimitaten Crustothecien wachsen binnen weniger Tage zur vollen Größe heran (>Guttation), sind anfangs saftig weich und werden später infolge ihrer amphimitischen >Trama rasch bröckelig; sie sind jung essbar.

Abb. 2–3: typische Bilder zusammengebrochener Stämme in Naturwaldzellen; vom Kernholz her wurde auch das teilweise noch intakte Splintholz (Abb. 2) zerstört; die typische Würfelstruktur der Holzreste ist noch zu erkennen (Abb. 3).

Abb. 4–5: durch *Laricifomes officinalis* (Apothekerschwamm, Lärchenporling) verursachte Braunfäule an *Larix sibirica* (Sibirische Lärche, Zentralsibirien).

Abb. 4: dreijähriger Fruchtkörper an einem lebenden Stamm; diese Basidiomata wurden bis ins 20. Jh. offizinell genutzt, später durch wirksamere Antibiotika ersetzt; in Sibirien werden sie mancherorts auch gegenwärtig noch in der Volksmedizin als Heilpilze gesammelt.

Abb. 5: Fuß eines alten, durch den Pilz zerstörten Stammes mit den typischen würfelig zerbröckelten, braunen Holzresten.

2

5

Capillitium (Pl. Capillitia, auch Capillitien)

Fädige Geflechte in Sporenbehältern werden in ihrer Gesamtheit als Capillitium bezeichnet. In erster Linie wird der Begriff für die Fadengeflechte in der reifen >Gleba von >bovistoiden, >geastroiden und >tulostomoiden >Gasterothecien und in >Sporocarpien von Myxomyceten benutzt. Bei den Gasterothecien entsteht das Capillitium aus wandverdickten Hyphen, die primär der ombro-anemochoren Sporenverbreitung dienlich sind. Das elastische hydrophobe Capillitium formiert die Peridie nach dem Aufschlag von Wassertropfen (>Peristom Abb. 3, 4), um den Vorgang des Sporenausstoßes zu optimieren. Das Capillitium kann aber auch dem Festhalten der Sporen für ein kontinuierliches Aussporen dienen, z.B. werden bei den cleisto-carpen Basidiomata von *Langermannia gigantea* (Riesenbovist) nach dem Peridienzerfall die freien Glebakugeln wie Steppenroller vom Wind verbreitet.

Bei den Myxomycten ist das Capillitium nicht zellulär organisiert und bildet sich direkt aus dem Protoplasma. Die Sporen werden vom Capillitium festgehalten und gelangen konti-nuierlich in die Atmosphäre. Bei manchen Arten, z.B. im Genus *Arcyria*, ist das Capillitium elastisch, quillt bei Reife aus den geöffneten Sporocarpien, exponiert dadurch die Sporen der Atmosphäre und kann auch samt Sporen verweht werden. Durch Verschmelzung von Sporo-carpien sind bei einigen Schleimpilzen oft große als Aethalien bezeichnete Fruktifikationen vorhanden. Im Inneren dieser Aethalien sind manchmal reduzierte Wände der Sporocarpien als fädige Strukturen enthalten. Diese Fadensysteme bezeichnet man als Pseudocapillitium.

Bei einigen Gasterothecien, z.B. bei *Mycenastrum corium*, besteht das Capillitium aus ge-krümmten und verzweigten, stacheligen Fasern, bei *Battarrea phalloides* aus kurzen, unver-zweigten Fasern. Solche Fäden werden wie bei den Lebermoosen als Elateren (Sgl. Elatere) bezeichnet. Sie leiten sich bei den Gasterothecien von den komplexeren Capillitien ab, wäh-rend sie bei den Lebermoosen aus dem sporogenen Gewebe nach der Meiose hervorgehen und durch Kohäsionsbewegungen der Ausschleuderung der Sporen dienen.

Wenn bei den Gasterothecien keine dickwandigen Capillitien vorkommen, sondern nur wenig verdickte, funktionslose Reste des Hyphensystems der >Trama, spricht man von Para-capillitien. Sie können als reduzierte Capillitien aufgefasst werden, die sich vor allem beim Übergang von angio- zu cleistocarpen Gasterothecien (>Fruchtkörperentwicklung) vollzie-hen.

Abb. 1: *Geastrum melanocephalum* (Haar-Erdstern); das Capillitium der reifen Gleba ist wie bei allen *Geastrum*-Arten teilweise an der Columella (a), teilweise an der >Peridie (b) inse-riert; im Gegensatz zu anderen Erdsternen liegt es nach Öffnung des Fruchtkörpers frei; da Endoperidie und Exoperidie verwachsen sind; die ursprünglich ombro-anemochore Sporen-verbreitung wird zu einer rein anemochoren. Reste der Endoperidie bilden den weißen Fleck auf der Gleba (c).

Abb. 2: *Geastrum fimbriatum* (Gewimperter Erdstern); Capillitium eines reifen Gasterothe-ciums; die Rundung des Wassertropfens ist ein Maß für die >Hydrophobie des Capillitiums.

Abb. 3: *Lycoperdon perlatum* (Flaschenbovist), Gleba vor der Sporenreife; a – Tramaplatten; b – Hymenium mit jungen Basidien an den Innenflächen der Glebakammern; c – Capillitium bildende Hyphen in der Trama.

Abb. 4: *Mycenastrum corium* (Sternstäubling); in verzweigte Elateren aufgelöstes Capilliti-um mit stacheligen Auszweigungen und vereinzelten, dickwandigen Sporen.

Abb. 5: *Arcyria obvelata*, elastische, im geschlossenen Sporocarpium gedrängte Capillitien dehnen sich nach Öffnung der Sporocarpien und exponieren die Sporen der Atmosphäre.

Abb 6: *Trichia scabra*; gebänderte Capillitiumfasern mit Sporen und zugespitzen Enden.

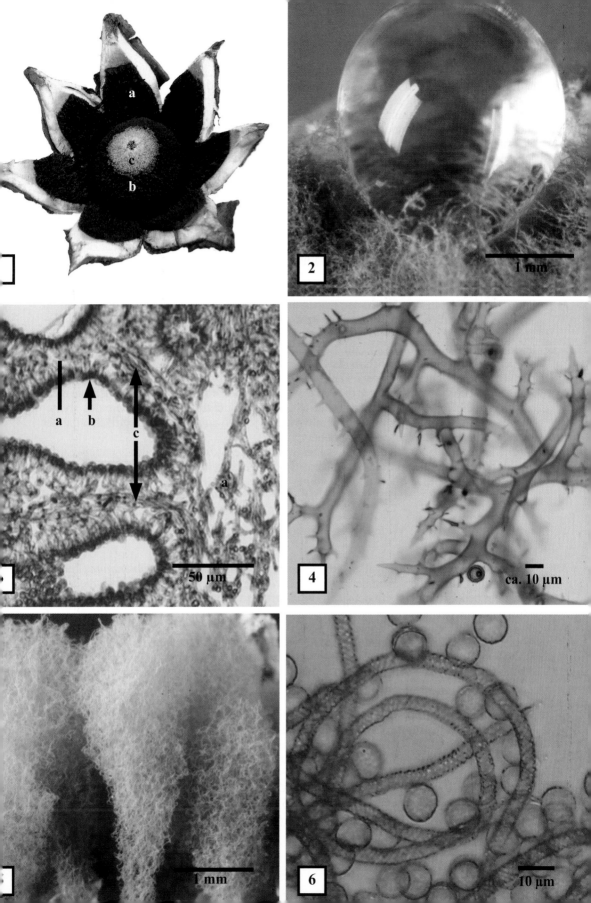

Cecidium (Pl. Cecidia; oder Cecidien, auch Zezidie, Pl. Zezidien)

Cecidien sind abnorme Wucherungen pflanzlichen Gewebes. Sie haben eine definierte Form und können z.B. nahezu kugelig sein, wie die „Galläpfel", oder sie sind auffallend schild-, stäbchen-, keulenförmig usw. Sie sind jedoch nicht streng von unregelmäßigen Wucherungen, von Tumoren, zu trennen. Der Begriff Tumor stammt aus der Medizin und wird aber auch in der Phytopathologie verwendet. Cecidien werden auch als Gallen bezeichnet. Ursache solcher Missbildungen ist in der Regel der Befall durch parasitische Organismen.

Im weiteren Sinne sind Cecidien alle abnormen Strukturen von pflanzlichen Geweben, die von parasitischen, selten auch symbiontischen Bakterien, Pilzen oder Tieren verursacht werden. Auch viröse Erkrankungen können ähnliche Befallsbilder hervorrufen.

Manche >Fruchtkörper von Pilzen können ebenfalls Wucherungen aufweisen, die mit den Cecidien der Pflanzen vergleichbar sind. Diese Missbildungen werden in der Mykologie Proliferationen (>Teratum) genannt, z.B. wenn Blätterpilze auf der Oberseite des Hutes Lamellen bilden oder die gesamten >Basidiomata unkenntlich deformiert sind. Derartige Bildungen können durch mechanische Störungen, Lichtmangel, Chemikalien, Infektionen verursacht werden oder auch spontan auftreten.

Regulär geformte Cecidien, die den von parasitischen Tieren verursachten Cecidien an Pflanzen vergleichbar sind, kommen jedoch bei Pilzen selten vor. Ein weithin bekannter Fall sind die Zitzengallen an den Fruchtkörpern von *Ganoderma applanatum* (Flacher Lackporling), die von der Fliege *Agathomyia wankowiczi* hervorgerufen werden. Weibliche Fliegen legen die Eier im Frühjahr in eine neu heranwachsende Hymenophoralschicht. Der Pilz reagiert mit abnormem Wachstum der Hymenophoraltrama um die heranwachsende Larve. Dadurch entsteht eine zitzenartige Galle. Die Larve ernährt sich von einwachsenden Pilzhyphen. Bei Reife verlässt die Larve die Galle, wodurch eine Öffnung entsteht, die der Pilz nicht mehr verschließen kann. An der Außenseite der Galle wird zunächst >polyporoides Hymenophor angelegt, mit fortschreitender Entwicklung jedoch entsteht eine Oberfläche, die der krustigen, sterilen Hutoberseite entspricht.

Die Puppenruhe durchleben die Insekten während des Winters im Waldboden unweit der Porlingskonsole, in der die Larven lebten; die Imagines schlüpfen im Frühjahr, wenn die Wachstumsphase des Hymenophors beginnt.

Abb 1 u. 2: Cecidien (Zitzengallen) im Hymenophor von *Ganoderma applanatum* (Flacher Lackporling); die Außenseiten der Gallen sind von der neu heranwachsenden Hymenophoralschicht bedeckt, innen befindet sich normal strukturierte braune Trama mit braunen Skeletthyphen, die eine kernartige Kammer gebildet hat.

Abb. 1: heranwachsendes Cecidium, die Larve befindet sich im Inneren.

Abb 2: Cecidium nach dem Verlassen der ausgreiften Larve.

Abb 3: junge Larve von *Agathomyia wankowiczi*; sie wurde einer Galle entnommen, die dem Entwicklungsstand in der Abb. 1 entspricht; die charakteristische graubraune Färbung der Oberseite der Larvensegmente ist noch nicht ausgeprägt.

Abb 4: ausgereifte Larve mit der typischen Färbung der Segmente beim Verlassen der Zitzengalle.

Abb. 5 u. 6: ausgereifte Larve von oben (Abb. 5) und von unten (Abb. 6); links oben befindet sich der Kopf mit den Fresswerkzeugen, rechts unten das hintere Ende mit dem After.

Cleistothecium (Pl. Cleistothecia oder Cleistothecien)

Cleistothecien sind ascohymeniale, cleistocarpe >Fruchtkörper (>Fruchtkörperentwicklung) von Ascomyceten. Die Asci bleiben bis zur Reife der >Ascosporen im Inneren der >Ascomata, die im Gegensatz zu den mitunter ähnlichen >Perithecien keine präformierte Öffnung besitzen. Die Sporen gelangen nach mechanischer oder chemischer Zerstörung der Fruchtkörperwand ins Freie. Die Cleistothecien sind meist kugelig, aber in ihrer anatomischen Struktur sehr vielgestaltig. Man unterscheidet vier verschiedene Typen:

1. Monascoide Cleistothecien sind mikroskopisch klein, besitzen eine einschichtige Wand und nur einen einzigen Ascus (z.B. Gattung *Monascus*).

2. Eurotioide Cleistothecien sind mikroskopisch klein, besitzen eine einschichtige Wand und viele regellos angeordnete Asci (z. B. Gattung *Eurotium*).

3. Erysiphoide Cleistothecien sind kleiner als 1 mm, oft um 100 μm groß, besitzen eine derbe, mehrschichtige Wand und entweder nur einen einzigen Ascus oder mehrere rosettig angeordnete Asci. Charakteristische Appendices (Anhängsel) dienen der Verbreitung, die Cleistothecien fungieren in ihrer Gesamtheit als Diasporen (Verbreitungseinheiten) und dienen auch der Überdauerung ungünstiger Lebensbedingungen. Erysiphoide Cleistothecien werden in der Literatur auch als „erysiphale Perithecien" oder „Chasmothecien" bezeichnet und sind auf die Echten Mehltaupilze (*Erysiphales*) beschränkt (z.B. Gattung *Erysiphe*).

4. elaphomycetoide Cleistothecien sind über 1 cm groß, besitzen eine komplexe, plectenchymatische Wand und nesterweise, nicht in Hymenien angeordnete Asci. Sie entwickeln sich hypogäisch, die Ascosporen gelangen in der Regel wie bei vielen hypogäischen Ascomata und >Basidiomata nach einer Darmpassage (>Diaspore) ins Freie (z.B. Gattung *Elaphomyces*, Hirschtrüffel).

Die ebenfalls cleistocarpen, hypogäisch wachsenden Ascomata der *Tuberales* (Echte Trüffeln) sind keine Cleistothecien. Sie sind morphogenetisch aus cupulaten >Apothecien hervorgegangen, deren Marginalbereich mitunter noch nachweisbar ist. Den hypogäischen Ascomata sind auch >hypogäische Gasterothecien äußerlich ähnlich.

Abb. 1 u. 2: aufgebrochene erysiphoide Cleistothecien; durch leichten Druck auf die Deckgläschen der Präparate platzt die feste Cleistothecienwand auf, wodurch die Asci und Teile der inneren Wandschichten herausgedrückt werden. Die Anzahl der Asci pro Cleistothecium und der Ascosporen pro Ascus (oft weniger als acht), die Form und Größe der äußeren Wandzellen und der Appendices sind wichtige Bestimmungsmerkmale.

Abb. 1: zwei Cleistothecien von *Erysiphe lonicerae* auf *Lonicera caprifolium*; a – äußere, dunkle Cleistothecienwand mit pseudoparenchymatischer festgefügter Zellstruktur; b – Appendices der Fruchtkörperwand; c – charakteristische dichotome Verzweigungen im oberen Drittel der Appendices; d – Asci mit Ascosporen; e – freie Ascosporen; f – Reste der inneren Wandschichten, der Ascuswände und des Restplasmas der aufgelösten Asci.

Abb. 2: Cleistothecium von *Erysiphe trifolii* auf *Trifolium pratense* (Rotklee); a – äußere, dunkle Cleistothecienwand mit pseudoparenchymatischer festgefügter Zellstruktur, b – Appendices der Fruchtkörperwand, c – innere Wandschichten, d – Asci mit Ascosporen, e – freie Ascosporen.

Abb. 3 u. 4: Cleistothecien von *Elaphomyces granulatus* (Warzige Hirschtrüffel).

Abb. 3: warzige Außenseite der Cleistothecienwand.

Abb. 4: Cleistothecium im Schnitt; die inneren ascusführenden Strukturen (a) werden in der Literatur wegen der äußerlichen Ähnlichkeit mit manchen Gasterothecien mitunter als >Gleba bezeichnet, sie werden bei Reife pulverig; die Cleistothecienwand erscheint im senkrechten Anschnitt (b) dünn, im Schräganschnitt (c) marmoriert.

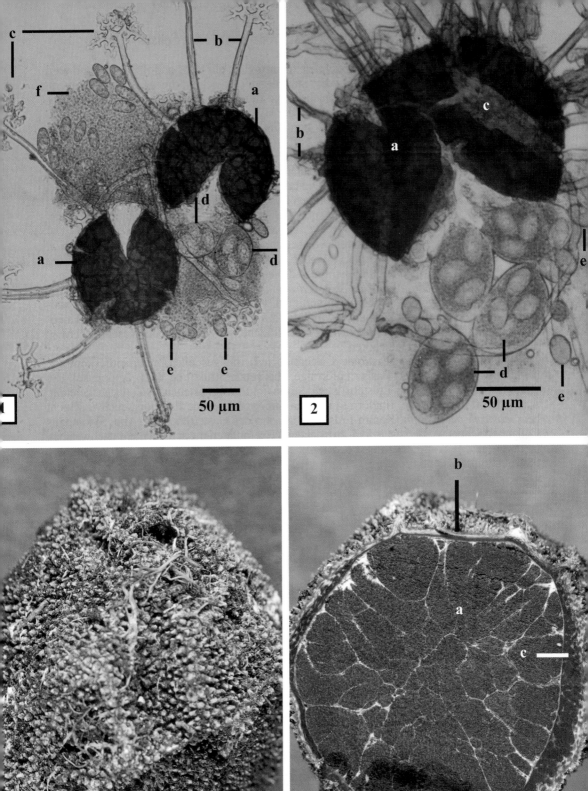

Collar (Pl. Collare) auch Collarium (Pl. Collaria) oder Collare (Pl. Collaris)

Der lateinische Begriff "collare" bezeichnete ursprünglich ein Halsband für Hunde und wird für ringförmige Strukturen um einen Hals, Stängel oder ein schaftartiges Gebilde gebraucht. In der Botanik wird der Begriff Collar auch für die Ligula (das Blatthäutchen) − einer häufigen Bildung im Bereich des Überganges von der Blattscheide zur Blattspreite − benutzt und davon abgeleitet die Begriffe collariatus (= ligulatus, mit Blatthäutchen versehen) und collaris (= liguliformis, züngchenförmig).

In der Mykologie wird der Terminus in erster Linie für den ringförmigen Teil des >Hymenophors agaricoider >Pilothecien gebraucht, vor allem bei den Rädchenschwindlingen (Genus *Marasmius*, Sectio *Marasmius*). Die Lamellen dieser Fruchtkörper sind in der Regel an einem, den Stiel umgebenden ringförmigen Kragen inseriert. Solch ein Hymenophor wird als „collariat" bezeichnet oder auch als „subcollariat", wenn diese Struktur nur schwach ausgebildet ist.

Die Section *Marasmius* wurde wegen dieses typischen Collars auch als Section *Collariati* geführt, weil aber *Marasmius rotula* (Weißer Rädchenschwindling) der Gattungstypus der Schwindlinge (Genus *Marasmius*) ist, muss dieses Taxon, das etwa 100 überwiegend tropisch verbreitete Arten umfasst, als Sect. *Marasmius* bezeichnet werden. In Europa sind die Rädchenschwindlinge mit sieben Arten vertreten, von denen *Marasmius rotula* (Halsband-Schwindling oder Weißer Rädchenschwindling), *Marasmius bulliardii* (Laubblatt-Rädchenschwindling) und *Marasmius wettsteinii* (Nadel-Rädchenschwindling oder Käsepilzchen) zu den weit verbreiteten Arten gehören.

Bei den Erdsternen (>geastroide Gasterothecien) mit gestielter Endoperidie kommen bei einigen Arten an deren Basis ringförmige, abgesetzte Strukturen vor (>Apophyse). Bei *Geastrum striatum* (Kragen-Erdstern) ist zudem ein ringförmig abstehendes Collar ausgebildet. Auch die oft zylindrische, ringförmig um den Stiel verbleibende Pseudoparenchymschicht bei *Geastrum pectinatum* (Kamm-Erdstern, >geastroides Gasterothecium, Abb. 5) kann als Collar bezeichnet werden, ist jedoch an trockenen Exemplaren meist nicht mehr nachweisbar. Bei *Geastrum triplex* (Halskrausen-Erdstern) reißt die Pseudoparenchymschicht während der Entfaltung der Fruchtkörper meist ringförmig ein und bildet um die sitzende Endoperidie einen schüsselförmigen Kragen, der Halskrause oder ebenfalls Collar genannt wird (vgl. >geastroides Gasterothecium, Abb. 6).

Bei den Schleimpilzen werden die kragenförmigen Reste der >Peridie, die apikal am Stiel mancher >Sporocarpien verbleiben, als Collar bezeichnet.

Das becherförmige Gebilde am Apex mancher conidiogener Zellen wird Colarette (kleines Collar) genannt, es kommt z.B. in den Anamorph-Gattungen *Phialophora, Exophiala, Codinaea* und *Catenularia* vor.

Abb. 1 u. 2: Collar des Hymenophors bei der Gattung *Marasmius* Sect. *Marasmius* (Rädchenschwindlinge); für die Bestimmung ist die Anzahl der Lamellen, die vom Hutrand bis an das Collar reichen, von Bedeutung; bei beiden abgebildeten Arten sind es charakteristischerweise mehr als 10.

Abb. 1: *Marasmius rotula*, (Weißer Rädchenschwindling).

Abb. 2: *Marasmius bulliardii* (Laubblatt-Rädchenschwindling).

Abb. 3 u. 4: Collar an der Basis der Endoperidie trockener Fruchtkörper von *Geastrum striatum* (Kragen-Erdstern); es ist ein festgefügter Bestandteil der Endoperidie und keine Falte, wie sie mitunter bei anderen Erdsternarten vorkommt; zunächst ist es wie die übrige Endoperidie gefärbt, bei alten Exemplaren oft etwas heller, bei frisch geöffneten Exemplaren kann es vom vergänglichen mesoperidialen Gewebe, bei Exemplaren mit eingesenktem oberem Stielteil von der Endoperidie verdeckt sein.

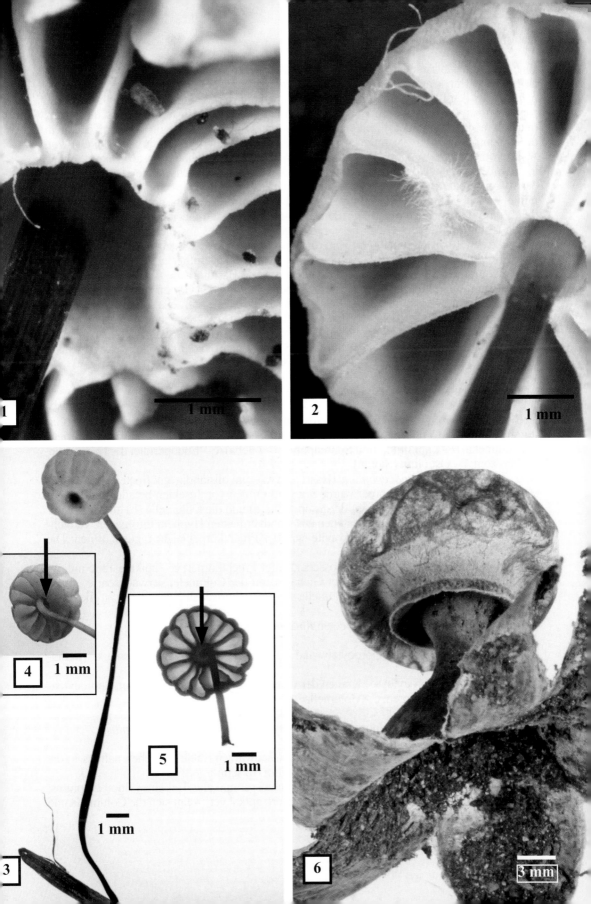

1 mm

2

1 mm

4

1 mm

5

1 mm

3

1 mm

6

3 mm

Columella (Pl. Columellae)

Eine sterile Mittelsäule in einem Sporenbehälter wird als Columella bezeichnet. Dieser Begriff wird für sehr verschiedene, nicht homologe Strukturen von Pflanzen und Pilzen benutzt. Bei den Laubmoosen besteht die Columella in der Sporenkapsel aus pflanzlichem, parenchymatischem Gewebe. Bei den Pilzen wird der Begriff für sterile, säulenartige, mitunter auch abgerundete Teile im Inneren der >Sporocarpien von Myxomyceten, in den >Sporocyten von Zygomyceten oder bei den Basidiomyceten in der >Gleba von >Gasterothecien verwendet. Die Columellae sind im Sporenbehälter basal inseriert, enden in diesem frei oder sind auch apikal mit der Behälterwand verwachsen. Bei den Sporocyten der Zygomyceten ist die Columella der erweiterte apikale Teil des Sporocytenträgers, der in die sporenbildende Zelle hineinragt. Sie ist ein Teil des Trägers und von diesem nicht durch eine Zellwand getrennt. Bei den >geastroiden Gasterothecien der Basidiomyceten ist die Columella aus der Gleba hervorgegangen und besteht aus plectenchymatisch dicht verflochtenen, dickwandigen Hyphen, die im reifen Fruchtkörper randlich nahtlos in >Capillitiumfasern übergehen. Bei einigen >secotioiden Gasterothecien ohne Stielstreckung bildet der gesamte Stiel die Columella der cleistocarpen Basidiomata, z.B. bei *Endoptychum agaricoides* (>Morphogenese, Abb. 3). Bei manchen secotioiden Gasterothecien, deren Stiele sich bei Reife strecken, bildet der apikale Teil des Stieles die Columella.

Sofern die Sporocarpien der Schleimpilze eine Columella besitzen, geht diese aus dem Plasmodium hervor und ist nicht zellulär strukturiert. Sie ist bei vielen Arten, z.B. bei den *Stemonitales*, die nahtlose Fortsetzung der Stiele der Sporocarpien, an dem die sich verzweigenden Capillitiumfasern inseriert sind.

Abb. 1–3: Columellae von Gasterothecien.

Abb 1: *Geastrum triplex* (Halskrausenerdstern); noch ungeöffnetes, aufgeschnittenes Gasterothecium: das Capillitium ist teils an der Endoperidie, teils an der Columella inseriert; a – Columella, b – Capillitium und Sporenpulver (> Gleba), c – Endoperidie, d – Exoperidie, e – Peristom, f – Ostiolum (Stoma).

Abb. 2: *Geastrum melanocephalum* (Haarerdstern); unvollständig geöffnetes, geastroides Gasterothecium; der Fruchtkörper wurde vor dem Öffnen von Insekten befallen und ausgefressen, wobei nur die Faserschicht der Exoperidie (a) und die Columella (b) an der Fruchtkörperruine übrig blieben; beide bestehen aus wandverdickten Hyphen; infolge der Vernichtung der Pseudoparenchymschicht konnte sich der Fruchtkörper nicht regulär öffnen; Die Columella weist Fraßspuren auf.

Abb. 3: *Podaxis pistillaris*; a – geschlossener, reifer Fruchtkörper; b – apikale Teile mit abgewehten Peridien; das Capillitium der Gleba ist mit der Columella verwachsen; c – nach Entfernung des Capillitiums ist die Columella als direkte Fortsetzung des Stieles zu erkennen.

Abb 4 u. 5: Columellae des Zygomyceten *Rhizopus stolonifer*.

Abb 4: junge Sporocyte; a – Sporocytenwand (>Peridie), b – sporogenes Plasma, c – heranwachsende Columella.

Abb. 5: Rest einer Sporocyte; a – Kragen der vergänglichen, bereits aufgelösten Sporocytenwand, b – anhaftende Sporen, c – Columella.

Abb. 6 u. 7: Columellae von Sporocarpien der Myxomyceten-Gattung *Stemonitis*.

Abb. 6: *Stemonitis fusca*; reife Sporocarpien, die schwarzen Stiele (a) gehen nahtlos in die Columellae (c) über, die durch das feine Capillitium (b) schimmern.

Abb. 7: *Stemonitis succina*; in Bernstein eingeschlosser apikaler Teil eines Sporocarpiums; an der Columella (a) ist das Capillitium (b) inseriert; apikal verzweigt sich die Columella und geht in das Capillitium über (c).

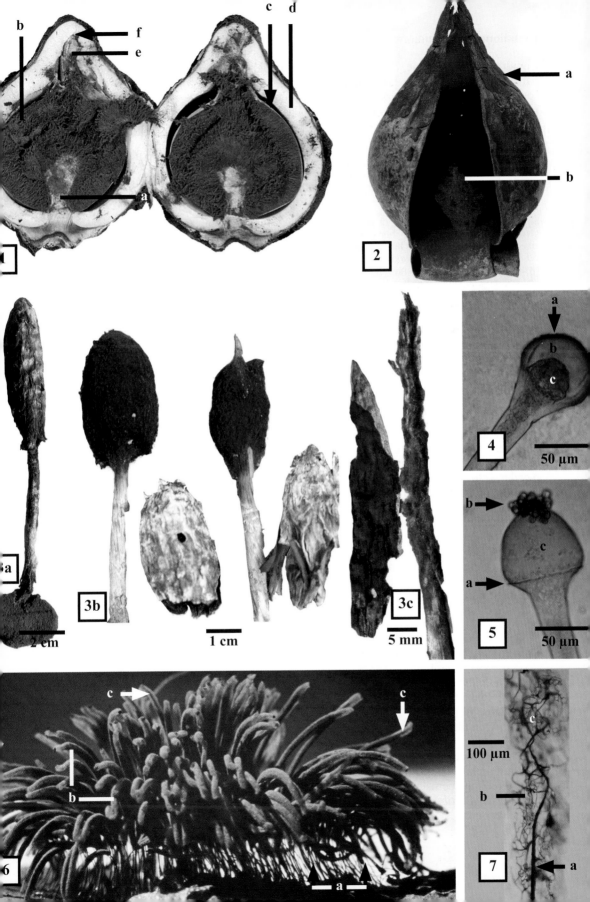

Conidioma (Pl. Conidiomata)

Conidiomata sind kleine, den >Fruchtkörpern ähnliche, aus >Plectenchymen oder Pseudo-parenchymen aufgebaute Fruktifikationen, an oder in denen weder >Asci noch >Basidien sondern stets <u>Conidien</u> (>Sporen) gebildet werden. Conidiomata gehören zu den Anamorphen im Entwicklungszyklus pleomorpher Pilze (>Pleomorphie). Man kann grundsätzlich vier Typen unterscheiden:

Acervulus (Pl. Acervuli): subepidermal angelegte kleine, kissen- oder flach schalenförmige Hyphenaggregation phytoparasitischer Pilze, auf der die Condiophoren oder conidiogenen Zellen palisadenförmig angeordnet sind; bei Conidienreife wird die Epidermis durchbrochen, z.B. in der Gattung *Colletotrichum*.

Pycnidium (Pl. Pycnidia, auch Pycnidien): kugelige bis gestreckte, manchen >Perithecien ähnliche Conidiomata mit deutlich differenzierter Wand und präformierter Öffnung, z.B. in den Anamorphgattungen *Phyllosticta* und *Phoma*.

Sporodochium (Pl. Sporodochia, dt. auch Sporodochien): kissen- bis polsterförmiges, plectenchymatisches Lager mit oberflächlichen Conidiophoren, z.B. in der Anamorphgattung *Tubercularia*; kleine Sporodochien, bei denen die Conidien eine klebrige bis gelatinöse Schicht bilden, werden auch Pinnote (Pl. Pinnotes) genannt, z.B. in der Anamorphgattung *Pestalotiopsis*.

Synnema (Pl. Synnemata): kompakte, aufrecht stehende Bündel von Conidiophoren, die apikal, selten auch seitlich conidiogene Zellen tragen, z.B. in der Anamorphgattung *Graphium*; Synnemata mit weniger kompakten, etwas aufgelockerten Bündeln von Conidiophoren werden auch Coremium (Pl. Coremia, dt. auch Coremien) genannt, z.B. bei *Penicillium claviforme*.

Pilze mit typischen Acervuli wurden traditionell in die Anamorphordnung *Melanconiales*, solche mit Pycnidien zur Anamorphordnung *Sphaeropsidales* gestellt und beide zur Anamorphklasse Coelomycetes für Pilze mit Conidienbildung im Inneren von pilzlichen oder pflanzlichen Strukturen zusammengefasst. Die Coelomycetes wurden den Hyphomycetes, deren Conidien oberflächlich gebildet werden, gegenübergestellt. Diese systematisch obsoleten Namen werden jedoch in der mykologischen Fachsprache im morphologischen Sinne weiter verwendet.

Conidien können nicht immer klar von manchen <u>Spermatien</u> unterschieden werden. Spermatien sind männliche, kernspendende Zellen, die nicht wie die Conidien einen neuen Organismus hervorbringen, sondern ausschließlich der Befruchtung weiblicher, kernaufnehmender Zellen dienen. Spermatien von Pilzen entstehen oft in Spermogonien, das sind den Pycnidien ähnliche Behälter. Da Spermogonien und Pycnidien nicht in ihrer Struktur, sondern nur durch die Funktion der Keimzellen, die sie hervorbringen, definiert werden können, wurde der Begriff Pycnium (Pl. Pycnien) als Überbegriff für Pycnidien und Spermogonien verwendet, der vor allem dann angewendet werden sollte, wenn die Funktion der Keimzellen noch unbekannt oder nicht determiniert ist.

Die meisten dikaryotischen <u>Mitosporen</u> der Basidiomyceten werden traditionell mit besonderen Namen belegt, z.B. die Aeciosporen (>Aecien) und Uredosporen der Rostpilze, und nicht als Conidien, ihre Lager nicht als Conidiomata bezeichnet, obgleich ihr Bau den Acervuli entspricht. Der Pycnidien-Begriff wurde jedoch für die Spermogonien der Rostpilze verwendet, die man derzeit häufig Pycnien nennt. Auch die Mitosporen oder <u>Gemmen</u> bildenden dikaryotischen Anamorphen einiger *Hymenochaetales* und *Polyporales* sind de facto Conidiomata, sie werden meist „imperfekte Fruchtkörper" genannt.

Abb. 1 u. 2: Pyknidien von *Septoria aegopodii* auf *Aegopodium podagraria* (Giersch).
Abb. 3: Pycnidien (Pfeile) von *Phyllosticta convallariae* auf *Polygonatum multiflorum* (Vielblütige Weisswurz).
Abb. 4: Acervulus von *Gloeosporidiella variabilis* auf *Ribes alpinum* (Alpen-Johannisbeere).

Abb. 5: Sporodochien von *Tubercularia vulgaris*, der Anamorphe von *Nectria cinnabarina* (Rotpustelpilz); a – Sporodochium, b – Sporenstaub (Conidien).
Abb. 6 u. 7: Synnemata von *Polycephalomyces tomentosus* auf >Sporocarpien des Schleimpilzes *Trichia scabra*; a – Synnema, b – befallenes Sporocarpium, c – Conidiophoren, d – Conidien.

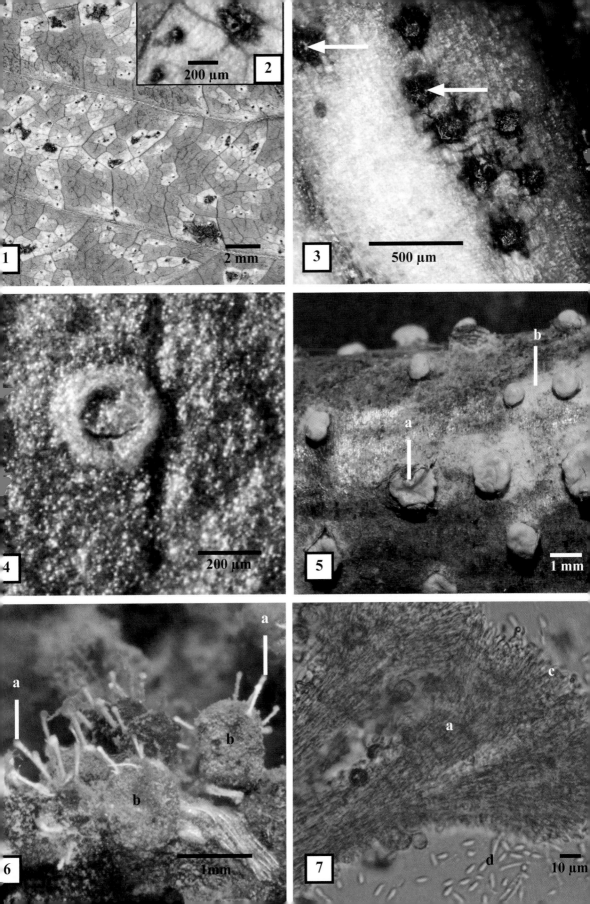

Cortex (Cortices)

In der Botanik nennt man die anatomisch definierte Rinde von Sprossachsen und Wurzeln Cortex, aber auch andere äußere Schichten, wenn sie sich von darunterliegenden Geweben unterscheiden. Der Begriff wird auch bei niederen Pflanzen, Pilzen und Flechten benutzt, z.B. für die äußeren, vom Pilz gebildeten Schichten heteromerer Flechtenthalli, für äußere, derbe Schichten von >Sclerotien oder >Rhizomorphen etc.

Die sterilen Oberflächen von >Fruchtkörpern, wie die Fruchtkörperwände der >Perithecien, die äußeren Schichten der >Excipula von >Apothecien, die Hutoberflächen von >Pilothecien, >dimitaten oder >stipitaten Crustothecien werden aufgrund ihrer plectenchymatischen oder pseudoparenchymatischen Natur als Corticalgeflechte bezeichnet. Deren Ursprung ist sehr verschiedener Natur, und die Terminologie in der Literatur ist nicht einheitlich.

Bei den Basidiomata werden spezielle Corticalgeflechte auch als Pelles (Sgl. Pellis) bezeichnet, auf dem Hut als Pileipellis, am Stiel als Stipitipellis, nach der Stellung der Hyphen werden die folgenden Grundtypen unterschieden, die weiter untergliedert werden, aber auch durch Übergänge verbunden sein können:

Cutis: Hyphen parallel verlaufend, radial orientiert, meist anders als in der Trama pigmentiert, dichter verflochten
>Tomentum: Hyphenenden wollig verflochten
Trichoderm: Hyphenenden haarartig aufgerichtet
Palisadoderm: Hyphenenden palisadenförmig aufgerichtet und apikal verdickt
Hymeniderm: Hyphenenden keulenförmig, ähnlich den Basidien im Hymenium angeordnet

Bei Verkrustungen durch Exkrete kann die Vorsilbe Crusto-, bei Verschleimung die Vorsilbe Ixo- vor diese Termini gesetzt werden, z.B. besitzen schleimige *Hygrophorus*-Arten (Schnecklinge) ein Ixotrichoderm, krustige *Ganoderma*-Arten (Lackporlinge) ein Crustohymeniderm. Wenn sich die Hyphen der Trama allmählich nach außen verdichten und keine, von der Trama wesentlich verschiedene Struktur vorliegt, wird der Begriff Cortex als allgemeine Bezeichnung für eine Rinde, z. B für die Stielrinde von Pilothecien benutzt. Er wird auch völlig unabhängig von der anatomischen Struktur gebraucht, z.B. für die Oberseite der Konsolen dimitater Crustothecien, auch für die Schichten unterhalb von haarigen Oberflächen (>Tomentum).

Wenn sich Hymenophore als sterile Cortices auf der Hutoberseite oder auf der Stieloberfläche von Pilothecien fortsetzen, wird dies als hymenophorale Bekleidung bezeichnet. Hierzu gehören z.B. Stielnetze, sterile Stacheln usw. Bei *Fistulina hepatica* (>fistulinoides Hymenophor) gehen die Röhren des Hymenophors aus denselben Anlagen hervor wie die Warzen der Oberseite. Die Stielnetze vieler Röhrlinge sind Abkömmlinge des >boletoiden Hymenophors.

Abb. 1: Hymeniderm von *Agrocybe praecox* (Frühlingsackerling); die sterilen Zellen der Huthaut sind in einer Ebene inseriert, ähneln den Basidien, bleiben aber steril; mitunter kommen zwischen ihnen einzelne Basidien vor (Pfeil).

Abb. 2: Crustocortex von *Fomitopsis pinicola* (Rotrandiger Baumschwamm); der vom wachsenden Plectenchym der Trama wenig verschiedene Cortex von *Fomitopsis pinicola* (a) wird durch harzige Exkrete zu einer Kruste (b), die sich später schwarz verfärbt und rissig wird (c).

Abb. 3: Ixotomentum (a) in einem Hut-Sekantalschnitt von *Mycena epipterygia* (Überhäuteter Helmling), b – obere dichte Huttrama, c – lockere Huttrama, d – Subhymenium, e – Hymenium, f – Lamellentrama.

Abb. 4: Trichoderm des Hutrandes von *Lactarius torminosus* (Birkenreizker) mit bis zu 8 mm langen Haaren.
Abb. 5 u. 6: besonders kräftig entwickelte hymenophorale Cortices (Stielnetze) von *Tylopilus felleus* (Gallenröhrling, Abb. 5) und *Boletus calopus* (Schönfußröhrling, Abb. 6).

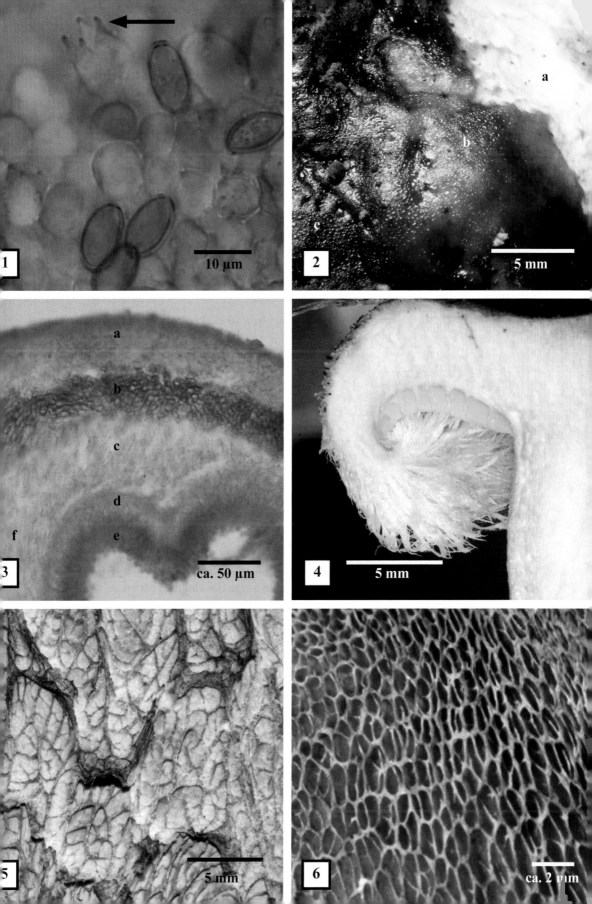

1

2 a b c

3 a b c d e f ca. 50 μm

4 5 mm

5 5 mm

6 ca. 2 μm

Crustothecium (Pl. Crustothecia oder Crustothecien)

Crustothecien sind eine morphologisch definierte Gruppe von >Basidiomata (>Hymenothecium), die am Substrat krustenförmig inseriert sind (>effuse Crustothecien), abgebogene Hutkanten besitzen (>effusoreflexe Crustothecien) oder konsolenförmig ausgebildet sind (>dimitate Crustothecien). Einige können fakultativ oder obligat gestielt sein (>stipitates Crustothecium). Ihr Hymenophor kann sehr mannigfaltig gestaltet sein, oft ist es glatt (stereoid), röhrenförmig (>polyporoid), stachelförmig (>hydnoid) oder zahnförmig (irpicoid). Von den >Pilothecien unterscheiden sie sich aufgrund der >Primordialentwicklung, die direkt aus dem Myzel (ohne Nodulus) und häufig polyzentrisch erfolgt.

Die >Fruchtkörperentwicklung der Crustothecien vollzieht sich in der Regel gymnocarp, wobei durch das Spitzenwachstum der Hyphen an der Oberfläche heranwachsender Fruchtkörper Gegenstände, z.B. Pflanzenteile, umwachsen werden können. (>polyporoides Hymenophor, Abb. 2). Die Primordialentwicklung ist polyzentrisch und vollzieht sich ohne primordialen Nodulus direkt aus dem Myzel.

Die Abgrenzung der Crustothecien gegen die >Pilothecien ist problematisch. Mitunter werden auch die dimitaten Crustothecien wegen ihrer Hutbildungen als dimitate Pilothecien bezeichnet. Der Begriff „pileate (hutförmige) Porlinge" ist z.B. in der Literatur fest verankert.

Effuse Crustothecien werden als ursprüngliche Typen der Basidiomata angesehen. Von ihnen lassen sich unter zunehmender geotropischer Orientierung des Hymenophors und der Bildung steriler Oberseiten der abstehenden Hüte die dimitaten Crustothecien ableiten. Bei einigen Verwandtschaftskreisen von Basidiomyceten, z.B. bei der Familie *Ganodermataceae* (Lackporlingsartige) oder in der Gattung *Polyporus* kommen neben dimitaten oder seitlich kurz gestielten Konsolen auch exzentrisch bis zentral gestielte Basidiomata vor, die jedoch nicht wie die Pilothecien aus primordialen Noduli hervorgehen.

Besonders bei den dimitaten Crustothecien kommen ausdauernde (perennierende) Formen vor, die nicht nur einmal, sondern mehrmals oder kontinuierlich sporulieren. Sie bilden während der Vegetationsperioden neue Schichten ihres Hymenophors und überdauern mehrere Jahre. Bei einigen von ihnen können charakteristische, durch die geotropische Orientierung des heranwachsenden Hymenophors bedingte Fruchtkörperverformungen vorkommen (>Hymenophor, Abb. 4). Manche dieser Fruchtkörper werden nur zwei bis drei Jahre alt, z.B. *Heterobasidion annosum* (Wurzelschwamm), andere sterben meist nach fünf bis sieben Jahren, z.B. *Fomes fomentarius* (Echter Zunderschwamm), bei dem aber auch schon über 20 Jahre alte Basidiomata bekannt wurden. Viele Arten, die in der Regel einjährig bleiben, können unter bestimmten Bedingungen älter werden, z.B. wurden bei *Piptoporus betulinus* (Birkenporling) und *Gloeophyllum odoratum* (Fenchelporling) zwei- bis dreijährige, bei *Daedalea quercina* (Eichenwirrling) sogar neunjährige Basidiomata beobachtet.

Abb. 1 u. 2: effuse Crustothecien; Abb. 1 *Steccherinum ochraceum* (Ockerrötliche Stachelkruste) mit hydnoidem Hymenophor. Abb 2: *Datronia mollis* (Weicher Krustenporling) mit polyporoidem bis irpicoidem Hymenophor; beide Arten können auch effusoreflexe Fruchtkörper bilden.

Abb. 3 u. 4: effusoreflexe Crustothecien von *Bjerkandera adusta* (Rauchgrauer Porling); effuse Krusten (in Abb. 3 eine Efeuranke überwachsend), bilden später abstehende Hüte (Abb. 4); an der Unterseite des Astes bleibt der Fruchtkörper effus.

Abb. 5. u. 6: dimitate Crustothecien. Abb 5: *Pycnoporus sanguineus* (Hartlaubwald in Südwestaustralien), Unterseite der Konsole mit einem vom wachsenden polyporoiden Hymenophor eingebundenen *Eucalyptus*-Blatt. Abb. 6: *Daedalea quercina* (Eichenwirrling), junge heranwachsende Konsole an altem, im Freien abgelagertem Bauholz.

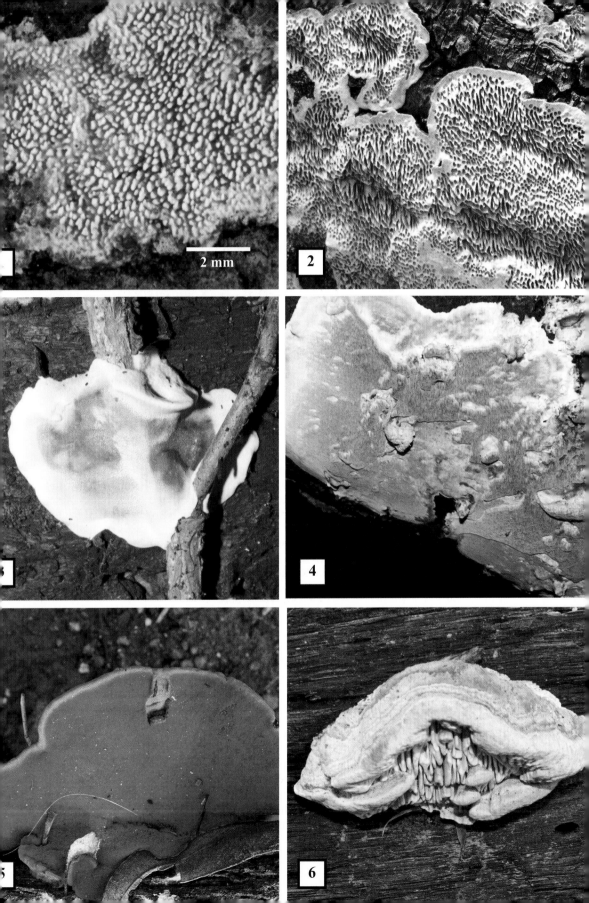

Crustothecium dimitat

Dimitate >Crustothecien sind konsolenförmig ausgebildete >Hymenothecien (>Basidiomata), die an vertikalen Substraten, z. B. aufrechten Baumstämmen, gebildet werden. Typische dimitate Formen werden von vielen Arten der Ordnung *Polyporales* und *Hymenochaetales* gebildet. Sie besitzen meist ein >polyporoides Hymenophor, z.B. die in Mitteleuropa sehr häufigen Holzbewohner *Fomes fomentarius* (Zunderschwamm), *Fomitopsis pinicola* (Rotrandiger Baumschwamm) oder *Phellinus igniarius* (Falscher Zunderschwamm). Die Konsolen dieser Arten besitzen eine sterile Oberseite und ein geotropisch positiv orientiertes >Hymenophor an der Unterseite. Die genannten Arten sind perennierend und können mehrere Jahre, unter Umständen mehrere Jahrzehnte lang, alljährliche Zuwächse mit neuen Hymenophoralschichten bilden. Sie gehören zu den größten >Fruchtkörpern, die von Pilzen gebildet werden. Andere, z.B. mehrere *Trametes*- und *Pycnoporus*-Arten bilden dimitate Crustothecien, die nur eine Hymenophoralschicht besitzen und nach der Sporulationsphase absterben. Zwischen diesen Typen gibt es Übergangsformen, die fakultativ mehrjährig werden können, z.B. *Daedalea quercina* (Eichenwirrling).

Die Form der Fruchtkörper ist jedoch nicht in gleicher Weise festgelegt wie bei den stipitaten >Pilothecien oder den >Gasterothecien. Statt der typischen Konsolen können mitunter flächig wachsende Fruchtkörperteile vorkommen, oder es werden auf horizontalen Substraten abnorm orientierte Hymenophore gebildet (>polyporoides Hymenophor, Abb. 5). Bei mehrjährigen dimitaten Crustothecien kommen aufgrund der festgelegten Orientierung des Hymenophors Verformungen vor (>Hymenophor, Abb. 4). Derartige Ausbildungen lassen die morphogenetische Herkunft der dimitaten Crustothecien von >effusen und >effusoreflexen Formen erkennen. Sie dokumentieren die zunehmende Differenzierung in sterile Ober- und fertile Unterseite der Konsolen und der damit verbundenen geotropisch positiven Orientierung des Hymenophors. Manche Arten bilden charakteristischerweise oder in Ausnahmefällen Fruchtkörper mit mehreren, übereinanderstehende Hüten, z.B. der häufige *Laetiporus sulphureus* (Schwefelporling).

Dimitate Crustothecien werden nach der Form des Hymenophors auch mit speziellen deutschen Namen belegt, z.B. nennt man Arten mit lamellenförmigem Hymenophor Blättlinge, solche mit labyrinthischem Hymenophor Wirrlinge (>Crustothecium, Abb.6). Arten mit >polyporoidem Hymenophor werden als pileate (hutbildende) Porlinge bezeichnet. Dieser Begriff wird auch verwendet, wenn bei effusoreflexen Formen der überwiegende Teil flächig ausgebildet ist.

Zahlreiche Übergangsformen führen von dimitaten Crustothecien zu >stipitaten Crustothecien, die den Pilothecien sehr ähnlich sein können. Die >Primordialentwicklung aller Crustothecien vollzieht sich jedoch nicht nodulär, sondern erfolgt direkt aus dem Myzel.

Abb. 1–3: annuelle dimitate Crustothecien.

Abb. 1: *Laetiporus sulphureus* (Schwefelporling); die Art bildet regulär mehrhütige, dimitate Crustothecien.
Abb. 2: *Piptoporus australiensis* an Altholz von *Eucalyptus* (Südwestaustralien).
Abb. 3: *Pycnoporus cinnabarinus* (Zinnoberrote Tramete) an einem Buchenstamm.

Abb. 4–6: perennierende, dimitate Crustothecien.

Abb. 4: *Ganoderma applanatum* (Flacher Lackporling).
Abb. 5: *Fomes fomentarius* (Echter Zunderschwamm); typische dimitate Crustothecien an einem alten Stamm von *Fagus orientalis* (Orientalische Buche, Ukraine, Halbinsel Krim); bei raschem Wachstum bilden sich >Guttationstropfen an den Wachstumszonen.
Abb. 6: *Fomitopsis pinicola* (Rotrandiger Baumschwamm).

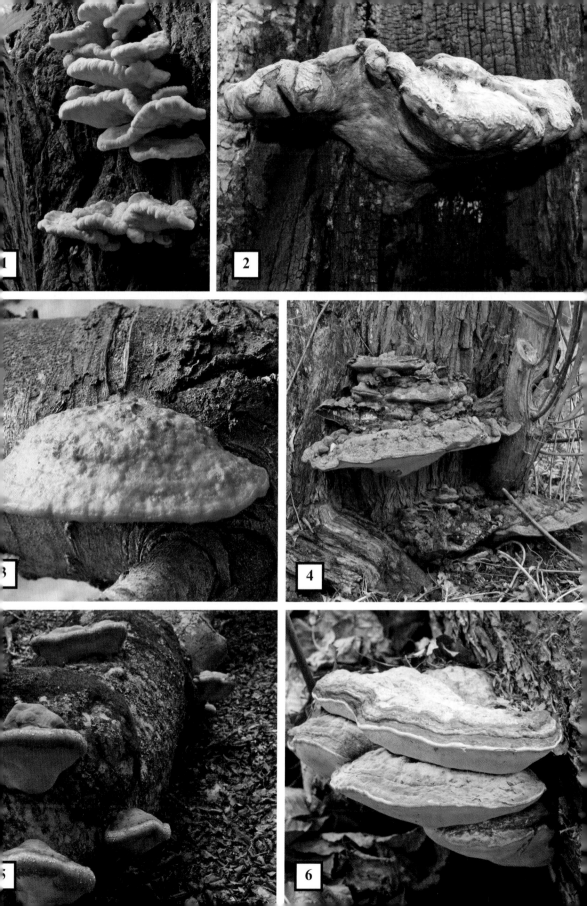

Crustothecium effus

Effuse >Crustothecien sind flächig ausgebildete >Hymenothecien (>Basidiomata), die dem Substat, von dem sich das Myzel ernährt, krustenförmig aufgewachsen sind. In der populären Mykologie werden sie oft als Krustenpilze bezeichnet. Die >Fruchtkörperentwicklung ist in der Regel gymnocarp, das >Hymenophor oft glatt (corticioid) oder röhrenförmig (>polyporoid), aber auch warzig, faltig, stachelförmig (>hydnoid) oder zahnförmig (irpicioid).

Einige effuse Crustothecien sind morphologisch als die ursprünglichsten Basidiomata zu betrachten. Ihre Form und Größe ist sehr variabel, ihre >Trama oft relativ wenig differenziert, in den einfachsten Fällen sind es nur dünne, spinnwebartige Plectenchyme, denen das Hymenium aufsitzt. In den Kulturen kann es bei einigen Gattungen, die effuse Crustothecien bilden, vorkommen, dass Basidien lose auf dem Myzel entstehen, ohne ein festgefügtes Hymenium zu entwickeln. Derartige Fruchtkörper lassen sich morphologisch auf fruchtkörperlose Formen zurückführen, die ihre Basidien frei auf dem Myzel bilden, wie *Ambivina filobasidia*. Für diese Verhältnisse wurde auch der Begriff „Myzelbasidiom" geprägt, der allerdings im Widerspruch zur Definition des Begriffes Basidioma steht.

Mit zunehmender morphologischer Höherentwicklung werden schließlich festgefügte Hymenien, komplexere Formen der Trama, die man bei den Crustothecien häufig als Subiculum bezeichnet, derbe mitunter sich ablösende Fruchtkörperränder und schließlich kompliziert gebaute >Hymenophore gebildet. Mit fortschreitender geotropischer Orientierung der Hymenophore sind zunächst Krusten mit kleinen Hütchen, reguläre effusoreflexe und >dimitate Crustothecien mit sterilen Oberflächen entstanden.

Die effuse Wuchsform wird in der Pilzliteratur auch als „resupinat", die effusoreflexe als „halbresupinat" bezeichnet. In vielen Gattungen z.B. bei *Cerocorticium, Cristina, Crustomyces, Grandinia, Megalocystidium, Trechispora* kommen effuse Crustothecien vor, die auch randlich mit dem Myzel im Substrat eng verwachsen sind und keine Neigung zur Hütchenbildung oder Randablösung zeigen. Sie werden dann mitunter als „voll resupinat" charakterisiert. Weil der Terminus „resupinat" auch für >Pilothecien benutzt wird, die am Hutscheitel mit dem Substrat verwachsen sind, sollte er für effuse Crustothecien besser nicht benutzt werden, zumal die morphologische Form (effus = ausgebreitet, resupinat = umgekehrt) die Verhältnisse besser kennzeichnet.

Manche effuse Crustothecien sitzen dem Substrat nur lose auf und können durch feine Myzelstränge mit tiefer liegenden Substratschichten, in denen das ernährende Myzel lebt, verbunden sein, auch randlich vom Fruchtkörper auszweigende Myzelstränge kommen häufig vor.

Abb. 1–4: effuse Crusrothecien von *Hyphoderma radula* (Reibeisen-Krustenpilz).

Abb. 1: ein lebendes und ein totes Ahornstämmchen in einem nemoralen Laubmischwald; der abgestorbene, noch berindete Stamm ist von den massenhaft ausgebildeten Crustothecien bewachsen, die oft einander randlich berühren und miteinander verwachsen. Abb. 2: Detail aus Abb 1, die reichliche Bildung neuer Fruchtkörper, die mit älteren verwachsen, ist erkennbar. Abb. 3: einzelnes Crustothecium mit noch wachsendem, faserigem Rand, das zunächst warzig-höckerige Hymenophor entsteht unmittelbar hinter der Wachstumsfront. Abb. 4: voll ausgebildetes Hymenophor aus polymorphen pustel-, stachel- bis zahnförmigen, höckerigen Erhebungen, die apikal oft charakteristisch abgeplattet sein können.

Abb. 5: effuse Crustothecien von *Cylindrobasidium evolvens* (Ablösender Krustenpilz) an einem berindeten, liegenden Buchenstamm; die zunächst kleinen, weißlichen Crustothecien verwachsen meist zu großflächigen, vom Substrat gut ablösbaren Überzügen; das Hymenophor ist nahezu glatt bis warzig-höckerig; an senkrecht stehenden Substraten können sich aus den Höckern des Hymenophors kleine bis 10 mm abstehende Hütchen bilden, deren Oberseite wie der Rand der Fruchtkörper fein filzig ist.

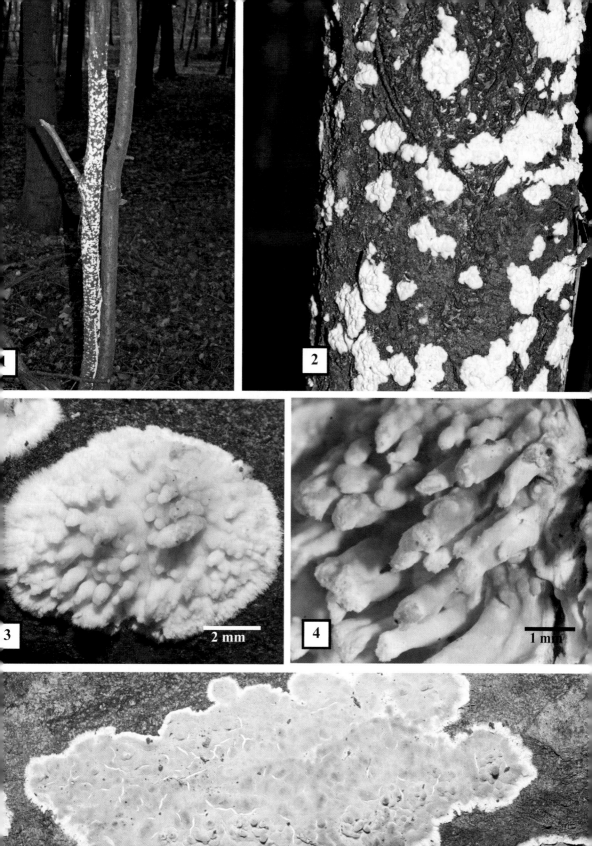

Crustothecium effusoreflex

Flächig ausgebreitete, krustenförmige >Hymenothecien (>Basidioma) werden morphologisch als >effuse Crustothecien bezeichnet. Bei vielen Arten besteht an senkrechten Substraten, z.B. an aufrechten Baumstämmen, die Neigung, an den effusen Fruchtkörperflächen Hüte auszubilden, die eine sterile Oberfläche und unterseits ein geotropisch positiv orientiertes >Hymenophor besitzen. Solche Formen werden als effusoreflex (teils flächig, teils hutförmig) charakterisiert.

Effusoreflexe Crustothecien sind sehr verschieden ausgebildet. Mitunter bilden Arten fast ausschließlich effuse Fruchtkörper und nur gelegentlich kleine Hütchen oder abgebogene Fruchtkörperränder. Im anderen Extrem sind die Basidiomata nahezu ausschließlich konsolenförmig, und es kommen nur geringfügige effuse Abschnitte vor. Die Grundformen der Ausbildung sind genetisch fixiert. Regulär dachziegelig übereinander liegende, kleine Hüte wie bei *Trametes versicolor* (Schmetterlingstramete) oder große Konsolen mit geringen, effusen Fruchtkörperabschnitten sind artspezifische, genetisch fixierte Merkmale.

Der Anteil der effusen zu den pileaten (hutförmigen) Teilen solcher Basidiomata kann bei einer einzigen Art jedoch beträchtlich variieren und von Umweltfaktoren, aber auch vom Wuchsort abhängen. Da generell eine Tendenz zur geotropischen Orientierung der Hymenophore besteht, kann z.B. ein Fruchtkörper an der Unterseite eines Astes überwiegend effus wachsen, an der Seite eines aufrechten Stammes aber überwiegend Hütchen bilden (>Crustothecium, Abb. 4).

In der Literatur werden effuse Crustothecien oft als „resupinat" und effusoreflexe als „halbresupinat" bezeichnet. Für effusoreflexe Crustothecien wird auch im Unterschied zu den pileaten (hutförmigen) Fruchtkörpern der Begriff „semipileat" (halb hutförmig) benutzt.

Abb. 1: *Chondrostereum purpureum* (Purpurfarbener Schichtpilz); effusoreflexes Crustothecium mit glattem Hymenophor an einem Weidenstamm; die Oberseite der Hütchen besitzt auffallenden Haarfilz (>Tomentum); die großflächigen effusen Teile sind ebenso mit >Hymenium überzogen wie die Unterseite der Hüte.

Abb. 2: *Stereum hirsutum* (Striegeliger Schichtpilz); effusoreflexe Crustothecien mit glattem Hymenophor an der Schnittfläche eines Buchenstammes; der >Weißfäule erregende Pilz ist von außen in das Splintholz eingedrungen, die effusen Teile der Fruchtkörper fließen zusammen; solche Gebilde können nach kontinuierlicher polyzentrischer Fruchtkörperbildung meterweit Holzflächen überziehen und zahlreiche fächerförmige Hütchen bilden; Einzelfruchtkörper sind dann nicht zu unterscheiden; die großflächigen effusen Teile sind ebenso mit >Hymenium überzogen wie die Unterseite der Hüte.

Abb. 3: *Bjerkandera adusta* (Rauchgrauer Porling); effusoreflexes Crustothecium mit polyporoidem Hymenophor an der Seitenfläche eines liegenden Buchenstammes; die geotropisch orientierten Hüte enthalten den überwiegenden Teil der Fruchtkörperbiomasse und sind in raschem Wachstum begriffen, der effuse Teil tritt zurück, er besteht z.T. nur aus sterilem Plectenchym und trägt nur abschnittsweise Hymenophor (>Crustothecium, Abb. 3 u. 4).

Abb. 4: *Ischnoderma resinosum* (Laubholz-Harzporling); das Crustothecium ist überwiegend ein konsolenförmiger Porling; der effuse Teil ist anatomisch ebenso stark differenziert wie der konsolenförmige und entwickelt sich bei dieser Art überwiegend an der Unterseite der Substrate; die geotropische Orientierung des Hymenophors ist stark ausgeprägt; nur ausnahmsweise kommen Röhren vor, die keine geotropische Orientierung aufweisen.

Abb. 5: *Trametes versicolor* (Schmetterlingstramete); polyzentrisch entstandene, effusoreflexe Crustothecien mit überwiegend dachziegelig angeordneten Hüten.

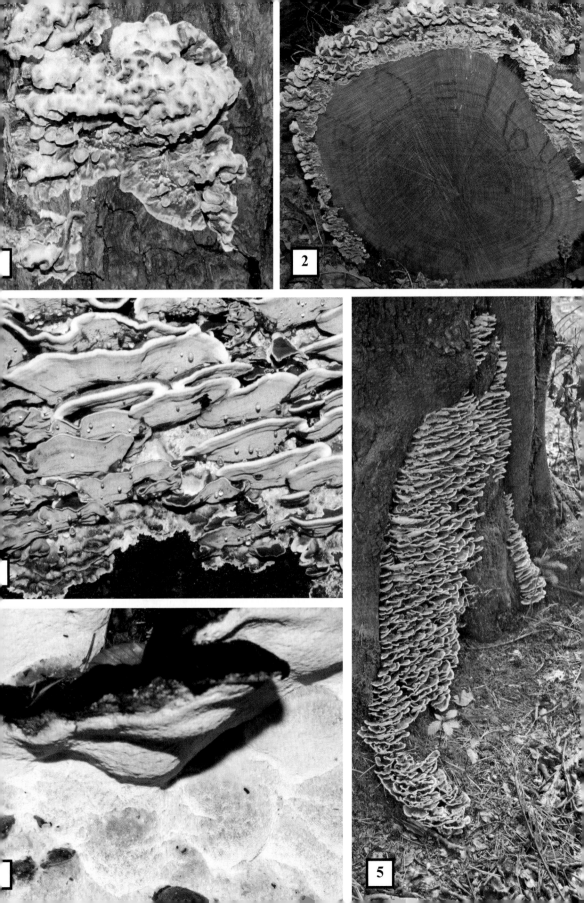

Crustothecium stipitat

>Crustothecien können >effus, >effusoreflex, >dimitat und in einigen Fällen auch stipitat (gestielt) ausgebildet sein. Gestielte Formen leiten zu den >Pilothecien über, unterscheiden sich aber durch ihre Entwicklung, die ohne primordialen Nodulus direkt aus dem Myzel erfolgt (>Primordialentwicklung). Diese Eigenschaft ist auch bei den stipitaten Formen, z.B. den gestielten >Basidiomata der Gattungen *Ganoderma*, *Amauroderma* oder *Polyporus* nachweisbar. Das Spitzenwachstum der >Hyphen spielt bei der Entwicklung dieser Basidiomata eine wesentliche Rolle und ist in den Randzonen der Fruchtkörper dem Streckungswachstum der Hyphen untergeordnet, das bei der Entwicklung der monozentrisch aus Noduli entstehenden Basidiomata, z.B. den stipitaten Pilothecien von großer Bedeutung ist. Dies zeigt sich unter anderem an dem charakteristischen Umwachsen von Gegenständen an den Fruchtkörperrändern oder dem wachsenden Hymenophor (>polyporoides Hymenophor, Abb. 2).

Stipitate Crustothecien werden von einigen Arten der *Polyporales* regulär gebildet, z.B. von den zentral gestielten *Polyporus*-Arten wie *Polyporus brumalis* (Winterporling) oder *Polyporus ciliatus* (Maiporling). Andere Arten der gleichen Gattung können zentral oder seitlich gestielt sein, z.B. *Polyporus badius* (Kastanienbrauner Porling) oder *Polyporus varius* (Löwengelber Porling).

Im Verwandtschaftskreis von *Ganoderma lucidum* (Glänzender Lackporling) können manche Arten fakultativ gestielte oder dimitate (konsolenförmige) Basidiomata bilden. In der Gattung *Amauroderma* kommen überwiegend stipitate Crustothecien vor, die äußerlich ähnlich den zentral gestielten *Polyporus*-Arten, den nodulär entstehenden stipitaten Pilothecien gleichen. Auch unter den terrestrischen Stachelpilzen kommen stipitate Crustothecien vor, z.B. bei den hydnoiden Gattungen der Ordnung *Thelephorales*.

Abb. 1: stipitate Crustothecien von *Polyporus brumalis* (Winterporling); Fruchtkörperbildung in einer Reinkultur; die Basidiomata entstehen im Gegensatz zu den stipitaten Pilothecien direkt aus dem Myzel; der Hut wird aus dem apikalen Teil des Stieles durch Spitzenwachstum der Hyphen gebildet; dieser Modus der >Fruchtkörperentwicklung unterscheidet stipitate Crustothecien von stipitaten Pilothecien.

Abb. 2: stipitae Crustothecien von *Polyporus squamosus* (Schuppiger Porling); diese Art bildet normalerweise seitlich oder exzentrisch kurz gestielte Basidiomata; die abgebildeten Fruchtkörper wachsen auf unterirdischem Holz und sind nahezu zentral gestielt.

Abb. 3: stipitate Crustothecien von *Polyporus tuberaster* (Sclerotien-Porling); die Basidiomata dieser Art sind häufiger nahezu zentral gestielt als beim nahe verwandten *Polyporus squamosus*; diese holzbewohnende Art kann kräftige Sclerotien im Boden bilden, z.B. unter liegenden, vom Myzel durchwachsenen Baumstämmen (>Sclerotium, Abb. 1-3).

Abb. 4: stipitates Crustothecium von *Ganoderma lucidum* s.l. (Glänzender Lackporling) auf unterirdischem Holz (Sri Lanka); trotz der festgefügten, glänzenden Oberfläche der Hutoberseite und der Stieloberfläche ist an dem umwachsenen Blatt (Pfeil) erkennbar, dass diese Oberflächen durch Spitzenwachstum der Hyphen hervorgegangen sind; was auf die direkte Primordialentwicklung aus dem Myzel hinweist.

Abb. 5: stipitates Crustothecium von *Amauroderma rude* (Australien, Queensland); die Gattung gehört zu den *Ganodermataceae* (Lackporlinge), die Fruchtkörper bilden obligat nahezu zentrale Stiele.

10 mm

2

ca. 5 mm

4

Cystide (Pl. Cystiden) auch Cystidium (Pl. Cystidia oder Cystidien)

Cystiden sind sterile Endzellen oder Endabschnitte von Hyphen zwischen den >Basidien in den >Hymenien der >Basidiomata. Sie sind meist größer als die Basidien, ihre Form und Funktion ist vielfältig. Sie sind oft keulig, bauch-, pfriem- oder flaschenförmig, apikal kopfförmig abgesetzt oder verzweigt, mitunter dickwandig und inkrustiert. Der Cystiden-Begriff wurde auch auf ähnlich gestaltete Hyphenenden in Corticalgeflechten (>Cortex), im Myzelmantel von >Mykorrhizae und sogar im Inneren der >Trama übertragen. Nach ihrer Stellung an den Basidiomata oder nach ihrer Form werden sie mit verschiedenen Termini belegt. Häufig benutzt werden die folgenden Begriffe:

Brachycystiden: kurze, zweikernige Basidiolen , die sich meist nicht zu Basidien entwickeln und verkümmern
Caulocystiden: C. an der Stieloberfläche von Pilothecien
Cheilocystiden: C. an der Lamellenschneide bzw. Röhrenmündung von >Pilothecien
Chrysocystiden: C. mit goldgelbem Inhalt
Cystidiolen: von den Basidien wenig verschiedene C.
Dendrophysen: bäumchenartig verzweigte C.
Dermatocystiden: C. an häutigen Epithelien (Pilo- und Caulocystiden von Pilothecien)
Gloeocystiden: dünnwandige C. mit tröpfchenartigem Inhalt
Halocystiden: C. mit apikal in der Wand eingelagerter ölig-harziger Kruste
Hymenialcystiden: C. im Hymenium, im Gegensatz zu Dermatocystiden benutzter Begriff
Lamprocystiden: dickwandige, inkrustierte C. von Crustothecien
Makrocystiden: tief in der Trama entspringende, sehr lange Pseudocystiden
Metuloide: dickwandige, inkrustierte C. von Pilothecien
Pilocystiden: C. auf der Hutoberseite von >Pilothecien
Pleurocystiden: C. an der Lamellenfläche oder der Röhrenwand von Pilothecien
Pseudocystiden: ins Hymenium ragende, in der Trama inserierte C.
Septocystiden: C. mit Querwänden
Skelettocystiden: apikal verdickte, ins Hymenium ragende, meist inkrustierte Skeletthyphen (dickwandige Pseudocystiden)
Stephanocystiden: zweizellige, kugelige bis ellipsoide C. mit bläschenartigen Einschlüssen an der Querwand

Der Cystiden-Begriff ist nicht klar gegen manche andere Termini für apikale Hyphenabschnitte wie <u>Hyphidien</u> (ins Hymenium einwachsende Hyphen), Haare (besonders langgestreckte Hyphenauswüchse oder Hyphenenden) oder von manchen Endzellen der Hyphen in Corticalgeflechten abzugrenzen.

Als >Setae bezeichnet man apikal zugespitzte, derbwandige, meist pigmentierte Hyphenenden. Dieser Begriff wird nicht nur bei den Basidiomata sondern auch bei >Ascomata und >Conidiomata verwendet.

Cystiden haben häufig sekretorische oder exkretorische Funktion (>Guttation). Manche Typen weisen charakteristische Inkrustationen auf.

Abb. 1: Cheilocystiden von *Coprinellus micaceus* (Glimmertintling); die weiße Schneide der Lamellen wird ausschließlich von den keulenförmigen Cystiden gebildet; in Richtung der Lamellenfläche sind vereinzelt viersporige Basidien (Pfeile) eingestreut.

Abb. 2: Pleurocystiden unterschiedlicher Größe auf der Lamellenfläche überragen die Basidien um ein Vielfaches.

Abb. 3: Pleurocystiden im Hymenium von *Xerula radicata* (Schleimiger Wurzelrübling).

Abb. 4 u. 5: Cheilocystiden von *Inocybe rimosa* (Kegeliger Risspilz) im Querschnitt einer Lamelle (Abb. 4); mit basaler Schnalle (Abb. 5).

Abb. 6: inkrustierte Septocystiden im Hymenium von *Hyphoderma setigerum* (Feinborstiger Rindenpilz).

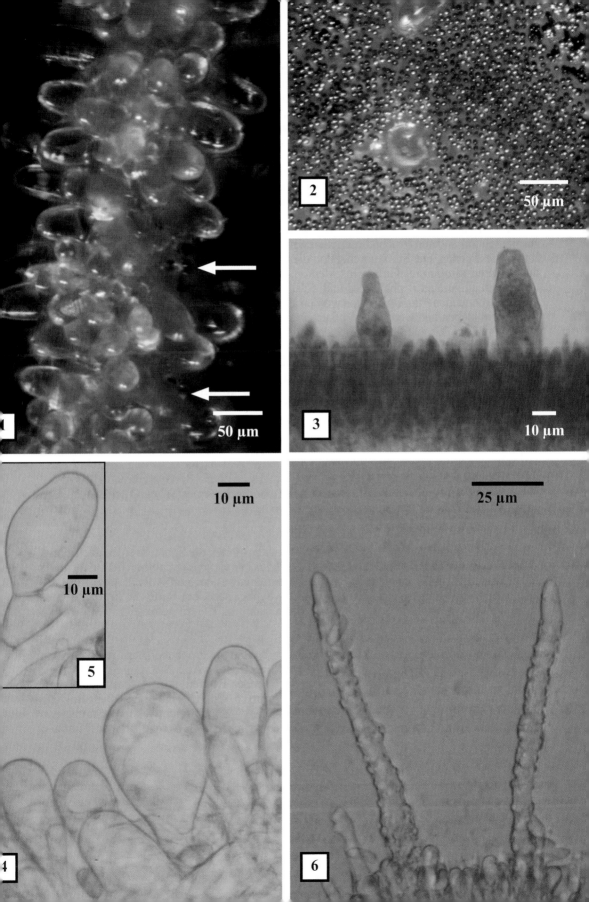

Diaspore (Pl. Diasporen)

Diasporen sind Ausbreitungseinheiten pflanzlicher Organismen, einschließlich der Pilze, z.B. Samen, >Sporen, aber auch Brutkörper, Soredien der Flechten usw. Bei den Pilzen fungieren die verschiedenen Typen von >Sporen, mitunter aber auch Fruchtkörperteile, z.B. >Peridiolen oder ganze Fruchtkörper, z.B. erysiphale >Cleistothecien, als Diasporen. Aufgrund ihrer geringen Größe sind die meisten Sporen für die Anemochorie (Windverbreitung) prädestiniert. Aber auch die Hydrochorie (Verbreitung durch Wasser) oder Zoochorie (Verbreitung durch Tiere) kommen häufig vor.

Manche aquatische (im Wasser lebende) Pilze bilden <u>Conidien</u> mit Schwebefortsätzen aus. Die aktiv im Wasser beweglichen, mit Geißeln versehenen Zoosporen vieler Oomyceten (Eipilze) werden ebenfalls von Wasserströmungen vertrieben oder bei den landlebenden Formen mit Regentropfen verspritzt.

Viele Arten sind an eine endozoochore Sporenverbreitung angepasst. Die Sporen werden zusammen mit anderen Fruchtkörperteilen gefressen und nach einer Darmpassage mit dem Kot ausgeschieden. Die Stinkmorchel und die mit ihr verwandten „Pilzblumen" locken z.B. durch Geruchsstoffe und Farben Insekten an. Die reife >Gleba mit den Sporen wird von den Tieren aufgesaugt (>phalloides und >clathroides Gasterothecium), die Sporocyten der Dung bewohnenden *Pilobolus*-Arten werden aktiv dem Licht entgegen geschleudert, bleiben an Blättern kleben und werden von pflanzenfressenden Tieren aufgenommen. Hypogäische Fruchtkörper, z. B. viele >Tuberothecien bilden markante Geruchsstoffe, wodurch sie von Tieren gefunden und gefressen werden.

Ektozoochore, an Tieren äußerlich anhaftende Diasporen kommen bei den Echten Mehltaupilzen vor. Einige erysiphale >Cleistothecien besitzen hakenförmig verzweigte oder klebrige Anhängsel, die der Anhaftung dienen. Die Freisetzung der Sporen erfolgt später durch Aufplatzen oder Verwitterung der Cleistothecienwand.

Die Sporen der Fruchtkörper von Großpilzen werden meist aktiv durch einen Schleudermechanismus freigesetzt und sind dann dem Wind ausgesetzt. Mitunter wirken Wasser und Wind gemeinsam, z.B. erfolgt bei vielen Gasterothecien der Sporenausstoß durch aufschlagende Regentropfen, die Weiterverbreitung dann durch Luftströmungen. Man bezeichnet das als <u>ombro-anemochore</u> oder hydroanemochore (Wasser/Wind) Sporenverbreitung. Hydrophobe Sporen können nach ihrer Freisetzung der Oberfläche feiner Nebeltröpfchen anhaften und werden auf diese Weise in größerer Anzahl gemeinsam verweht.

Abb. 1 und 2: endozoochore Verbreitung von >Basidiosporen; die Sporen werden nach einer Darmpassage mit dem Kot freigesetzt. Abb. 1: *Phallus impudicus* (Stinkmorchel); die durch Aasgeruch angelockten Fliegen saugen die sporenführende Gleba ab. Abb. 2: *Melanogaster ambiguus* (Weißkammerige Schleimtrüffel); das hypogäische, bei Reife die Erdoberfläche durchbrechende Gasterothecium, wird von Schnecken und Käfern gefressen; Pfeil – Fraßstelle.

Abb. 3 – 5: ombro-anemochore (Regen/Wind) Verbreitung hydrophober Basidiosporen von epigäischen Gasterothecien durch aufprallende Regentropfen. Abb. 3: *Lycoperdon pyriforme* (Birnenstäubling); a – fallender, bzw. aufschlagender Tropfen; b – Sporenstaubwolken. Abb. 4 u. 5: *Geastrum pectinatum* (Kamm-Erdstern); a – durch einen bereits abgerollten Regentropfen eingedrückte Endoperidie; b – Peristom; c – Sporenstaubwolke; d – Spritzwassertröpfchen; Abb. 5: sporenbeladenes Spritzwassertröpfchen nach Durchqueren der Sporenstaubwolke.

Abb. 6 u. 7: als Diasporen fungierende Fruchtkörper von *Geastrum corollinum* (Zitzen-Erdstern, Mongolei); die bei Feuchtigkeit gestreckten Lappen der Exoperidie (Abb. 6) umhüllen bei Trockenheit die Endoperie (Abb. 7), so dass die abgerundeten Fruchtkörper verweht werden können.

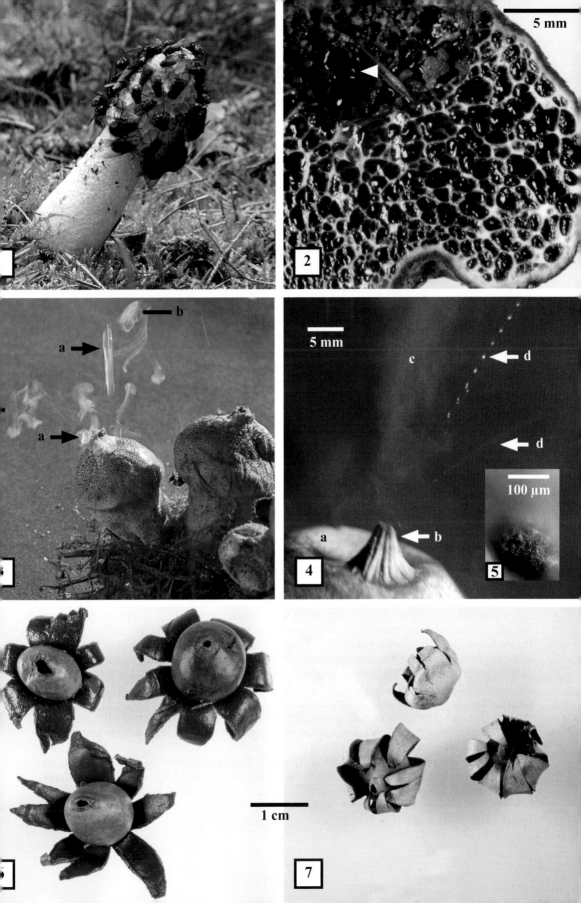

Excipulum (Pl. Excipula)

Die Wand von >Apothecien, die durch das Subhymenium vom Hymenium getrennt sind, nennt man Excipulum. Mit diesem Begriff bezeichnet man die Gesamtheit der sterilen Teile eines Apotheciums mit Ausnahme des Subhymeniums und des bei einigen Typen vorkommenden Stieles.

In vielen Fällen ist das Excipulum deutlich in zwei Schichten gegliedert, die innere nennt man Entalexcipulum, die äußere Ektalexcipulum. Bei vielen Excipula ist diese Einteilung jedoch nicht möglich, da die Schichtung komplizierter ist, wobei mehrere unterschiedliche Formen von Plectenchymen oder Pseudoparenchymen vorkommen, die z.T. kontinuierlich ineinander übergehen. Die äußere Oberfläche der Apothecien besteht aus sich ablösenden, blasigen Zellen oder aus derberen Corticalgeflechten (>Cortex) und wird von manchen Autoren als Exoexcipulum bezeichnet. Die Struktur der Plectenchyme der Excipula wird nach den Formen der Hyphensegmente, ihrer Ausrichtung, Septierung etc. durch verschiedene >Textura-Typen detailliert beschrieben, wobei auch von der Mitte eines Apotheciums in Richtung des Marginalbereiches beträchtliche Unterschiede vorkommen können.

Besonders im Marginalbereich von Apothecien, aber auch an deren gesamten Außenseiten weisen die Excipula oft charakteristische Anhängsel, z.B. >Setae oder Haare auf, die für die Determination von Bedeutung sein können.

Für die sterilen Teile der Apothecien lichenisierter Ascomyceten werden die Bezeichnungen für die Merkmale der Excipula nicht angewendet. Dies hat historische Gründe – man hat die Dualnatur der Flechten erst in der zweiten Hälfte des 19. Jh. erkannt, wodurch eine unterschiedliche Terminologie entstanden ist, die teilweise bis in die Gegenwart wirksam blieb (>Apothecium, Abb. 1 u. 2).

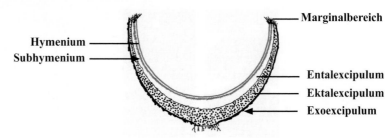

Bau eines eines cupulaten Apotheciums

Abb. 1 – 5: Excipulum von *Sarcosphaera coronaria* (Violetter Kronenbecherling).
Abb. 1: frisch geöffnetes, hemiangiocarpes, >cupulates Apothecium.
Abb. 2 – 5: Die Schichten des Excipulums an einem im Wasser liegenden Radialschnitt nahe des Marginalbereiches; a – Hymenium, b – Subhymenium; c, d, e, f – Excipulum; die innere Schicht mit inflaten und nahezu kugeligen Hyphenelementen einer Textura inflata (c) geht im mittleren Bereich in eine großzellige Textura globulosa mit großen Luftbläschen in den Interzellularräumen (d) über; zur Außenseite hin schließt sich eine immer dichter werdende Schicht einer Textura inflata mit zahlreichen, radial ausgerichteten Hyphenelementen (e) an, die sich in Richtung der Außenseite des Fruchtkörpers immer stärker verdichten und an der Oberfläche ein >Corticalgeflecht mit dichten, radial verlaufenden, schmalen Hyphen, die zu einer Textura porrecta (f) zusammengefügt sind; auszweigende Hyphen an der gesamten Außenseite verbinden das Apothecium mit dem terrestrischen Myzel, wodurch Bodenteilchen dem Exoexcipulum anhaften.
Abb. 6 u. 7: *Lasiobelonium nidulum* (Nestfömiges Haarbecherchen) an toten Sproßachsen von *Polygonatum multiflorum* (Vielblütige Weißwurz); die stiellos dem Substrat dicht aufsitzenden Apothecien (Abb. 6) sind an der Außenseite des Excipulums bis hin zum Marginalbereich mit braunen, dickwandigen, septierten Haaren besetzt, deren Endzellen heller und apikal abgerundet sind (Abb. 7).

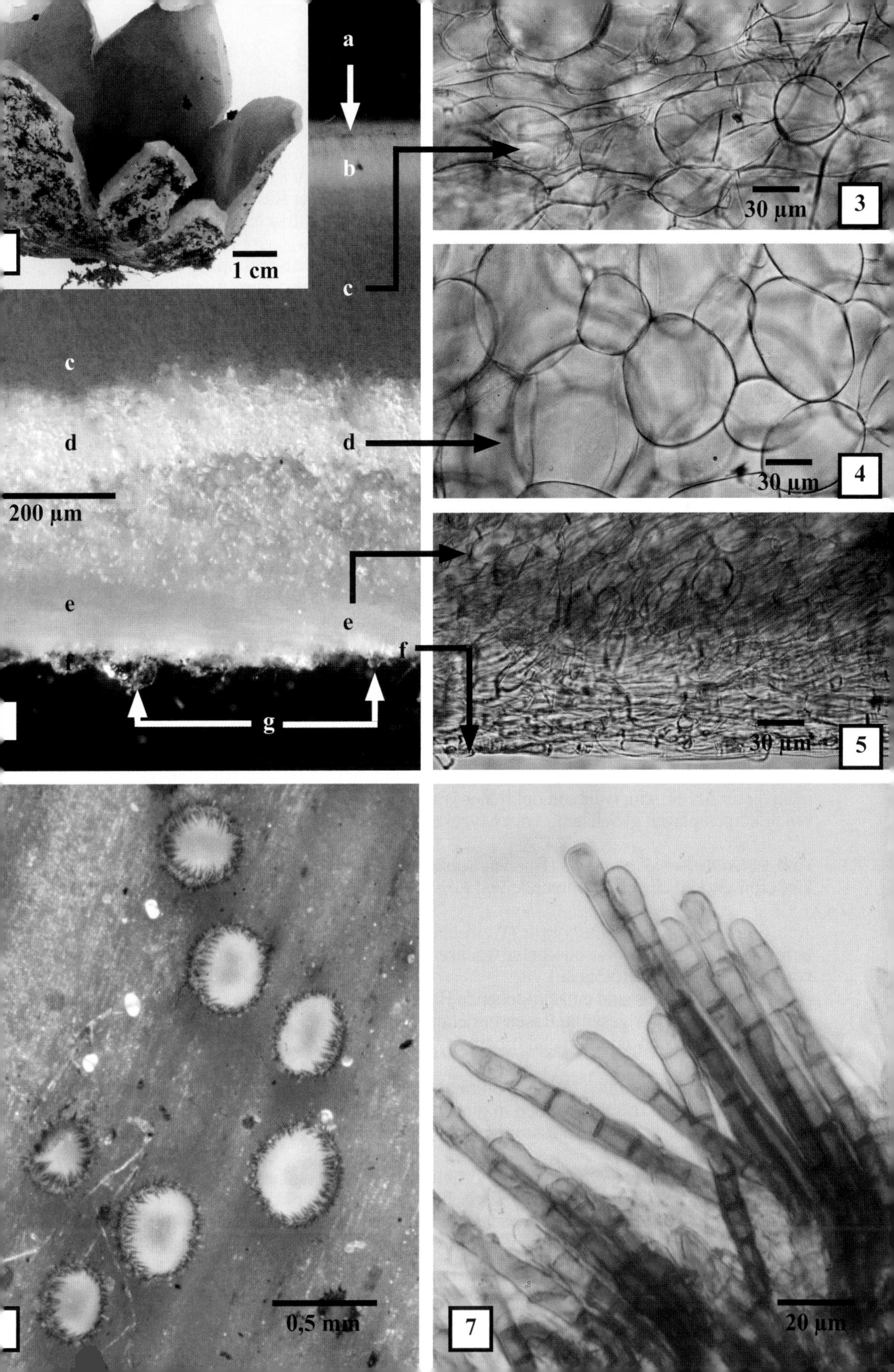

a
b
c
1 cm
c
d
d
200 µm
e
e
f
f
g
30 µm
3
30 µm
4
30 µm
5
0,5 mm
7
20 µm

Fasciculum (Pl. Fascicula)

Das lateinische Wort „fasciculum" (Büschel, Bündel) wird – meist in der eingedeutschten Form „Faszikel" – u. a. für gebündelte Kollektionen von Herbarmaterial benutzt, in der Mykologie besonders für büschelig wachsende >Basidiomata. In wissenschaftlichen Namen wird das Wort adjekivisch als Epitheton z.B. bei *Hypholoma fasciculare* (Grünblättriger oder Büscheliger Schwefelkopf), *Clitopilus fasciculatus* (Büscheliger Räsling) gebraucht.

Bei der nodulären >Primordialentwicklung vieler monozentrischer Basidiomata werden die Noduli in Vielzahl am Myzel angelegt, jedoch wird nur das zuerst wachsende gefördert, so dass ein einziger Fruchtkörper entsteht. Im Falle einer Wachstumsstörung wird dann eine andere Fruchtkörperanlage mit Nährstoffen versorgt und wächst zum Fruchtkörper heran. Die ernährungsphysiologischen Transportmechanismen vom Myzel in den Fruchtkörper sind genetisch festgelegt. Unter abnormen Kulturbedingungen können mitunter Arten, die normalerweise einzeln stehende Fruchtkörper bilden, büschelig wachsen (>Myzel, Abb. 2 u. 3). Auch in der Natur kommen derartige Erscheinungen vor.

Bei den Arten, die in dichten Rasen oder büschelig wachsen, ist die gleichzeitige Entwicklung mehrerer Primordien der Normalfall. Häufig kommt dies z.B. bei holzbewohnenden Arten der Gattungen *Hypholoma* (Schwefelköpfe), *Mycena* (Helmlinge), *Oudemansiella* (Schleimrüblinge) und *Pholiota* (Schüpplinge) vor. Auch bei terrestrischen Arten kann engrasiges oder büscheliges Wachstum der Normalfall sein, z.B. bei vielen Arten der Gattung *Lyophyllum* (Raslinge). Beim typischen büscheligen Wachstum infolge dicht stehender Noduli kommt es während der Fruchtkörperentwicklung zur Verwachsung der Stielbasen. Der Grad der Verwachsung ist variabel.

Einige holzbewohnende, büschelig wachsende Speisepilze gehören zu den bedeutendsten >Kulturpilzen z.B. *Kuehneromyces mutabilis* (Stockschwämmchen), *Flammulina velutipes* (Samtfußrübling) und *Pleurotus ostreatus* (Austernseitling).

Abb. 1: *Leccinum versipelle* (Birkenrotkappe, Alaska); normalerweise wachsen die Basidiomata dieser Art einzeln; während optimaler Wachstumsbedingungen wurden jedoch mehrere Fruchtkörperanlagen gleichzeitig vom Myzel ernährt und sind miteinander verwachsen.

Abb. 2: *Oudemansiella mucida* (Buchen-Schleimrübling, Ukraine, Halbinsel Krim); Fruchtkörperbüschel an einer Stammwunde von *Fagus orientalis* (Orientalische Buche).

Abb. 3 u. 4: *Psathyrella piluliformis* (Weißstieliges Stockschwämmchen, Ukraine, Halbinsel Krim); dichtrasig, teilweise büschelig wachsende Basidiomata auf einem liegenden Stamm von *Fagus orientalis* (Rotbuche).
Abb. 3: in Aufsicht; es sind einzeln stehende Basidiomata am Rande des Rasens zu erkennen.
Abb. 4: im Bruch; der gesamte Rasen besteht aus mehreren Fasciculi, die basal verwachsen sind, und einzeln stehenden Fruchtkörpern.

Abb. 5: *Lyophyllum shimeji* (Weißer Shimeji); als Speisepilze kultivierte Basidiomata; die basal verwachsenen Büschel werden in jungem Zustand vor der Sporenreife geerntet und in dekorativen Schalen als Delikatesse angeboten. Büschel in Aufsicht in der Verkaufsschale.

Abb. 6: *Flammulina velutipes* (Samtfußrübling); Büschel junger Basidiomata mit noch weichen, unpigmentierten Stielbasen; zwischen den großen, vor der Sporulation stehenden Fruchtkörpern befinden sich nur schwach entwickelte Exemplare, von denen sich einige nicht weiterentwickeln und verkümmern (Pfeil).

Fruchtkörper (Carposoma, Pl. Carposomata)

Fruchtkörper von Pilzen sind aus verflochtenen Hyphen aufgebaute Strukturen, an oder in denen sich die Meiosporen (die „geschlechtlichen" Sporen) entwickeln. Sie stehen im Dienst der Verbreitung dieser Sporen und kommen bei vielen Gruppen von Ascomyceten (Schlauchpilzen) und Basidiomyceten (Ständerpilzen) vor. Fruchtkörper bestehen aus sterilem Flechtgewebe (>Plectenchym), mitunter zusätzlich aus Scheingewebe (Pseudoparenchym) und beherbergen die fertilen Zellen, an oder in denen sich die Meiosporen entwickeln. Diese Meiosporocyten sind zunächst paarkernig. In ihnen erfolgt die Karyogamie, die Verschmelzung des Kernpaares zu einem diploiden Kern, der stets ohne mitotische Teilung durch Meiose wieder haploide Kerne bildet, aus denen die in der Regel haploiden Meiosporen hervorgehen. Letztere entwickeln sich endogen in einem >Ascus oder exogen an einer >Basidie. Diese beiden Typen von Meiosporocyten stehen häufig in hautartigen Schichten, den >Hymenien, dicht palisadenförmig beieinander.

Die Größe der Fruchtkörper reicht von weniger als 100 µm bis über 50 cm. Sie können kurzlebig oder ausdauernd sein. Ihr Alter kann wenige Stunden bis mehrere Jahre betragen. Ihre Gestalt ist äußerst vielfältig.

Mitunter werden auch Strukturen als Fruchtkörper bezeichnet, die lediglich Mitosporen („ungeschlechtliche" Sporen) enthalten, z.B. die >Conidiomata mancher Anamorphen (>Pleomorphie), die >Aecien der Rostpilze. Auch die >Sporocarpien der Schleimpilze, die Meiosporen enthalten, aber aus Plasmodien entstehen und nicht plectenchymatisch aufgebaut sind, werden oft als Fruchtkörper bezeichnet. Diese Verwendung des Fruchtkörperbegriffes sollte vermieden werden.

Die Fruchtkörper der Ascomyceten werden >Ascomata oder Ascocarpien genannt. Die Fruchtkörper der Basidiomyceten nennt man >Basidiomata, Basidiome oder Basidiocarpien. Einige Zygomyceten bilden einfache Fruchtkörper, die aus umhüllten Zygoten („Zygosporen") bestehen, deren diploide Kerne sich bei Keimung unter Meiose teilen. In Analogie zu den Ascomata und Basidiomata heißen sie Zygomata.

Abb. 1–3: Beispiele von Basidiomata.

Abb. 1: *Cytidia salicina* (Weidenscheibenpilz) an einem toten Weidenstamm eines Auwaldes (Kamtschatka), ein >Hymenothecium vom Typ des effusen >Crustothecium.

Abb. 2: *Lactarius deliciosus* (Edelreizker) in einem Mischwald mit *Pinus sylvestris* (Waldkiefer); ein Hymenothecium vom Typ eines >Pilotheciums.

Abb. 3: *Lycoperdon perlatum* (Flaschenbovist), in einem Fichtenforst mit Zitterpappeln (*Populus tremula*); noch geschlossene, bovistoide >Gasterothecien; die apikalen Papillen (Pfeile) markieren die präformierte Öffnung.

Abb 4–6: Beispiele von Ascomata.

Abb. 4: *Erysiphe alphitoides* (Eichenmehltau); geschlossene, kugelförmige Ascomata ohne präformierte Öffnung (>Cleistothecium) auf einem mit dem Myzel dieses Parasiten überwachsenen Blatt von *Quercus robur* (Stieleiche); die Pfeile markieren unreife Ascomata.

Fig. 5: *Hypoxylon fuscum* (Rotbraune Kohlenbeere); mehrere birnenförmige, auf einem >Stroma vereinte Ascomata (>Perithecium) auf einem Laubholzast.

Abb. 6: *Humaria hemisphaerica* (Halbkugeliger Borstling); schüsselförmiges, terrestrisches Ascoma mit einer äußeren sterilen, mit Haaren besetzten (a) und einer inneren fertilen, vom Hymenium ausgekleideten (b) Oberfläche (>Apothecium, >Excipulum).

Fruchtkörperentwicklung

Die Individualentwicklung der >Fruchtkörper, sowohl der >Ascomata, als auch der >Basidiomata, wird im Hinblick auf die Morphologie der reifen Fruchtkörper in vier Grundtypen unterteilt:

gymnocarpe Fruchtkörperentwicklung: Die Meiosporen bildenden Zellen, die Asci (>Ascus) oder >Basidien, befinden sich von Anfang an bis zur Sporenreife an einer äußeren Oberfläche der heranwachsenden Fruchtkörper, meist in einem oberflächlichen >Hymenium, z. B. viele >Apothecien, alle >effusen und >effusoreflexen Crustothecien.

hemiangiocarpe Fruchtkörperentwicklung: Die Meiosoporen bildenden Zellen werden im Inneren des heranwachsenden Fruchtkörpers angelegt, meist an einem inneren Hymenium, das durch Aufreißen von Hüllen oder durch Wachstumsvorgänge bei der Sporenreife an einer äußeren Oberfläche liegt, z. B. agaricoide >Pilothecien mit >Velum, anfangs geschlossene, >cupulate Apothecien.

angiocarpe Fruchtkörperentwicklung: Die Meiosporen bildenden Zellen werden im Inneren des heranwachsenden Fruchtkörpers regellos oder an einem inneren Hymenium angelegt, die Fruchtkörper bleiben bis zur Sporenreife geschlossen, die Sporen gelangen durch eine präformierte Öffnung oder durch komplizierte Öffnungsmechanismen ins Freie, z.B. alle >Perithecien und >Gasterothecien mit präformierter Öffnung oder einem Öffnungsmechanismus zur Sporenfreisetzung.

cleistocarpe Fruchtkörperentwicklung: Sie entspricht der angiocarpen Entwicklung, jedoch besitzen die Fruchtkörper weder eine präformierte Öffnung, noch einen Mechanismus der Sporenfreisetzung; die Sporen gelangen durch Zerstörung oder Verwitterung der Fruchtkörperwände ins Freie, z.B. >Cleistothecien, >hypogäische Gasterothecien.

Die Individualentwicklung der Fruchtkörper der Echten Pilze wird auch detaillierter klassifiziert, wobei die anatomischen Strukturen der >Primordialentwicklung Berücksichtigung finden. Die bei den Ascomyceten wichtigen Typen der ascolocularen und ascohymenialen Fruchtkörperentwicklung sind unter dem Stichwort >Ascoma erläutert.

Abb. 1 u. 2: gymnocarpe agaricoide Pilothecien von *Xerula radicata* (Wurzelrübling).

Abb. 1: Primordium; a − die Initial-Palisadenzellen des Hymenophors an der unbedeckten Hutunterseite; b − trichodermale Hutoberseite, die sich zu einem Trichoderm entwickeln wird.

Abb. 2: die vom Hymenium überkleideten Lamellen haben sich an der stets unbedeckten Hutunterseite entwickelt; die Lamellenschneide ist durch Cheilocystiden samtig.

Abb. 3 u. 4: hemiangiocarpe agaricoide Pilothecien.

Abb. 3: *Amanita rubescens* (Perlpilz); bei Sporenreife liegt das Hymenium der Lamellen (a) frei, nachdem das Velum universale, dessen Reste auf dem Hut verbleiben (b), aufgerissen ist, und sich das Velum partiale (c) geöffnet hat, dessen Reste als Manschette am Stiel verbleiben;

Abb. 4: *Agaricus bisporus* (Zuchtchampignon) vor der Sporenreife; das Velum partiale (a) verhüllt das Hymenophor und wird sich bei Sporenreife öffnen; das Velum universale ist bereits aufgerissen (b), Reste befinden sich an Stiel und Hutoberseite (c); der Hutrand (d) ist noch im Wachstum begriffen.

Abb. 5: angiocarpes Gasterothecium von *Geastrum triplex* (Halskrausen-Erdstern); die reifen Sporen befinden sich im Inneren und werden nach dem sternförmigen Aufreißen der Exoperidie (a) bei aufschlagenden Regentropfen durch die präformierte Öffnung der Endoperidie (b) ins Freie gepresst (>Peristom, Abb. 4, >Diaspore, Abb. 3, 4).

Abb. 6: cleistocarpes Gasterothecium von *Calvatia cyathiformis* (Violetter Großstäubling) in einer zentralasiatischen Kurzgrassteppe; die >Peridie reißt bei Sporenreife ohne präformierte Struktur unregelmäßig auf, so dass die Sporen vom Wind erfasst werden können.

Gallertpilz (Pl. Gallertpilze)

Die Bezeichnung Gallertpilze wird für Basidiomyceten benutzt, deren >Basidiomata in ihrer Gesamtheit im feuchten Zustand (>Quellung) eine gallertige Konsistenz aufweisen. Der Begriff ist nicht scharf definiert. Nach der aktuellen Systematik kommen gallertartige Basidiomata in den Ordnungen *Tremellales* (Gallertpilze im engeren Sinne, Zitterlinge, Drüslinge), *Auriculariales* (Ohrlapp-Pilze, Zitterzähne), *Dacrymycetales* (Gallerttränen, Hörnlinge; >Holothecium, Abb. 1–3) vor. Ascomyceten mit gallertartigen Fruchtkörpern und Anamorphen wie *Coryne*, *Ascocoryne* (Gallertbecher) *Bulgaria* (Schmutzbecherling), *Neobulgaria* (Gallertkreisling) etc. werden jedoch nicht als Gallertpilze bezeichnet.

Die Konsistenz der >Trama der Basidiomata von Gallertpilzen incl. der gallertartigen Ascomata beruht auf quellfähigen Substanzen in >Hyphen und interhyphalen Räumen (>Quellung), die bei Feuchtigkeit quellen und bei Trockenheit durch Wasserabgabe schrumpfen. Im trockenen Zustand sind Gallertpilze knorpelig hart und brüchig.

Gallertpilze können allseits von >Hymenien überkleidet sein wie in der Gattung *Tremella*, aber es kommen auch sterile Oberflächen auf dimitaten Basidiomata mit geotropisch orientierten Hymenophoren vor, z.B. bei *Pseudohydnum gelatinosum* (Zitterzahn, >hydnoides Hymenophor, Abb. 5. u. 6). Die Entwicklungslinie von >Holothecien zu dimitaten oder stipitaten Fruchtkörpern zeichnet sich in mehreren Verwandtschaftskreisen von Gallertpilzen ab, z.B. sind bei *Tremiscus helvelloides* (Fleischfarbener Gallerttrichter) undeutliche sterile Stiele und eine sterile Innenseite vorhanden, die sich apikal über die hymeniumführende Außenseite neigt. Morphologisch deutet sich die Entwicklung von Holothecien zu Fruchtkörpern mit steriler Oberseite und hymeniumführender Unterseite an.

Die morphologischen Entwicklungslinien der Basidiomata der Gallertpilze sind jedoch vielfältig und können auch in andere Richtung verlaufen, z.B. sind bei den *Exidia*-Sippen (Drüslinge) sterile Unterseiten vorhanden, während die hymenienführenden Wölbungen geotropisch negativ orientiert sind − vergleichbar mit manchen Ascomata (>cupulates Apothecium).

Einige Arten von Gallertpilzen werden als Speisepilze geschätzt und finden spezielle Verwendung, z.B. als Essigpilze oder als Gemüsebeimischung. Einige Arten werden insbesondere in Südostasien kultiviert. Zu ihnen gehören neben *Auricularia polytricha* (Haariger Ohrlapp-Pilz) - einem der weltweit ältesten >Kulturpilze – auch *Auricularia auricula-judae* (Judasohr) und *Tremella fuciformis* (Silberohr).

Abb. 1: *Tremella mesenterica* (Goldgelber Zitterling); hirn- bis gekröseartiges Holothecium auf einem toten Buchenast.

Abb. 2: *Tremella foliacea* (Blattartiger Zitterling); wellige, lappig gewundene bis blattartige Holothecien auf einem Birkenstamm.

Abb. 3 u. 4: *Tremiscus helvelloides* (Fleischfarbener Gallerttrichter).
Abb. 3: einzeln stehendes, bei feuchter Witterung gestrafftes, sporulierendes Basidioma.
Abb. 4: bei einsetzender Trockenheit angetrocknete, an der Basis büschelig verbundene Basidiomata; die sterile Innenseite erscheint durch die austrocknende, fein filzige Bekleidung weißlich und neigt sich über die hymeniumführende Außenseite.

Abb. 5: *Pseudohydnum gelatinosum* (Zitterzahn) an einem Fichtenstumpf.

Abb. 6 u. 7: in Kultur gewonnene, getrocknete Basidiomata, die in dieser Form gehandelt werden.
Abb. 6: *Tremella fuciformis* (Silberohr) von oben (links) und von unten (rechts).
Abb. 7: *Auricularia polytricha* (Haariger Ohrlapp-Pilz); die haarige, sterile Oberseite ist im getrockneten Zustand weiß, die hymeniumführende Unterseite dunkel violettschwarz.

2 cm

2 cm

Gasterothecium (Pl. Gasterothecia oder Gasterothecien)

Gasterothecien (gastrale Basidiomata) sind angiocarpe oder cleistocarpe >Basidiomata (>Fruchtkörperentwicklung). Die >Basidiosporen verbleiben bis zur Sporenreife im Inneren der >Fruchtkörper. Die ein- oder mehrschichtige Fruchtkörperwand wird als >Peridie bezeichnet. Diese umschließt die >Gleba, das sind die fertilen Teile mit den Basidien und Basidiosporen. Häufig sind außerdem sterile Strukturen, z.B. eine Subgleba (>Gleba), >Columella oder ein >Receptaculum vorhanden. >Hypogäische Gasterothecien verbleiben bei Sporenreife unter der Erdoberfläche. Sie sind stets cleistocarp. Ihre Sporen werden meist endozoochor nach Tierfraß und Darmpassage freigesetzt. Bei den epigäischen Gasterothecien werden die Sporen bei Reife durch präformierte Öffnungen nach einer Stielstreckung, nach Ausschleuderung von Glebateilen oder der gesamten Gleba und ähnlichen Vorgängen (angiocarpe Gasterothecien) oder nach Verwitterung bzw. mechanischer Zerstörung der Peridie (cleistocarpe Gasterothecien) oberirdisch freigesetzt. Die >Primordialentwicklung ist nodulär. Die Fruchtkörperprimordien können primär epigäisch angelegt werden, in den meisten Fällen beginnt die Entwicklung jedoch hypogäisch.

Die Typen der Gasterothecien werden nach repräsentativen Gattungen benannt, z. B. bezeichnet man hypogäische Gasterothecien als gautierioid (Peridie vergänglich, Gleba großkammerig), rhizopogonoid (Peridie derb, Gleba feinkammerig) oder hysterangioid (Peridie derb, Gleba feinkammerig mit Columella). Die epigäischen Typen werden als >bovistoid, >clathroid, >cyathoid, >geastroid, >phalloid, >secotioid oder >tulostomoid bezeichnet.

Gasterothecien bildende Basidiomyceten werden auch Gasteromyceten oder Bauchpilze genannt. Sie wurden früher als systematische Kategorie, meist als Unterklasse, geführt, gehören jedoch in verschiedene Ordnungen und Familien. Sie können nur morphologisch durch die Sporenreifung im Inneren der Basidiomata definiert werden und sind polyphyletischen Ursprunges.

Abb. 1: *Montagnea haussknechtii* (Wüstentintling, australische Wüstendüne); ein secotioides Gasterothecium; dieser Typ wird auch als secotioides >Pilothecium bezeichnet; über die Ableitung von Pilothecien besteht kein Zweifel, weil Relikte eines >Pileus vorhanden sind.

Abb. 2: *Geastrum pectinatum* (Kamm-Erdstern); ein geastroides Gasterothecium; die Sporen gelangen nach dem sternförmigen Aufreißen der Exoperidie durch die präformierte Öffnung der Endoperidie ins Freie (>Peristom, Abb. 3 und 4).

Abb. 3: *Pisolithus albus* (Erbsenstreuling, australische Baumsavanne); ein cleistocarpes, bovistoides Gasterothecium, die Sporenfreisetzung erfolgt nach Verwitterung der Peridie.

Abb. 4: *Lycoperdon perlatum* (Flaschenbovist); ein angiocarpes, bovistoides Gasterothecium; bei Reife entsteht apikal eine präformierte Öffnung, durch welche die Sporen ins Freie gelangen.

Abb. 5: *Phallus impudicus* (Stinkmorchel), ein phalloides Gasterothecium; die schleimige Gleba (a) wird durch Streckung des Receptaculums (b) über der Erdoberfläche der Atmosphäre exponiert; die in der reifen Gleba eingebetteten Sporen werden endozoochor durch Aasfliegen verbreitet.

Abb. 6: *Clathrus ruber* (Roter Gitterpilz, mediterranes Gebüsch, Halbinsel Krim); ein clathroides Gasterothecium; die schleimige Gleba (Pfeil) liegt auf der Innenseite des gitterförmigen Receptaculums. Neben dem Aasgeruch dient auch die Farbe der Anlockung von Fliegen; solche Fruchtkörper werden auch als „Pilzblumen" bezeichnet.

Gasterothecium bovistoid

Die Gliederung der epigäischen >Gasterothecien nach morphologischen Merkmalen, die für einzelne Gattungen typisch sind, ist eine Möglichkeit, die große morphologische Mannigfaltigkeit zu gruppieren und terminologisch zu erfassen.

Der Schwerpunkt des Bauchpilz-Begriffes (Gasteromyceten, von gr. gaster = Bauch) lag schon in der frühen systematischen Literatur auf abgerundeten Fruchtkörpern mit trockenem Sporenstaub, der bei Reife auffallende Sporenwolken bildet. Namen wie Bovist (Bubenfurz), *Lycoperdon* (Wolfsfurz), puff balls (Staubwolken-Kugeln) bringen das zum Ausdruck. Unter bovistoiden (bovistähnlichen) Gasterothecien versteht man demnach Fruchtkörper, bei denen trockener Sporenstaub aus runden oder gestreckten, aber stets zunächst umhüllten Fruchtkörpern in die Atmosphäre gelangt, wie in der Gattung *Bovista*. Der Begriff bovistoid (bovistähnlich) wird sowohl für angiocarpe Gasterothecien mit einer präformierten Öffnung benutzt, wie bei den Fruchtkörpern der Gattungen *Bovista* (Boviste), *Lycoperdon* (Stäublinge), *Disciseda* (Schüsselboviste), als auch für cleistocarpe Gasterothecien, deren Peridien unregelmäßig aufreißen oder verwittern, wie bei den Gattungen *Scleroderma* (Kartoffelboviste), *Calvatia* (Hasenboviste), *Mycenastrum* (Sternstäublinge). Auch die *Pisolithus*-Fruchtkörper (Erbsenstreulinge) gehören trotz ihres andersartigen Aufbaues der >Gleba aus Pseudoperidiolen (>Peridiole) zu den Arten mit stäubenden Gasterothecien. Der Mechanismus der Sporenfreisetzung, also das Vorkommen oder Fehlen präformierter Öffnungen, hat sich als weniger systemträchtig erwiesen, als man früher angenommen hat. Dieses Merkmal kann weder generell für Gattungsgrenzen, noch für die Unterscheidung morphologischer Typen benutzt werden. Die angiocarpen, bovistoiden Gasterothecien besitzen bei Reife in der Regel ein elastisches >Capillitium, das wiederholten effektiven Sporenausstoß durch die Öffnung ermöglicht. Übergangsformen von dieser ombro-anemochoren (durch Regen und Wind verursachten) zu einer ausschließlich anemochoren Sporenverbreitung sind vielfältig und in der Tendenz mit fehlendem, funktionslosem oder in seiner Funktion verändertem Capillitium verbunden (>Diaspore, >geastroides Gasterothecium).

Abb. 1–3: angiocarpe bovistoide Gasterothecien.
Abb. 1: *Bovista plumbea* (Bleigrauer Bovist, Mongolei); die Exoperidie hat sich bereits abgelöst, die bleigraue Endoperidie mit der Öffnung liegt frei und ist auffallenden Regentropfen für den Sporenausstoß ausgesetzt.
Abb. 2: *Lycoperdon echinatum* (Igelstäubling); die präformierte Öffnung ist noch geschlossen, der gesamte Fruchtkörper ist von der durch grobe Stacheln skulpturierten Exoperidie bedeckt.
Abb.3: *Disciseda bovista* (Großer Schüsselstäubling); die Öffnung des Fruchtkörpers ist die ursprüngliche Basis der Endoperidie, der apikale Teil der Exoperidie haftet schüsselförmig an der Endoperidie, so dass sich verwehte Fruchtkörper drehen und die Öffnung oben liegt.

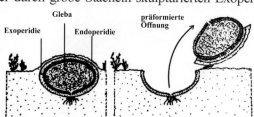

Abb. 4–6: cleistocarpe bovistoide Gasterothecien.
Abb.:4: *Mycenastrum corium* (Sternstäubling, mongolische Steppe); die derbe, korkartig feste Endoperidie reißt irregulär, anfangs meist apikal, auf; oftmals sind die Peridienreste der ausgewehten Fruchtkörper unregelmäßig sternförmig.
Abb. 5: *Scleroderma citrinum* (Dickschaliger Kartoffelbovist); die dicke Peridie reißt bei Fruchtkörperreife anfangs meist apikal, aber auch völlig irregulär auf.
Abb. 6: *Pisolithus arhizus* (Erbsenstreuling); die Gleba ist in bis zu 6 mm große, abgerundete Teile (Pseudoperidiolen) gegliedert, die – ähnlich den >Peridiolen der >cyathoiden Gasterothecien – von hautartigem Plectenchym begrenzt sind; im >Autolyseprozess verschwinden alle Tramastrukturen, und es verbleibt nur das Sporenpulver.

5mm

Gasterothecium clathroid

Die >Gleba der clathroiden Gasterothecien wird wie bei den >phalloiden Gasterothecien bei Sporenreife durch die Streckung eines >Receptaculums der Atmosphäre ausgesetzt. Das Receptaculum ist jedoch im Gegensatz zu den phalloiden Gasterothecien gegliedert, es ist mehrarmig oder bildet ein gestrecktes bis kugeliges Gitter. Typische clathroide Gasterothecien kommen in den Gattungen *Clathrus* (Gitterlinge, Tintenfischpilze) und *Colus* vor. Bei verschiedenen anderen Gattungen der *Phallaceae* (incl. *Clathraceae*) gibt es Übergangsformen. Sie besitzen eine einstämmige Basis und sind apikal verzweigt oder gitterförmig, z.B. in der Gattung *Lysurus* (incl. *Stilbum*), oder der basale Teil ist röhrenartig verwachsen, z.B. in der Gattung *Aseroë*.

Wie bei den phalloiden Gasterothecien ist die Gleba bei Reife durch >Autolyseprozesse breiartig oder dickflüssig und wird von Insekten, in der Regel von Fliegen, die durch einen typischen Aasgeruch angelockt werden, aufgenommen. Die Sporen werden endozoochor verbreitet und gelangen nach einer Darmpassage ins Freie.

Die clathroiden Gasterothecien besitzen oft sehr auffallende Pigmente, die neben den Geruchsstoffen der Anlockung von Insekten dienen. Sie werden deswegen auch als „Pilzblumen" bezeichnet.

In Mitteleuropa sind *Clathrus ruber* und *Clathrus archeri* die bekanntesten und am weitesten verbreiteten Pilze mit clathroiden Gasterothecien. Beide sind etablierte <u>Neomyceten</u> der Kulturlandschaft, deren Areale sich beständig erweitern und verdichten.

Clathrus ruber ist im Mittelmeergebiet heimisch und wurde bereits im 18. Jahrhundert in Mitteleuropa erwähnt. Er kommt meist in Gebüschen von Parks, Friedhöfen und an ähnlichen anthropogenen Habitaten vor.

Clathrus archeri wurde vermutlich aus Australien eingeschleppt, kommt aber auch in anderen Regionen der australen Zone der Südhemisphäre z.B. in Neuseeland, auf Mauritius und in Südafrika vor. In Mitteleuropa hat sich der Pilz besonders in gestörten, aber mitunter auch in naturnahen Laubwäldern eingenischt. Seine Ausbreitungsgeschichte ist detailliert durch zahlreiche Fundmeldungen und zusammenfassende Publikationen belegt.

Die Gattung *Clathrus* wurde in der ersten Hälfte des 18. Jahrhunderts aus Italien beschrieben. Auf der Basis anatomischer Merkmale der ontogenetischen Entwicklung der Gleba bezeichnen manche Autoren die Gasterothecien der Phallales nach der Gattung *Clathrus* als Clathrothecien.

Abb. 1: *Clathrus archeri* (Tintenfischpilz); frisch entfalteter Fruchtkörper in einem warmtemperierten Wald der Ostküste von Südafrika; im geschlossenen Zustand sind die Arme des Receptaculums apikal eng zusammengeneigt und leicht miteinander verwachsen (> Receptaculum, Abb. 4); sie trennen sich während der Streckungsphase voneinander und biegen sich nach außen; die dickflüssige Gleba ist durch die Streckung des Receptaculums in tropfenartige Teile aufgeteilt (Pfeil).

Abb. 2: *Aseroë rubra* am Wegrand in einem warmtemperierten Wald Südafrikas; die Gleba verbleibt als geschlossener Ring (Pfeil) an der Basis der apikal weiter aufgegliederten Arme des Receptaculums, dessen basaler Teil eine unten geschlossene Röhre bildet.

Abb. 3: Streckungsphasen der Gasterothecien von *Clathrus ruber* (Roter Gitterpilz) in einem thermophytischen, mediterranen Gebüsch der Schwarzmeerküste in Südosteuropa; unten: geschlossener Fruchtkörper („Hexenei"); rechts: aufreißender Fruchtkörper bei beginnender Streckung des Receptaculums; links: nahezu voll entfalteter Fruchtkörper; die Gleba befindet sich an der Innenseite der gitterförmigen Teile des Receptaculums (Pfeil).

Gasterothecium cyathoid

Bei einigen >Gasterothecien besteht die >Gleba aus isolierten Kammern, die bei Reife mit einer Hülle umgeben sind und als Verbreitungseinheiten einen ersten Schritt der Sporenausbreitung einleiten: die Ablösung vom Fruchtkörper. Die Hüllen dieser Glebakammern ähneln einer >Peridie und können als eine besondere Form von Endoperidien aufgefasst werden. Diese Gebilde nennt man >Peridiolen. Sie werden bei Fruchtkörperreife als isolierte Fruchtkörperteile völlig frei oder bleiben zunächst mit einem Myzelstrang, dem Funiculus, mit der Fruchtkörperbasis verbunden. In einem zweiten Schritt der Sporenausbreitung werden die Sporen aus den Peridiolen freigesetzt. Nach der Gattung *Cyathus* werden solche Gasterothecien als cyathoid bezeichnet.

Zu dieser morphologischen Gruppen gehören neben *Cyathus* auch die Gattungen *Crucibulum*, *Mycocalia* und *Nidularia*. Molekularbiologisch erwiesen sich diese Sippen als Vertreter der Familie *Agaricaceae*. Bei der Gattung *Sphaerobolus*, die zu den *Geastraceae* gehört, wird die Gleba aus dem Fruchtkörper als Ganzes verbreitet, jedoch als kugeliger, klebriger, nicht umhüllter Sporenballen, wobei sich die innere Schicht der vielschichtigen Hülle plötzlich ausstülpt und die Glebakugel abschleudert. Aufgrund der Diasporenfunktion der Gleba, die sich als Ganzes oder in Teilen vom Fruchtkörper löst, wurden diese Pilze früher als systematische Kategorie aufgefasst und als Familie *Nidulariaceae* oder als Ordnung *Nidulariales* (Vogelnestpilze) behandelt.

Bei den *Cyathus*- und *Crucibulum*-Arten (Teuerlinge und Tiegelteuerlinge) werden die zunächst ovalen Gasterothecien bei Reife becherförmig und öffnen sich apikal durch Aufreißen oder durch Ablösen einer deckelartigen Struktur, dem Epiphragma. Die diskusförmig abgeflachten Peridiolen liegen dann frei im Becher, bleiben aber zunächst mit einem verschleimenden Funiculus mit der Fruchtkörperbasis verbunden und im Becher verankert. In diesem Zustand erinnern die Gasterothecien an einen Becher voller Münzen oder an ein Eigelege, worauf die Namen „Teuerlinge" bzw. „Vogelnest-Pilze" zurückzuführen sind. Für die Ausbreitung der Peridiolen sind Feuchtigkeit für die Verschleimung der Funiculi, sowie Regentropfen und möglicherweise auch Tiere für die Ausschleuderung aus der becherförmigen Peridie von Bedeutung. Bei Trockenheit sind die Funiculi als Myzelstrang, bei Feuchtigkeit als Schleimfaden wahrnehmbar,

Bei den *Nidularia*- und *Mycocalia*-Sippen reißen die einfach strukturierten Peridien bei Reife unregelmäßig auf, die Peridiolen besitzen keinen Funiculus. Sie gelangen passiv ins Freie und können verweht oder abgeschwemmt werden.

Abb. 1 u. 2: Öffnung der bei Reife becherförmigen Peridien cyathoider Gasterothecien von *Cyathus striatus* (Gestreifter Teuerling, Abb. 1) durch apikale Streckung der Hülle und von *Crucibulum laeve* (Tiegelteuerling, Abb. 2) durch ein deutlich deckelförmig abgesetztes Epiphragma.

Abb. 3 u. 4: geöffnete, cyathoide Gasterothecien von *Cyathus striatus* (Abb. 3) und *Crucibulum laeve* (Abb. 4); die Peridiolen sind durch den bei Feuchtigkeit verschleimenden Funiculus mit der Fruchtkörperbasis verbunden.

Abb. 5 u.6: *Cyathus stercoreus* (Dung-Teuerling); geschlossene (Abb. 5) und geöffnete (Abb. 6) cyathoide Gasterothecien auf Rinder-Exkrementen (Australien); die Fruktifikation auf frisch abgesetzten Exkrementen verdeutlicht eine endozoochore Sporenverbreitung; die an Blättern und Halmen von Gräsern auf Rinderweiden angeklebten Peridiolen werden von den Tieren mit der Nahrung aufgenommen; eine Verbreitungsstrategie, die vielen fimicolen (dungbewohnenden) Pilzen, z.B. auch den *Pilobolus*- (Hutschleuderer) oder *Ascobolus*- (Ascusschleuderer) Arten, eigen ist.

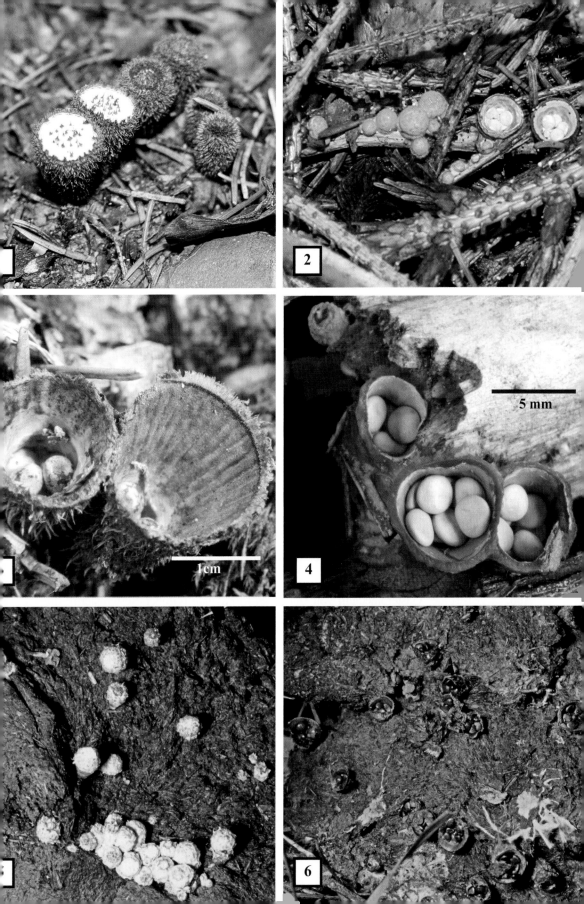

Gasterothecium geastroid

>Gasterothecien besitzen meist eine mehrschichtige >Peridie. Es haben sich viele strukturelle Eigenheiten herausgebildet, durch welche die Sporen ins Freie gelangen. Zu den bekanntesten gehört das sternförmige Aufreißen der Exoperidie bei den Gattungen *Geastrum* (Erdsterne), *Myriostoma* (Siebersterne) und *Astraeus* (Wettersterne). Gasterothecien mit diesem Typ der Fruchtkörperöffnung werden als geastroide Gasterothecien zusammengefasst. Die reifen Fruchtkörper sind zunächst rund oder zwiebelartig zugespitzt. Eine Faserschicht in der Exoperidie, die unmittelbar unter der äußeren Myzelialschicht liegt, dient als Widerlager für die quellfähige innere Pseudoparenchymschicht. Die gesamte Exoperidie reißt dadurch apikal auf, spaltet sich in mehrere Teile und entfaltet sich sternförmig, wodurch die innere Hülle, die apikal eine präformierte Öffnung mit einem oft charakteristischen >Peristom besitzt, der Atmosphäre ausgesetzt wird. Die reife >Gleba besteht aus Sporenpulver und einem elastischen >Capillitium, der Sporenausstoß erfolgt durch aufschlagende Wassertropfen.

Bei manchen Arten ist der Vorgang der Öffnung reversibel, die geöffneten Fruchtkörper können sich bei Trockenheit durch Wasserentzug aus der Pseudoparenchymschicht wieder zusammenrollen und bei Feuchtigkeit wieder öffnen. Diese >hygroskopische Bewegung ist ein mechanischer Vorgang und funktioniert bei gut getrocknetem Herbarmaterial auch noch nach Jahrhunderten. Die geschlossenen, vom Myzel gelösten Fruchtkörper fungieren als >Diasporen und können vom Wind verweht werden. Bei manchen Arten ist die Endoperidie im trockenen Zustand deutlich gestielt, manchmal kommt im Bereich zwischen Stiel und der Unterseite der Endoperidie eine >Apophyse oder ein >Collar vor. Die apikale Öffnung der Endoperidie ist mitunter durch einen Hof begrenzt, das Peristom kann gefurcht oder gewimpert sein, sich kegelförmig aufwölben oder flach bleiben. Bei der Gattung *Geastrum* ragt von der Basis her eine >Columella in die Gleba. Die Sporen der geastralen Gasterothecien sind meist rund, ornamentiert und hydrophob (>Hydrophobie). Bei *Geastrum melanocephalum* (Haarerdstern) reißt die gesamte Peridie sternförmig auf, und die nackte Gleba ist dem Wind ausgesetzt. Bei der Gattung *Myriostoma* (*Geastraceae*) kommen in der mehrfach gestielten Endoperidie mehrere Öffungen vor.

Die Wettersterne (Gattung *Astraeus*) gehören nicht zur Familie *Geastraceae*, sie sind mit den Kartoffelbovisten (Fam. *Sclerodermataceae*) verwandt, haben aber einen ähnlichen Öffnungsmechanismus wie die Erdsterne, jedoch keine vorgeformte Öffnung der Endoperidie, diese zerfällt vom Scheitel her irregulär.

Abb. 1: geastroides Gasterothecium von *Geastrum fimbriatum* (Gewimperter Erdstern) während der Öffnung der Exoperidie.

Abb. 2: geastroides Gasterothecium von *Geastrum fornicatum* (Großer Nesterdstern); die Myzelialschicht der Exoperidie verbleibt während der Öffnung als „Nest" im Boden, die vier Spaltteile (Sternlappen) der Exoperidie richten sich stelzenartig auf.

Abb. 3 u. 4: geastroide Gasterothecien von *Myriostoma coliforme* (Sieberdstern).

Abb. 3: Endoperidie mit mehreren Öffnungen.
Abb. 4: mehrstielige Endoperidie, einige Stielanlagen erreichen die Exoperidie nicht.

Abb. 5 u. 6: charakteristische Strukturen der Pseudoparenchymschicht.

Abb. 5: *Geastrum pectinatum* (Kammerdstern); die Pseudoparenchymschicht bildet oft einen ringförmigen, später hinfälligen Kragen um den Stiel der Exoperidie.
Abb. 6: *Geastrum triplex* (Halskrausen-Erdstern); die Pseudoparenchymschicht reißt meist beim Öffnen der Exoperidie ringförmig ein und bildet eine charakteristische „Halskrause" um die Basis der Endoperidie.

Gasterothecium hypogäisch

Die meisten terrestrischen >Gasterothecien werden unterirdisch angelegt, die Sporenfreisetzung erfolgt aber oberirdisch. Diese Fruchtkörper werden als epigäische (oberirdische) Gasterothecien den hypogäischen (unterirdischen) gegenüber gestellt, die bis zur Sporenreife unterirdisch bleiben und ihre Sporen normalerweise nicht in die Luft entlassen können. Bei den epigäischen Gasterothecien ist eine große morphologische Vielfalt im Dienste der Sporenfreisetzung entstanden. Beispiele für derartige angiocarpe Typen (>Fruchtkörperentwicklung) sind die >clathroiden, >cyathoiden, >geastroiden, >phalloiden und >tulostomoiden Gasterothecien; einige bleiben jedoch cleistocarp, ihre >Peridien zerfallen oder verwittern ohne präformierte Öffnung für die Sporenfreisetzung. Während Cleistocarpie bei epigäisch reifenden Gasterothecien selten vorkommt – z.B. in den Gattungen *Calvatia* und *Scleroderma* – sind die hypogäisch reifenden stets cleistocarp. Viele von ihnen bilden unter oder nahe der Erboberfläche Geruchsstoffe, so dass die Fruchtkörper von Tieren gefunden und aufgefressen werden. Diese Lebensstrategie haben hypogäische Basidiomata mit hypogäischen >Ascomata – z.B. den Echten Trüffeln – gemeinsam (>Tuberothecium). Man bezeichnet die hypogäischen Gasterothecien mitunter als Basidiomyceten-Trüffeln. Sie werden auch nach der Entwicklung, Struktur oder Morphologie der >Gleba gegliedert; man verwendet Namen typischer Gattungen zur Differenzierung, z.B gautierioid (>Peridie vergänglich, >Gleba großkammerig), rhizopogonoid (>Peridie derb, Gleba feinkammerig) oder hysterangioid (Peridie derb, Gleba feinkammerig mit >Columella).

Zwischen angiocarpen und cleistocarpen Gasterothecien gibt es Übergangsformen, z.B. öffnen sich mitunter geastroide Gasterothecien nicht, und die Sporen können nur durch mechanische Zerstörung freigesetzt werden. So ist auch die Entstehung der Basidiomata der Gattung *Radiigera* zu verstehen. Auch zwischen epigäischer und hypogäischer Sporenfreisetzung gibt es vermittelnde Formen. Manche durchbrechen bei Reife oft die Erdoberfläche und können auf diese Weise ihre Sporen fakultativ auch ohne eine Darmpassage freisetzen. Man bezeichnet solche Formen auch als subhypogäisch.

Bei der Gattung *Gastrosporium* ist z.B. kein Öffnungsmechanismus vorhanden, die Basidiomata werden freigeschwemmt oder wachsen dicht unter der Erdoberfläche und werden von Tieren zertreten. Arten mit trockenem, hydrophobem Sporenpulver sind besser an Sporenverbreitung durch den Wind angepasst, Arten mit nicht hydrophoben Sporen bzw. feucht bleibender Sporenmasse sind stärker auf Verbreitung durch Tiere angewiesen (z.B. *Hysterangium*, *Melanogaster*) und können vollständig hypogäisch bleiben.

Hypogäische Gasterothecien kommen hauptsächlich bei den *Agaricales* (z.B. *Gastrosporium*, *Hymenogaster*, *Hydnangium*), den *Boletales* (z.B. *Chamonixia*, *Leucogaster*, *Melanogaster*, *Octaviania*, *Rhizopogon*) und den *Phallales* s.l. incl. *Gomphales* (z.B. *Gautieria*, *Hysterangium*, *Sclerogaster*) vor. Die Arten mit hypogäischen Gasterothecien der Ordnung *Russulales* werden gegenwärtig den Gattungen *Russula* und *Lactarius* direkt zugeordnet (*Elasmomyces* = *Russula*, *Arcangeliella* = *Lactarius*).

Abb. 1 u. 2: Gasterothecien der *Gastrosporium*-Arten. Abb. 1: *G. asiaticum* (Wüstentrüffel; Mongolei, Südgobi); der apikale Teil der Gasterothecien ist sandbedeckt und wird freigeweht, dann durch Tritt zerstört. Abb. 2: *G. simplex* (Steppentrüffel; Mongolei, Sanddüne einer Flussaue); die basalen Myzelstränge sind mit Horsten von *Achnatherum splendens* verbunden; der subhypogäische Fruchtkörper wurde nach einem Regenguss freigespült.

Abb. 3: *Hysterangium separabile* (Schwanztrüffel); freigelegte hypogäische Gasterothecien.

Abb. 4: *Melanogaster ambiguus* (Weißkammerige Schleimtrüffel); geschlossen und angeschnitten.

Abb. 5 u. 6: *Gautieria morchellaeformis* (Morcheltrüffel); äußere Oberfläche (Abb. 5) und Gleba am Fruchtkörperrand (Abb. 6).

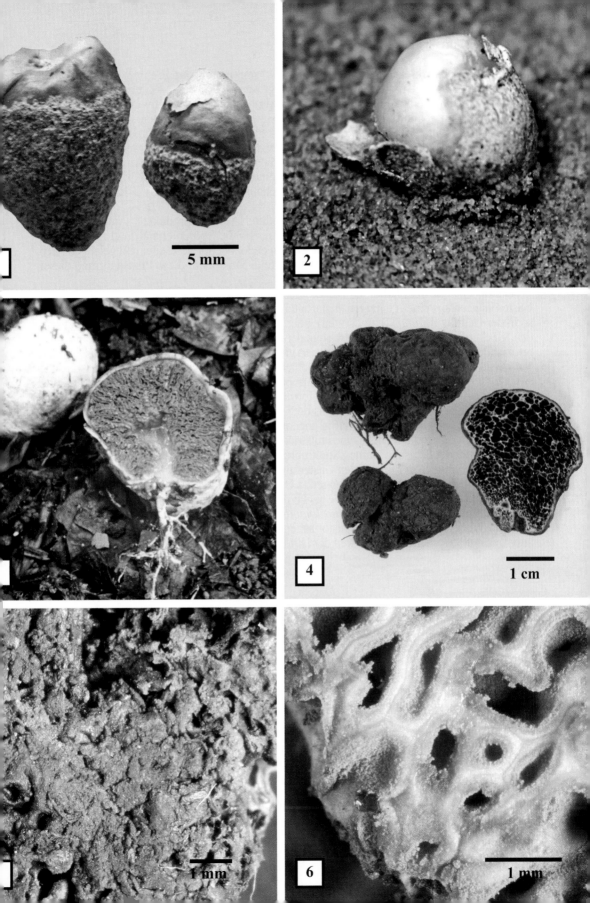

Gasterothecium phalloid

Der Verwandtschaftskreis der Familie *Phallaceae* (stinkmorchelartige Pilze) ist durch >Gasterothecien geprägt, die meist hypogäisch angelegt werden und deren >Gleba bei Sporenreife durch die Streckung eines >Receptaculums der Atmosphäre ausgesetzt wird.

Phalloide und >clathroide Gasterothecien besitzen auffallende Hüllen, die eine mächtige Gallertschicht enthalten. Diese spielt als Flüssigkeitsreservoir bei der Streckung der Receptaculi eine Rolle. Die Hülle verbleibt als Volva an der Basis geöffneter Fruchtkörper zurück. Bei der Streckung der Receptaculi entstehen Geruchsstoffe, die der Anlockung aasfressender Insekten dienen. Zu ihnen gehören Schwefelverbindungen (z.B. Dimethyltrisulfid), Terpene (z.B. trans-Ocimen), sowie aromatische und aliphatische Verbindungen (z.B. Phenylacetaldehyd und Essigsäure).

Die Gleba dieser Gasterothecien ist bei Reife durch Autolyseprodukte (>Autolyse) feucht und wird an der Luft zu einem zähflüssigen Brei, der die Sporen enthält und in der Regel von Fliegen aufgesaugt wird. Die Sporen werden endozoochor verbreitet und gelangen nach einer Darmpassage mit dem Kot der Tiere ins Freie. Man nennt diese Pilze aufgrund dieser Verbreitungsbiologie auch Aasfliegenpilze.

Die Receptaculi der phalloiden Gasterothecien bestehen im Gegensatz zu den clathroiden Gasterothecien aus einem einzigen stielartigen Gebilde, das entweder apikal die Gleba trägt, so in der Gattung *Mutinus* (Hundsruten), oder sie sind in einen Stiel und einen glebaführenden, glockenförmigen Hut gegliedert, so in der Gattung *Phallus*. Zwischen dem Hut und dem Stiel ist bei mehreren Arten ein auffallender, gitterartiger Schleier, ein Indusium, ausgebildet. Sie werden aufgrund dieser Struktur als „Schleierdamen" bezeichnet, z. B. die amerikanische Art *Phallus duplicatus*. Auch bei mitteleuropäischen *Phallus-impudicus*-Exemplaren kann fakultativ ein Indusium ausgebildet sein (forma *indusiatus*).

Der hutartige Teil des Receptaculums der Gattung *Phallus* besteht bei den meisten Arten aus sterilen Tramateilen, die wabenartig angeordnet sind. Dadurch verbleibt nach der Entfernung der sporenführenden Gleba eine Hutstruktur, die an >morchelloide Apothecien erinnert. Hierauf beruht der deutsche Name „Stinkmorcheln".

Über Homologien der phalloiden Gasterothecien mit >Pilothecien der Ordnung *Agaricales* gibt es viele spekulative Vorstellungen; z.B. wurde der Hut als abgewandelte Manschette gedeutet und die Gleba als abgewandeltes Hymenophor.

Die auffallende Gestalt von *Phallus impudicus* erregte schon sehr früh die Aufmerksamkeit von Wissenschaftlern. In der historischen Literatur sind Morcheln und Stinkmorcheln aufgrund der äußerlichen Ähnlichkeit der Hüte mitunter in eine einzige Gattung gestellt worden.

Abb. 1–3: Gasterothecien von *Phallus impudicus* (Stinkmorchel).

Abb. 1: apikaler Teil des Fruchtkörpers unmittelbar nach der Streckung des Receptaculums mit noch kompakter Gleba.

Abb. 2: der gleiche Fruchtkörper wie in Abb. 1 nach 14 Stunden; die Gleba zerfließt an der Luft.

Abb. 3: der gleiche Fruchtkörper wie in Abb. 1 nach 24 Stunden; bis auf geringe Reste wurde die Gleba von Fliegen abgesaugt; die typisch grubige, von Tramaplatten gebildete, morchelloide Struktur des hutförmigen Teiles des Receptaculums liegt frei an der Oberfläche.

Abb. 4: *Phallus merulinus*, eine Schleierdame mit halbringförmigem Hut und kräftigem, gitterförmigem Indusium in einem gestörten Regenwaldbiotop im tropischen Südamerika.

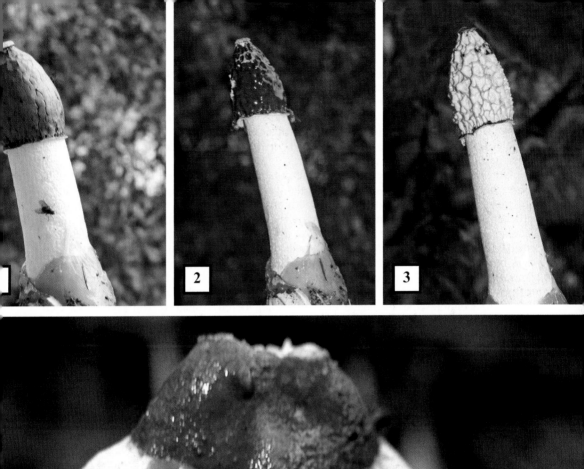

Gasterothecium secotioid

Secotioide Gasterothecien sind angiocarpe oder cleistocarpe >Basidiomata (>Fruchtkörper-entwicklung), deren morphologische Merkmale zwischen >Hymenothecien und >Gastero-thecien vermitteln. Die meisten sind von zentral gestielten Blätterpilzen (agaricoides >Pi-lothecium) abgeleitete Formen, deren Sporen bis zur Reife im Inneren der Fruchtkörper verbleiben. Im Gegensatz zu anderen Gasterothecien sind auch an ausgereiften Fruchtkör-pern einige morphologische Merkmale der Hymenothecien, von denen sie abgeleitet sind, makroskopisch erkennbar.

Die Entwicklung, die zu secotioiden Gasterothecien geführt hat, wird als Gasteromycetation bezeichnet (>Morphogenesis). Sie ist in vielen Fällen als Anpassung an aride Lebensräume zu verstehen und führte zu Fruchtkörpern mit austrocknender >Gleba und bei Reife trockenen, stäubenden, hydrophoben und meist abgerundeten Sporen, so in den Gattungen *Endoptychum*, *Gyrophragmium*, *Montagnea* und *Secotium*, die zu den *Agaricaceae* gehören; ihre Gleba weist noch Merkmale der Lamellenstruktur auf. Bei einigen dieser Gattungen, z.B. bei *Gyrophragmium*, *Montagnea*, *Podaxis* ist die Stielstreckung erhalten geblieben. Bei anderen, z.B. bei *Endoptychum*, wurde der Stiel zur >Columella, und die reifen Fruchtkörper öffnen sich irregulär wie bei manchen cleistocarpen, >bovistoiden Gasterothecien.

Aber auch fleischig bleibende Gasterothecien, deren Ableitung von Hymenothecien deutlich erkennbar ist, werden als secotioid bezeichnet. Sie besitzen mit Hymenium aus-gekleidete Glebakammern und mitunter einen streckungsfähigen Stiel, der in die Columella übergeht, z.B. bei den Gattungen *Thaxterogaster* und *Setchelliogaster*, die zu den *Cortina-riaceae* gehören. Die secotioiden Arten der Gattung „*Macowanites*" besitzen teilweise eine gekammerte Gleba, teilweise Lamellen und weisen nahtlose Übergangsformen zur Gattung *Russula* (Täublinge) auf. Sie werden derzeit meist als *Russula*-Arten geführt.

Die systematische Zuordnung der Pilze mit secotioiden Gasterothecien ist seit vielen Jahrzehnten in Diskussion und wird derzeit durch molekularbiologische Untersuchungen aufgeklärt. Teilweise ergaben sich weitreichende nomenklatorische Probleme. Einige *En-doptychum*-Sippen gehören zur Gattung *Agaricus*, z.B. „*Endoptychum*" *depressum*. Manche Autoren verwerfen aufgrund der Stellung der Gattung in den molekularbiologisch gewon-nenen Stammbäumen die Gattung *Endoptychum* vollständig und beziehen diese Pilze in die Blätterpilz-Gattung *Melanophyllum* ein. Es gibt noch zahlreiche offene Probleme.

Abb. 1–3: *Endoptychum agaricoides* (Mongolei, gestörte, überweidete Steppenvegetation); verschiedene Entwicklungsstadien der cleistocarpen, secotioiden Gasterothecien.

Abb. 1: zwei Fruchtkörper am Standort mit charakteristischer, apikal konisch verschmälerter Form und rissig schuppiger Peridie.

Abb. 2: unreifer, aufgeschnittener Fruchtkörper mit basal geröteter Columella (a) und großen, radial orientierten Glebakammern (b); die Columella ist dem Stiel, die Gleba dem Hymeno-phor agaricoider Pilothecien homolog.

Abb. 3: ausgereifter, zerfallender Fruchtkörper mit grünlichbraun verfärbter Gleba.

Abb. 4: *Montagnea arenaria* (USA, Utah, Steppenvegetation); die lamellenförmige Gleba ist seitlich an einem zentralen, scheibenförmigen Hut inseriert, der Stiel wird nach der Streckung holzartig hart, die Peridie verbleibt als Volva im Boden.

Abb. 5: *Podaxis pistillaris* (Westaustralien, Halbwüste); die Peridie löst sich von der Gleba und wird abgeweht; das Capillitium der später freiliegenden Gleba (Pfeil) ist mit der apikal zugespitzten Columella, einer nahtlosen Fortsetzung des basal hohlen, nach der Streckung harten Stieles, verwachsen.

Gasterothecium tulostomoid

Die tulostomoiden >Gasterothecien entwickeln sich nodulär aus hypogäischen Fruchtkörperprimordien (>Primordialentwicklung). Zwischen der Exo- und der Endoperidie ist ein Stiel vorhanden, der sich bei Sporenreife streckt. Die Exoperidie bleibt teilweise oder vollständig als Volva an der Stielbasis im Boden, in einigen Fällen haften auch Teile von ihr der Endoperidie an oder sind teilweise mit ihr verwachsen. Durch die Stielstreckung wird in jedem Falle die reife >Gleba, die dauerhaft oder nur anfangs von der Endoperidie umschlossen ist, für die Sporenausbreitung emporgehoben. Die Endoperidie besitzt oft eine präformierte Öffnung mit z.T. charakteristischem >Peristom für den Sporenausstoß, so bei der Gattung *Tulostoma* (Stielboviste). Bei manchen Arten wird sie regulär abgeworfen, so bei der Gattung *Battarraea* (Stelzenstäublinge), oder sie zerfällt irregulär, so bei der tropischen Gattung *Chlamydopus*. Bei Arten mit präformierter Öffnung kommt es zu einer ombro-anemochoren (durch Regen und Wind verursachten) Sporenausbreitung. Hierbei spielt das elastische >Capillitium eine bedeutende Rolle. In den anderen Fällen ist die Gleba nach Öffnung der Endoperidie direkt der Atmosphäre ausgesetzt, und es kommt zu einer rein anemochoren (durch Wind verursachten) Sporenausbreitung, bei diesen Typen kommen meist keine elastischen Capillitien, mitunter aber Paracapillitien oder Elateren vor.

Tulostomoide Gasterothecien werden auch als battarreoide Gasterothecien bezeichnet. Sie kommen bei den Arten der Familie *Tulostomataceae* vor.

Abb. 1–3: tulostomoide Gasterothecien von *Battarraea phalloides* (Stelzenstäubling).

Abb. 1: nahezu ausgereifter, noch geschlossener Fruchtkörper; die goldbraune Gleba (a) ist von Endo- und Exoperidie umschlossen; der apikale Teil der Endoperidie (b) bleibt bei der Stielstreckung mit der Exoperidie (c) verbunden, beide reißen median (rote Pfeile) von ihren basalen Teilen ab und bilden eine die Gleba schützende Kappe beim Durchbrechen der Erdoberfläche; der basale derbe Teil der Endoperidie (d) bleibt als eine nach unten gewölbte Scheibe mit dem Stiel (e) verbunden, während der basale Teil der Exoperidie als Volva im Boden verbleibt; das >Plectenchym zwischen Stiel und Exoperidie (f) bildet bei Reife meist derbe, schuppige Strukturen.
Abb.2: oberer Teil eines Fruchtkörpers unmittelbar nach Stielstreckung; die Kappe aus den oberen Teilen der Exo- und Endoperidien (a) liegt noch lose auf der reifen Gleba (b), die dem basalen, stabilen Teil der Endoperidie aufsitzt.
Abb. 3: drei Fruchtkörper nach Stielstreckung; die aus Sporen, Elateren und Paracapillitium bestehende Gleba ist bei dem älteren Exemplar nahezu vollständig vom Wind abgetragen (a) bei den beiden anderen ist sie noch reichlich vorhanden (b), der basale, randlich nach unten gewölbte Teil der Endoperidie (c) hat wie der Stiel am gestreckten Fruchtkörper eine derbe, holzähnliche Konsistenz.

Abb. 4: apikaler Teil eines tulostomoiden Gasterotheciums von *Chlamydopus meyenianus* (USA, New Mexico; Sanddünen); die Exoperidie ist vollständig im Boden verblieben, der Stiel (a) trägt das aus Endoperidie (b) und Gleba bestehende Sporenköpfchen; die Endoperidie zerfällt vom Scheitel her irregulär (c).

Abb 5: typische tulostomoide Gasterothecien mit präformierter Öffnung von *Tulostoma volvulatum* (USA; versalzte Steppe in Utah); das türmchenförmige Peristom (a) ist dunkler als die nahezu weiße Endoperidie (b); die Exoperidie verbleibt als Volva im Boden und ist außen mit Erdteilen verwachsen (c); beim Ausgraben löst sich die Stielbasis (d) oft von der Volva ab, Teile der Exoperidie können basal der Endoperidie anhaften; primordiales Plectenchym zwischen Stielanlage und Exoperidie bildet häufig schuppige, dem Stiel anhaftende Strukturen (e).

Gleba (Pl. Glebae)

Die inneren fertilen Strukturen von >Gasterothecien, in denen die >Basidiosporen gebildet werden, bezeichnet man als >Gleba. Sie ist bis zur Sporenreife von meist mehrschichtigen sterilen Hüllen (>Peridie) umgeben. Die Gleba besteht in den meisten Fällen zunächst aus >Plectenchymen, in denen sich Hohlräume bilden, die als Glebakammern bezeichnet werden und oft labyrinthisch miteinander verbunden sind. Das aus >Basidien bestehende >Hymenium entsteht an den inneren Oberflächen der Kammern. Hymenium und dazwischen liegende >Trama sind bei den meisten Gasterothecien dem >Hymenophor von >Pilothecien homolog. Vielfach wird der Begriff Gleba auch für sporenbildende Bereiche cleistocarper Ascomata von *Tuber* (Trüffeln), *Elaphomyces* (Hirschtrüffeln) etc. benutzt, auch für die sporenbildenden Regionen in den *Endogone*->Sporocarpien.

Bei den im reifen Zustand stäubenden >bovistoiden, >geastroiden und >tulostomoiden Gasterothecien besteht die Gleba bei Reife im Wesentlichen nur noch aus trockenem, hydrophobem Sporenpulver (>Hydrophobie). Die Trama und die Basidien sind durch >Autolyse-Prozesse, bei denen reichlich Flüssigkeit abgegeben wurde, nicht mehr nachweisbar. Lediglich das aus speziellen >Hyphen der Trama entstandene >Capillitium, das meist im Dienst des Sporenausstoßes durch eine präformierte Öffnung der Peridie steht (>Peristom, Abb. 3, >Diaspore, Abb. 3, 4), oder Paracapillitium, mitunter auch Reste der Sterigmata der Basidien sind von Fall zu Fall vorhanden.

Bei den >hypogäischen Gasterothecien bleibt die Gleba bei Sporenreife fleischig. Wie bei den Echten Trüffeln (>Tuberothecium), kommt es bei vielen hypogäischen Gasterothecien, z.B. bei den Schwanztrüffeln, Morcheltrüffeln usw. zu einer endozoochoren Sporenverbreitung nach einer Darmpassage. Die Fruchtkörper bilden Geruchsstoffe und werden von Tieren gefressen.

Bei den >clathroiden und >phalloiden Gasterothecien ist die Gleba bei Reife breiartig. Auch hier kommt es zur endozoochoren Sporenverbreitung.

Aus der Gleba können auch sterile Fruchtkörperteile hervorgehen, besonders deutlich ist dies z.B. bei der Subgleba der *Lycoperdon*- oder *Calvatia*-Arten, deren Kammern mit Hymenidermen ausgekleidet sind, die phylogenetisch aus Hymenien hervorgegangen sind.

Abb. 1 u. 2: *Phallus impudicus* (Stinkmorchel).

Abb. 1: apikaler Teil eines noch geschlossenen Fruchtkörpers; a – Gleba; b – oberer Stielteil des >Receptaculums; c – zentrale Höhle des Receptaculums; d – Hutteil des Receptaculums mit den wabenförmigen Rippen und der Gleba; e – Hülle mit der Volvagallerte.
Abb. 2: Aufsicht auf die Gleba nach Entfernung der Hülle; vor dem Einsetzen der Verflüssigung ist noch die ursprüngliche Kammerung der Gleba zu erkennen.

Abb. 3 u. 4: gefärbte Mikrotomschnitte der unreifen Gleba von *Lycoperdon*-Gasterothecien.
Abb. 3: *L. perlatum* (Flaschenbovist); a – Glebakammern, mit dunkler angefärbtem Hymenium an den Kammerwänden; b – Endoperidie; c – Exoperidie; d – Skulptur der Exoperidie.
Abb. 4: *L. pratense* (Wiesenstäubling); a – Glebakammern mit heranwachsenden Basidien; b – Kammern zwischen Gleba und Subgleba, aus denen später das Diaphragma hervorgeht; c – Subgleba; Kammerwände mit sterilem Hymeniderm.

Abb. 5: *Geastrum melanocephalum* (Haarstern), exsikkierter Fruchtkörper; a u. b – reife Gleba (Sporenpulver und Capillitium); a – an der >Columella; b – an der mit der Endoperidie verwachsenen Pseudoparenchymschicht, die sich schollig abgelöst hat; c – freiliegende Faserschicht der Exoperidie.

Abb. 6: *Melanogaster ambiguus* (Weißkammerige Schleimtrüffel); das Hymenium der großkammerigen Gleba zerfließt; der schwarze Schleim wird durch die dunkelbraunen Sporen verursacht.

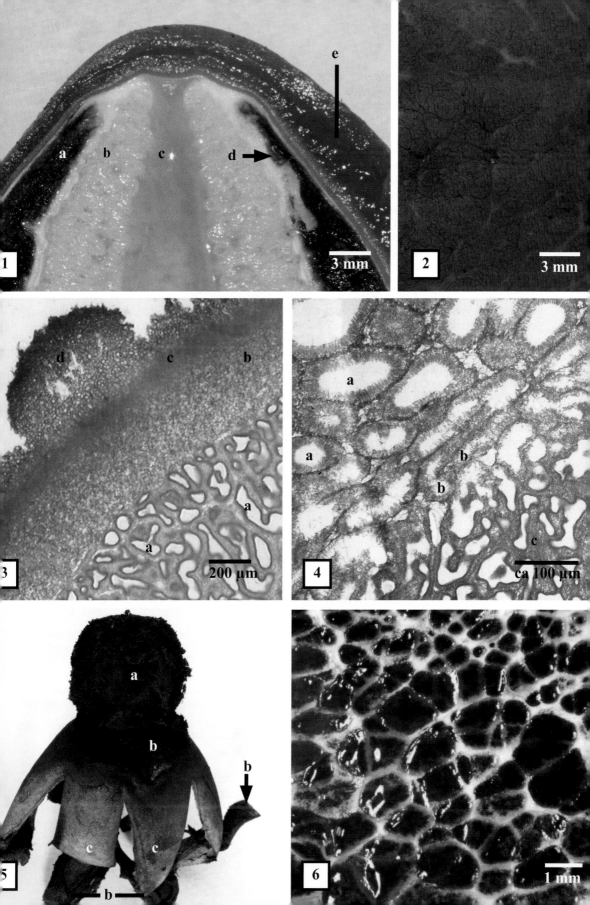

Guttation

Unter Guttation versteht man in der Botanik die tropfenförmige Ausscheidung von Wasser durch lebende Pflanzen. Sie geschieht meist an besonderen Wasserspalten oder Wasserporen, den Hydathoden, wenn die notwendige Wasserabgabe durch Verdunstung über die Spaltöffnungen nicht mehr möglich oder nicht ausreichend ist.

Bei Pilzen kommt es zu auffallenden, tröpfchenförmigen Absonderungen vor allem bei raschem Wachstum von >Myzelien oder >Fruchtkörpern. Die Tropfen bestehen bei Pilzen nicht immer aus reinem Wasser. Ihre goldgelbe oder braune Farbe an den Fruchtkörpern mancher *Inonotus*-Arten (Schillerporlinge) zeigt bereits, dass Wasserausscheidung mit Exkretion oder Sekretion verbunden sein kann. Der Terminus „Guttation" wird daher als Überbegriff für alle tropfenförmigen Absonderungen (lat. gutta: Tropfen) benutzt. Bei einigen Porlingen werden derartige Tröpfchen von dem rasch wachsenden >Plectenchym des >Hymenophors oder des Fruchtkörperrandes umwachsen, so dass Vertiefungen entstehen, aus denen beständig Flüssigkeit tropft. Sie werden als Guttationsgruben bezeichnet.

An vielen Pilothecien mit >agaricoidem oder >boletoidem Hymenophor kommt es zu tröpfchenförmigen Ausscheidungen im Bereich des Hutrandes, der Lamellenschneiden, des gesamten Hymenophors oder steriler Oberflächen, häufig geschieht dies apikal an besonders gestalteten Hyphenenden. Den charakteristischen Kristallbildungen an manchen >Cystiden geht eine tröpfchenförmige, schleimige Absonderung an der Cystidenspitze voraus. Für derartige Zellen wird in der Mykologie ebenfalls der Hydathoden-Begriff verwendet.

Die dunkelbraunen, nahezu schwarzen Tröpfchen an der Stielbasis von *Xerula melanotricha* (Schwarzhaariger Wurzelrübling), die im primordialen Zustand an der gesamten Oberfläche des Fruchtkörpers auftreten, wurden bezüglich ihrer Herkunft strukturell untersucht. Dabei wurden elektronenoptisch feine Kapillaren und gröbere, trichterförmige Kanäle an der Basis der dickwandigen, spitz zulaufenden Haare, den Makrosetae, gefunden, durch welche die Flüssigkeit nach außen tritt. Sie wurden als Exkretionskapillaren bzw. Exkretionsinfundibula beschrieben.

Der Tropfen-Begriff wird in der Mykologie auch für den Inhalt von manchen Sporen benutzt, die z.B. als guttulat (mit Tröpfchen) oder detailliert als uniguttulat (mit einem einzigen Tröpfchen) bzw. biguttulat (mit zwei Tröpfchen) charakterisiert werden.

Abb. 1: wasserhelle Guttationstropfen im Wachstumsbereich des Hymenophors von *Laetiporus sulphureus* (Schwefelporling).

Abb. 2: Guttationstropfen und Guttationsgruben (Pfeile) am Fruchtkörperrand von *Inonotus dryadeus* (Tränender Schillerporling).

Abb. 3 u. 4: gelbliche Guttationstropfen (Abb. 3) und Guttationsgruben (Abb. 4) am Hymenophor von *Inonotus hispidus* (Filziger Schillerporling).

Abb. 5: Guttationstropfen am Hymenophor eines frisch entfalteten Hutes von *Suillus grevillei* (Goldröhrling).

Abb. 6: schwarze Guttationstropfen (Exkretionstropfen, Pfeil) an der Basis eines Fruchtkörperpaares von *Xerula melanotricha* (Schwarzhaariger Wurzelrübling) in einem Erlenmeyerkolben; diese Ausscheidung ist mit dem Aufbau einer >Pseudorhiza verbunden, wenn die hypogäisch angelegten Primordien dieser Art das Erdreich durchdringen.

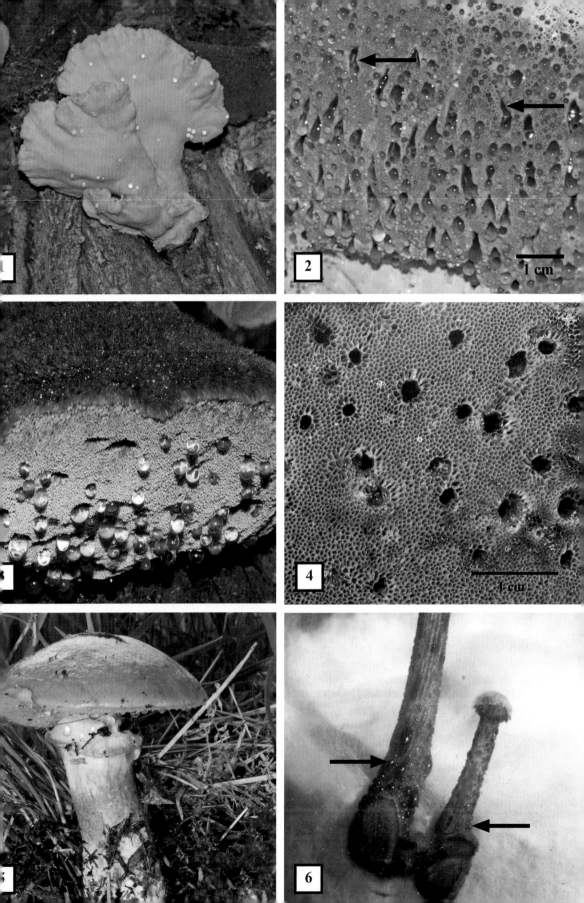

Holothecium (Pl. Holothecia oder Holothecien)

Holothecien sind eine morphologisch definierte Gruppe von >Basidiomata (>Hymenothecium), deren Oberfläche allseits von >Hymenium bedeckt ist. Sie sind nicht in eine sterile Oberseite und eine mit Hymenien überkleidete Unterseite gegliedert, wie die >dimitaten Crustothecien oder die >Pilothecien. Es können aber sterile Oberflächen an der Basis, z.B. an den Strünken koralloid verzweigter Fruchtkörper vorkommen. Holothecien sind morphologisch als Übergangsformen von >effusen zu >stipitaten Crustothecien oder zu >Pilothecien zu verstehen; sie können pustelförmig, hirnartig gewunden, keulenförmig oder korallenähnlich verzweigt sein, nodulär oder myzelial gebildet werden (>Primordialentwicklung).

Die Tendenz zur Ausbildung steriler Oberflächen ist bei den Holothecien vielfältig nachzuweisen. Bei manchen Gallertpilzen, z.B. in der Gattung *Exidia* kommen sterile Unterseiten vor, bei *Clavariadelphus truncatus* (Abgestutzter Keulenpilz) findet man eine Übergangsform, in der die Tendenz zur Ausbildung steriler Oberseiten und zur positiven geotropischen Orientierung der fertilen Oberflächen zum Ausdruck kommt. Bei *Tremiscus helvelloides* (Fleischfarbener Gallerttrichter) ist das Hymenium nur noch im oberen Teil der Außenseite des Trichters ausgebildet, während es bei anderen Vertretern der *Tremellales* (Gallertpilze) noch die gesamte Oberfläche der Basidiomata bedeckt.

Die Entwicklung der Basidiomata, die von polyzentrischen Crustothecien zu monozentrischen Pilothecien führt, ist sehr mannigfaltig und in verschiedenen Verwandtschaftskreisen der Basidiomyceten auf ganz unterschiedliche Art und Weise realisiert Die Entwicklung von Holothecien zu pileaten Crustothecien oder Pilothecien findet man u.a. bei den *Gomphales*, *Cantharellales* oder bei den *Clavariaceae* der *Agaricales*.

Abb. 1–3: Holothecien aus dem Verwandtschaftskreis der *Dacrymycetales*; die Bilder dokumentieren die >Morphogenese von pustelförmigen über keulenförmige zu korallenförmigen Holothecien innerhalb eines Verwandtschaftskreises; die äußerliche morphologische Übereinstimmung koralloider Basidioma lässt keinen Rückschluss auf verwandtschaftliche Beziehungen zu.

Abb. 1: *Dacrymyces stillatus* (Zerfließende Gallertträne); pustelförmige Holothecien auf totem Fichten-Wurzelholz.

Abb. 2: *Calocera cornea* (Laubholz-Hörnling); keulenförmige Holothecien auf einem liegenden Buchenstamm.

Abb. 3: *Calocera viscosa* (Klebriger Hörnling); korallförmig verzweigtes Holothecium auf unterirdischem Nadelholz.

Abb. 4: *Tremella encephala* (Alabasterkernling); hirnartig gewundenes Holothecium aus dem Verwandtschaftskreis der *Tremellales*; der *Tremella*-Fruchtkörper parasitiert auf einem deformierten Fruchtkörper von *Stereum sanguinolentum* (Blutender Schichtpilz), der den „Alabasterkern" im Inneren des Holotheciums bildet.

Abb. 5: *Macrotyphula fistulosa* (Röhriger Keulenpilz); keulenförmiges Holothecium aus dem Verwandtschaftskreis der *Agaricales* auf Blättern und Ästchen im Laubmischwald.

Abb. 6: *Clavariadelphus pistillaris* (Herkuleskeule); keulenförmiges Holothecium aus dem Verwandtschaftskreis der *Gomphales*.

Abb. 7: *Ramaria stricta* (Steifer Korallenpilz); koralloides Holothecium aus dem Verwandtschaftskreis der *Gomphales* auf vergrabenem Laubholz eines Komposthaufens.

Holzzerstörung

Holz hat einen hohen Anteil an der lebenden und toten Biomasse unserer Erde. Es besteht aus pflanzlichen Polysacchariden und dem Holzstoff Lignin; zu 40 – 60 % aus Zellulose, zu 20-30% aus Hemizellulosen und zu 20-30% aus Lignin. Die Zellulose ist mengenmäßig der bedeutendste Naturstoff der Erde und kommt in den Zellwänden aller Pflanzen vor. Lignin bildet im Holz ein dreidimensionales Netzwerk aus aromatischen Makromolekülen, das ohne Vorzugsrichtung zwischen die Zellulosemoleküle eindringt und die Festigkeit des Holzes bewirkt.

Der biochemische Abbau der relativ stabilen Bestandteile des Holzes ist ein ökologisch bedeutsamer Destruktionsprozess, der mit Farb- und Strukturveränderungen des Holzes verbunden ist. Er geschieht durch heterotrophe Organismen, unter denen die Pilze eine dominierende Rolle spielen. Sie werden als lignicole (holzbewohnende) oder xylophage (holzabbauende, xylemabbauende) Pilze bezeichnet. Man unterscheidet im Wesentlichen drei verschiedene Prozesse des Holzabbaus durch Pilze: die >Weißfäule, die >Braunfäule und die >Moderfäule. Die Unterschiede im Abbau sind durch unterschiedliches Vermögen der Enzymproduktion für die Pilzarten genetisch festgelegt. Enzyme wirken als Biokatalysatoren, sie werden von den Pilzhyphen ausgeschieden und spalten die Makromoleküle des Holzes in immer kleinere Bestandteile. Schließlich entstehen lösliche Verbindungen, die von den Pilzen aufgenommen und zum Aufbau körpereigener Stoffe und als Energiequelle genutzt werden können.

Andere Bezeichnungen für den Holzabbau beziehen sich auf den Ort der Holzzersetzung. Unter Stammfäule versteht man z.B. das Erscheinungsbild des Kernholzabbaues im Stamm, unter Stockfäule den Abbau an der Stammbasis. Wenn Holz von mehreren lignicolen Pilzen befallen ist, kann es zu dunklen Demarkationslinien kommen, durch die sich im Holz die Myzelien verschiedener Arten abgrenzen. Ursache dafür ist die Bildung von Melanin. Häufig ist diese Erscheinung zu beobachten, wenn das Myzel des Weißfäuleerregers *Fomes fomentarius* (Zunderschwamm) und des Braunfäuleerregers *Piptoporus betulinus* (Birkenporling) auf demselben Birkenstamm das Holz abbauen. Für Holzabbau mit reichlichen dunklen Grenzlinien wurde der Begriff Marmorfäule geprägt.

Weiß- und Braunfäule des Holzes werden überwiegend von Vertretern der Basidiomycota verursacht. Besonders in den Ordnungen *Polyporales* und *Agaricales* kommen viele lignicole Arten vor. Aber auch unter den Ascomyceten, z.B. in den Ordnungen *Sordariales* und *Xylariales* gibt es viele obligate Holzbewohner. Die Fruchtkörper holzbewohnender Basidiomyceten sind überwiegend >Crustothecien und >Pilothecien. Mehrjährige, konsolenförmige Porlinge (>dimitate Crustothecien) und büschelig wachsende Blätterpilze (>Fasciculum) an Baumstämmen prägen das Bild naturnaher Wälder mit hohem Altholzanteil und werden mitunter als Indikatoren der Naturnähe der Wälder benutzt. Die lignicolen Arten der Basidiomyceten bilden in äquatorialen Regenwäldern den höchsten Anteil an der Fruchtkörper-Biomasse der Pilze und haben eine hohe Artenvielfalt entwickelt.

Zu den auffallenden, holzbewohnenden Ascomyceten gehören >Perithecien bildende Arten, die große >Stromata bilden, wie die *Xylaria*- und *Hypoxylon*-Arten (Holzkeulen, Kohlenbeeren), aber auch viele >Apothecien bildende Arten der Ordnungen *Pezizales* und *Helotiales*.

Beim Abbau von Holz kommt es mitunter zu charakteristischen Sukzessionen der Besiedelung des Holzes durch fruchtkörperbildende, lignicole Pilze. Es werden eine Initialphase, eine Optimalphase und eine Finalphase der Holzzersetzung unterschieden. Manche Autoren fassen charakteristische Artenkombinationen der holzbewohnenden Pilze zu Pilzassoziationen (Pilzgesellschaften, Mykozönosen) zusammen, die nomenklatorisch nach dem Vorbild der Pflanzensoziologie benannt und gegliedert werden.

Abb.: Assozation lignicoler Pilze auf Buchenholz; in der Initialphase des Holzabbaues dominiert *Fomes fomentarius* (Echter Zunderschwamm).

Hydrophobie (Pl. Hydrophobien)

In der Biologie und Medizin versteht man unter Hydrophobie die genetisch fixierte oder krankheitsbedingte Eigenschaft von Organismen, Wasser zu meiden. Der Begriff Hydrophobie wird in der Physik und Biologie auch für die Eigenschaft einer schlechten Benetzbarkeit von Oberflächen benutzt. Auffallende Wassertröpfchen zerfließen nicht, sondern behalten ihre Tropfenform. Die physikalische Ursache für diese Eigenschaft ist die Wechselwirkung von Kohäsion, dem inneren Zusammenhalt gleichartiger Moleküle eines Stoffes, und Adhäsion, dem Haftvermögen ungleichartiger Moleküle an den Grenzflächen zweier verschiedenartiger Stoffe.

Der Hydrophobie (Wasserfeindlichkeit) steht die Hydrophilie (Wasserfreundlichkeit) gegenüber. Für Oberflächen beinhaltet er eine gute Benetzbarkeit mit Wasser. Die Oberfläche ist in diesem Fall von einem dünnen Wasserfilm bedeckt. Als Maß für die Benetzbarkeit einer Oberfläche dient der Rand- oder Kontaktwinkel, den ein Wassertropfen auf ihr bildet. Bei Winkeln von unter 90° wird die Oberfläche als hydrophil definiert, bei über 90° als hydrophob bei über 140° als superhydrophob. Ausschlaggebend für das Wasser abweisende Verhalten ist die chemische Zusammensetzung der Oberflächen. Bei wachsartigen Verbindungen können Randwinkel bis ca. 120° entstehen. Größere Randwinkel sind auf glatten Oberflächen nicht möglich, können aber bei einer zusätzlichen Strukturierung erreicht werden. Im Falle der superhydrophoben Blätter von Lotos (*Nelumbo nucifera*) ist die Oberfläche von kegel- bis ellipsenförmigen Papillen der Zellwände überzogen, der Randwinkel beträgt 160°. Ähnliche Winkel kommen z.B. bei den Schwimmfarnen (*Salvinia* spp.) vor, die durch wachshaltige Härchen skulpturiert sind.

Hydrophobie und Hydrophilie haben auch bei Pilzen große Bedeutung. Die Hydrophobie von >Basidiosporen und >Capillitien stäubender >Gasterothecien steht z.B. im Dienste einer effektiven Sporenverbreitung. Gemeinsam mit der Abrundung und der Ornamentierung der Sporen bildet sie ein Merkmalssyndrom der Gasteromycetation (>Morphogernesis), die in ganz verschiedenen Verwandtschaftskreisen zu ähnlich funktionierenden Fruchtkörpertypen mit ombro-anemochorer Sporenverbreitung geführt hat. Die Randwinkel von Sporenteppichen dieser Pilze liegen bei 120° bis 150°. Der Einfluss von Wasser auf pilzliche Strukturen äußert sich u. a. auch in >hygroskopischen Bewegungen.

Abb. 1 u. 2: Sporen von *Geastrum triplex* (Halskrausen-Erdstern) in Wasser; durch ihre hydrophobe Oberfläche zusammengeballt (Abb. 1); diese Eigenschaft wird auch als hydrophober Effekt bezeichnet; das gleiche Präparat nach Verminderung der Kohäsionskräfte des Wassers durch Zugabe eines Benetzungsmittels (Detergens) mit vereinzelten Sporen (Abb. 2).

Abb. 3 u. 4: Wassertropfen auf Glasplatten mit angeklebten Sporenteppichen; Abb. 3 Sporenteppich von *Lycoperdon pyriforme* (Birnenförmiger Stäubling); die Tropfenform bleibt aufgrund der Hydrophobie der Sporenoberflächen erhalten (Randwinkel α ca. 149°); einige lose Sporen haften an der basalen Oberfläche des Tropfens; Abb. 4: Sporenteppich von *Strobilurus esculentus* (Fichtenzapfenrübling); der Tropfen flacht aufgrund der Hydrophilie der Sporen ab (Randwinkel α = 68°); lose Sporen werden in den Tropfen hineingezogen und verursachen die Trübung.

Abb. 5: Wassertropfen auf der reifen Gleba von *Geastrum fimbriatum* (Gewimperter Erdstern); die Tropfenform bleibt aufgrund der Hydrophobie der Sporen und des Capillitiums lange Zeit erhalten.

Abb. 6: Wassertröpfchen nach dem Durchschweben einer Sporenwolke von *Geastrum pectinatum* (Kamm-Erdstern), das an der Oberfläche komplett mit den hydrophoben Sporen behaftet ist, die nicht in den Tropfen eindringen (>Diaspore, Abb. 4).

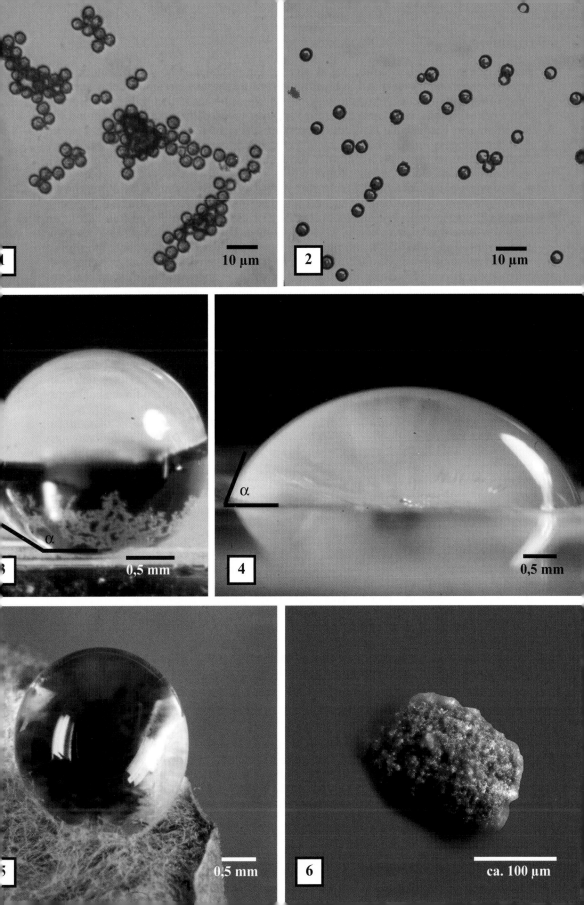

1

2   10 μm

3   α   0,5 mm

4   α   0,5 mm

5   0,5 mm

6   ca. 100 μm

Hygroskopizität

Die Eigenschaft mancher Stoffe, Wasser aus der Luftfeuchtigkeit an sich zu binden, wird als Hygroskopizität bezeichnet. Ein Hygroskop (Luftfeuchteanzeiger) dient der näherungsweisen Bestimmung, ein Hygrometer der genauen Messung der Luftfeuchte. In der Botanik und in der Mykologie nennt man tote Teile von Pflanzen oder Pilzen, die sich aufgrund von >Quellung und Entquellung bewegen, hygroskopisch (Feuchte anzeigend). Es wird jedoch auch der weniger geeignete Begriff „hygrometrisch" für diese Eigenschaft benutzt. Hygroskopische Bewegungen dienen meist der Verbreitung von Pollen, Sporen oder Samen, z.B. bei Nadelholzzapfen und Laubmooskapseln.

Besonders eindrucksvolle Beispiele für hygroskopische Bewegungen bei Pilzen finden wir bei *Astraeus hygrometricus* (Wetterstern) und bei einigen *Geastrum*-Arten (Erdsternen). Bei der Öffnung lebender Fruchtkörper vergrößern sich in der Exoperidie die Zellen der innen liegenden Pseudoparenchymschicht, während die außen liegende Faserschicht als Widerlager dient, so dass die Exoperidie sternförmig aufreißt (>geastroides Gasterothecium, Abb. 1). Die Fruchtkörper sterben nach der Öffnung bis auf die keimfähigen Sporen rasch ab, dienen aber dennoch der Sporenverbreitung (>Peristom, Abb. 4). Das abgestorbene Pseudoparenchym von *Astraeus hygrometricus* und von den hygroskopischen *Geastrum*-Arten schrumpft bei Trockenheit und quillt bei Befeuchtung, so dass sich die Exoperidie wiederholt um das Sporenköpfchen schließen und wieder öffnen kann. Durch die hygroskopischen Bewegungen werden die Sporen bevorzugt bei hoher Luftfeuchte freigesetzt.

Die Geschwindigkeit und auch die Intensität der hygroskopischen Bewegungen sind von Luftfeuchte und Temperatur abhängig. Rasches Austrocknen kann zu anderen Formveränderungen führen als langsames. Da es sich um mechanische Bewegung von toten Teilen der Fruchtkörper handelt, ist der Erhaltungszustand der quellenden Strukturen für die Funktionstüchtigkeit ausschlaggebend.

Die hygroskopischen *Geastrum*-Arten (*G. floriforme, G. hungaricum, G. corollinum*) haben oft sehr kleine Fruchtkörper, die im trockenen (eingerollten) Zustand als Verbreitungseinheit („Steppenroller") fungieren können. Bei manchen Arten rollt sich bei Trockenheit die Exoperidie nicht über das gesamte Sporenköpfchen, sondern krümmt sich nur wenig ein oder rollt sich unter der Endoperidie zusammen. Diese Eigenschaft wird als „subhygroskopisch" bezeichnet.

Bei *Schizophyllum commune* (Gewöhnlicher Spaltblättling) quillt das subhymeniale Plectenchym stärker als die tieferliegenden >Plectenchyme der >Trama, so dass sich die Ränder der Fruchtkörper und die Spalthälften der <u>Pseudolamellen</u>, die morphologisch den Fruchtkörperrändern entsprechen, bei Feuchtigkeit strecken und bei Trockenheit einrollen. Die wollig haarigen Oberflächen der Basidiomata einschließlich der Spalthälften der Pseudolamellen dienen der Wasseraufnahme aus feuchter Luft. Bei dieser Art ist die Bewegung an lebenden Fruchtkörpern mit einer Turgeszenzbewegung gekoppelt und dient dem Schutz des Hymeniums vor Austrocknung. An abgestorbenem Material ist die Bewegung abgeschwächt und funktionslos.

Abb. 1 u. 2: *Schizophyllum commune* (Gewöhnlicher Spaltblättling).
Abb 1: angeschnittenes totes Basidioma im feuchten und im trockenen Zustand; bei Trockenheit sind die Spalten der Pseudolamellen eingerollt, bei Feuchtigkeit gestreckt.
Abb. 2: Spalthälfte einer Pseudolamelle im Schnitt, a – Hymenium, b – stärker quellfähige Schichten. c – weniger quellfähige Trama, d – wollige Oberfläche im Spalt.

Abb. 3–8: *Astraeus hygrometricus* (Wetterstern).
Abb. 3: befeuchtet, Sternlappen der Exoperidie stelzenartig aufgerichtet. Abb. 4–7: Stadien der Austrocknung bei ca. 60 % Luftfeuchte. Abb. 8: während des Austrocknens im ausgebreiteten Zustand durch trockene Luft (ca. 20 % Luftfeuchte) zur Erstarrung gebracht; die Exoperidie der Stadien in Abb. 7 u. 8 ist holzig hart und ändert sich bei einer Luftfeuchte von <80 % nicht.

1 1 mm

2 d d a b c 50 μm

3

4

5

6

7 1 cm

8

Hymenium (Pl. Hymenien oder Hymenia)

Der Begriff Hymenium – „Fruchthäutchen" – wird in der Mykologie für Oberflächen von >Fruchtkörpern, sowohl für >Ascomata, als auch für >Basidiomata benutzt, die von sporogenen Zellen überkleidet sind. Diese stehen in der Regel palisadenförmig nebeneinander.

Bei den Ascomata besteht das Hymenium aus den >Asci und meist aus sterilen Hyphenenden, die man >Paraphysen (Safthaare) nennt. Während die Asci von <u>dikaryotischen</u> Hyphen gebildet werden, sind die Paraphysen Endabschnitte <u>haploider</u> >Hyphen. Die Hymenien bestehen demnach aus Endabschnitten von Hyphen verschiedener Kernphasen.

Bei den Basidiomata besteht das Hymenium überwiegend aus >Basidien. Sterile Zellen im Hymenium von Basidiomyceten werden als >Cystiden bezeichnet. Meist sind bei den Basidiomata die Hymenien tragenden Oberflächen vergrößert und bilden >Hymenophore, die bei den abgeleiteten Formen oft geotropisch positiv orientiert sind.

Der Begriff Hymenium wurde geprägt, als man Basidiomyceten und Ascomyceten noch nicht generell unterscheiden konnte. Als Hymenomyceten bezeichnete man alle Pilze, bei denen Sporen an einem freiliegenden Hymenium einer Fruchtkörperoberfläche ausreifen. Später, als Ascomycten und Basidiomyceten generell unterschieden wurden, beschränkte man den Begriff Hymenomyceten auf Basidiomyceten mit Hymenien an äußeren Oberflächen und stellte die Hymenomyceten den Gasteromyceten (Bauchpilzen) gegenüber, deren Sporen bis zur Reife im Inneren der Fruchtkörper verbleiben. In der aktuellen Systematik werden beide Begriffe nicht mehr für systematische Gruppen benutzt, haben sich aber als Namen für morphologisch definierte Gruppen erhalten, ihre Fruchtkörper werden als >Hymenothecien bzw. >Gasterothecien bezeichnet. Das Vorkommen von Hymenien im Inneren der Fruchtkörper von Gasteromyceten gab bereits zu Beginn des 20. Jahrhunderts Anlass zu Hypothesen, dass sich Gasteromyceten und Hymenomyceten nicht generell trennen lassen.

Bei den >Conidiomata und Spermogonien werden Oberflächen mit palisadenartig beieinander stehenden Trägern der Conidien oder Spermatien, wie das in Pycnien, Acervuli oder auf den Sporodochien häufig vorkommt, mitunter als Hymenien bezeichnet.

Abb. 1– 6: Vergleich der Hymenien von Ascomata (links) und Basidiomata (rechts).

Abb. 1 u. 2: Lupen-Ansicht; a – Hymenium in Aufsicht; b – Hymenium im Anschnitt.

Abb. 3 u. 4: makroskopische Aufsicht; die Spitzen der etwa 10 µm breiten Asci (Abb. 3) und die in Tetraden angeordneten Basidiosporen (Abb. 4) sind erkennbar.

Abb. 5 u. 6: zelluläre Struktur; Abb. 5 a – Asci mit Ascosporen; b – Paraphysen; Abb. 6 a – Basidien mit Sterigmata; b – Basidien mit Sterigmata und Sporen; c – Basidiolen (>Basidie, Abb. 4).

Abb. 1: *Dumontinia tuberosa* (Anemonenbecherling); angeschnittenes Apothecium.
Abb. 2: *Hysterangium stoloniferum* (Schwanztrüffel); Glebakammern.
Abb. 3: *Bulgaria inquinans* (Schmutzbecherling); Aufsicht auf das Apothecium.
Abb. 4: *Panaeolina foenisecii* (Heudüngerling); Aufsicht auf eine Lamelle.
Abb. 5: *Humaria hemisphaerica* (Halbkugeliger Borstling); Apothecium im Schnitt.
Abb. 6: *Lactarius helvus* (Bruchreizker); Lamellenquerschnitt.

Abb. 7 u. 8: Hymenium von *Rhytisma acerinum* (Ahorn-Runzelschorf).

Abb. 7: Querschnitt einer >Lirella; a – die mit dem >Stroma verwachsene Fruchtkörperwand; b – Hymenium mit Asci und Paraphysen; c – fadenförmige Sporen.
Abb. 8: Details des Hymeniums der Abb. 7; Asci mit den längsparallel geordneten, fädigen Ascosporen und Paraphysen.

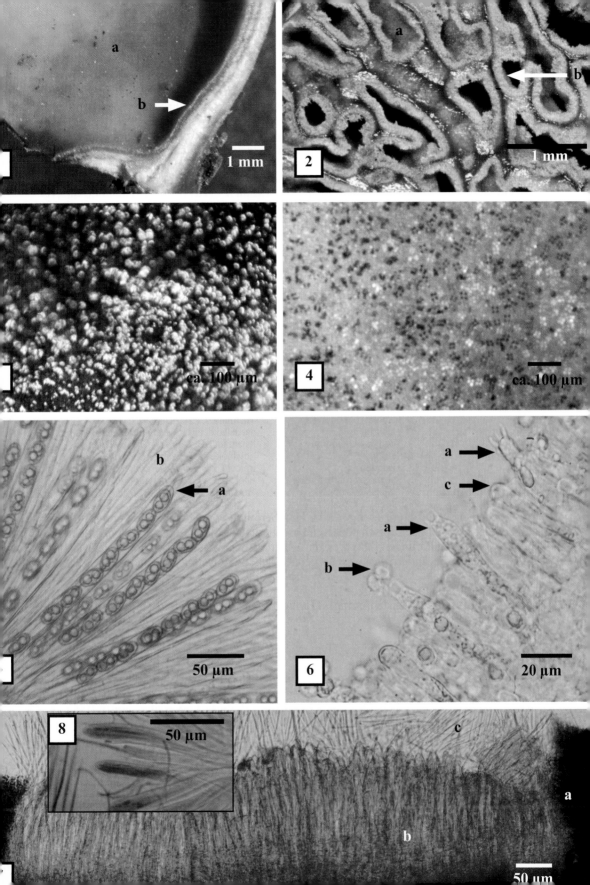

Hymenophor (Pl. Hymenophore)

Die Hymenium tragende Struktur von >Hymenothecien wird als Hymenophor (Hymeni-umträger) bezeichnet, z.B. die Lamellen oder Röhren der Hutunterseite von >Pilothecien. Ein Hymenophor fehlt, wenn das Hymenium undifferenzierte Fruchtkörper-Oberflächen überkleidet, wie bei vielen >Holothecien und manchen >effusen Crustothecien. Bei stärker gegliederten >Basidiomata, vor allem bei >effusoreflexen Crustothecien, wird die vom Hymenium überkleidete, undifferenzierte Oberfläche meist als glattes Hymenophor definiert. Hymenophore werden als Strukturen der Vergrößerung hymenialer Oberflächen verstanden. Wenn das Hymenium innere Oberflächen angiocarper Basidiomata bedeckt, wie in den Glebakammern vieler >Gasterothecien, wird der Begriff nicht verwendet, auch nicht für die Hymenium tragenden Oberflächen von >Ascomata.

Der Ausbildung des Hymenophors wurde in der Systematik bis ins 20. Jh. fundamentale Bedeutung beigemessen, sie ist jedoch nur teilweise relevant. Bezeichnungen für Fruchtkörpertypen wie Blätterpilze oder Röhrlinge beruhen auf morphologischen Merkmalen des Hymenophors.

Die Typen des Hymenophors werden mit einem morphologischen Begriff oder nach Gattungen benannt, die für einen morphologischen Typ des Hymenophors charakteristisch sind. Weit verbreitet sind folgende Bezeichnungen:

Fruchtkörpertyp	Form des Hymenophors	Hymenophor-Bezeichnung nach Gattungen
Schichtpilz	glatt	stereoid, z.B. *Stereum*, *Chondrostereum*
Warzenpilz	warzig, runzelig	thelephoroid, z.B *Thelephora*, *Cotylidia*
Fältling	unregelmäßig faltig	merulioid, z.B. *Merulius*, *Serpula*
Leistling	leistenförmig	cantharelloid, z.B. *Cantharellus*, *Plicatura*
Porling	derb röhrenförmig	>polyporoid, z.B. *Polyporus*, *Fomes*
	isoliert röhrenförmig	>fistulinoid, z.B. *Fistulina*
Wirrling	labyrinthisch	daedaleoid, z.B. *Daedalea*, *Daedaleopsis* p.p.
Blättling	derb lamellenförmig	lenzitoid, z.B. *Lenzites*, *Gloeophyllum* p.p.
Stachelpilz	stachelig	>hydnoid, z.B. *Hydnum*, *Sarcodon*
	zahnförmig	irpicoid, z.B. *Irpex*, *Schizopora*
Röhrling	abgesetzt röhrenförmig	>boletoid, z.B. *Boletus*, *Suillus*
Blätterpilz	lamellenförmig	>agaricoid, z.B. *Agaricus*, *Tricholoma*

Mit zunehmender Differenzierung steriler Hutoberseiten von Crustothecien kommt es auch zunehmend zu einer geotropisch positiven Orientierung des Hymnophors. Bei mehrjährigen, holzbewohnenden Porlingen führt dies zur Änderung der Wachstumsrichtung, wenn sich die Lage des Substrates ändert; dies wird als geotropische Verformung der Fruchtkörper bezeichnet.

Abb. 1: cantharelloides (leistenförmiges) Hymenophor von *Cantharellus tubaeformis* (Trompeten-Pfifferling).

Abb. 2: hydnoides (stachelförmiges) Hymenophor von *Auriscalpium vulgare* (Ohrlöffelpilz).

Abb. 3: merulioides Hymenophor von *Merulius tremellosus* (Gallertfleischiger Fältling).

Abb. 4. polyporoides Hymenophor des mehrjährigen Porlings *Fomes fomentarius* (Echter Zunderschwamm); nach dem Umstürzen des Baumes veränderte sich die ursprüngliche Wachstumsrichtung des Hymenophors (Pfeil 1) aufgrund der neuen Lage in die neue geotropisch positive Richtung (Pfeil 2).

Abb. 5: agaricoides (lamellenförmiges) Hymenophor von *Lacrymaria lacrymabunda* (Tränender Saumpilz).

Abb. 6: boletoides (röhriges) Hymenophor von *Chalciporus piperatus* (Pfefferröhrling).

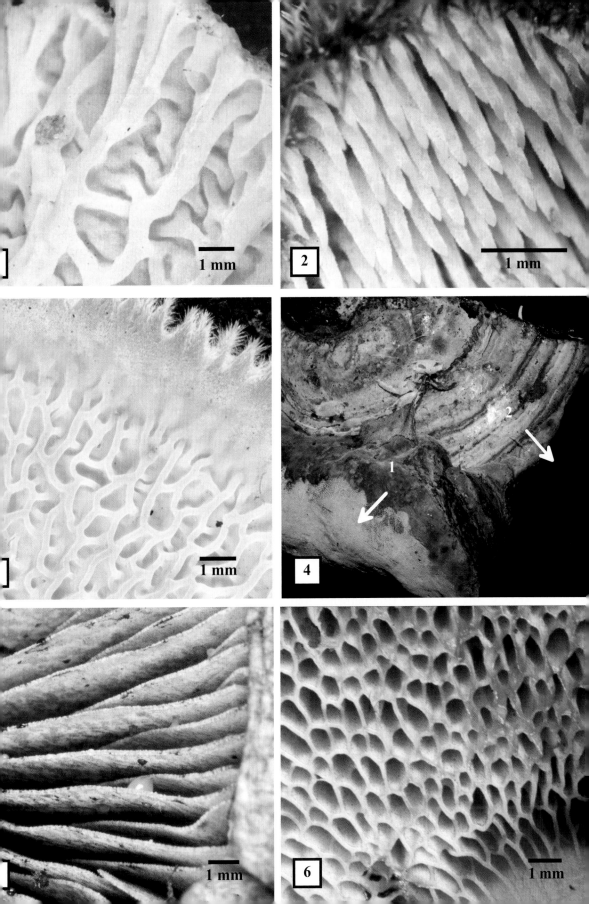

Hymenophor agaricoid

Die >Fruchtkörper vieler *Agaricales*, *Russulales* und einiger *Boletales* sind gestielte >Pilothecien mit lamellenförmigem >Hymenophor und nodulärer >Primordialentwicklung. Sie haben in der Regel eine monomitische >Trama, sind also „weichfleischig". Dieser Typ des Hymenophors wird nach der Gattung *Agaricus* als agaricoid bezeichnet. Bei den zentral gestielten Hutpilzen mit agaricoidem Hymenophor erstrecken sich die Lamellen auf der Unterseite des Hutes vom Hutrand bis an den Stiel und sind meist mit diesem verwachsen. Die Merkmale des Lamellenansatzes sind in vielen Fällen für die Systematik von Bedeutung. „Freie" Lamellen sind nicht mit dem Stiel verwachsen, sondern ausschließlich am Hut inseriert, andere sind am Stiel angeheftet, breit angewachsen oder herablaufend. In vielen Fällen sind zwischen den Lamellen kürzere Lamelletten (Kurzlamellen) vorhanden, die den Stiel nicht erreichen. Ihre Anzahl zwischen zwei Lamellen kann ebenfalls für die Systematik Bedeutung haben, sie beträgt oft 0, 1 oder 3. In manchen Fällen treten gegabelte Lamellen auf, die sich in Richtung des Hutrandes verzweigen. Die Lamellen mancher Arten besitzen charakteristische Querverbindungen, die häufig an ihrer Basis, d.h. direkt auf der Hutunterseite ausgebildet sind und als >Anastomosen bezeichnet werden. Das >Hymenium überkleidet beim agaricoiden Hymenophor die gesamte Lamellenfläche, auch die Hutunterseite zwischen den Lamellen und die Anastomosen. An der Lamellenschneide kann es mitunter abweichende Strukturen aufweisen oder völlig durch sterile Zellen, den Cheilocystiden (>Cystide), ersetzt sein.

Die Lamellenfarbe wird bei Sporenreife durch die Farbe des Sporenpulvers beeinträchtigt. Fruchtkörper mit dunklem Sporenpulver haben anfangs meist wesentlich hellere Lamellen als bei Sporenreife.

Die Lamellen bestehen neben dem außen liegenden Hymenium aus der plectenchymatischen Lamellentrama, die unter dem Hymenium oft in eine dichtere Schicht, das Subhymenium, übergeht. Der Verlauf der Hyphen in der Lamellentrama ist ebenfalls von systematischer Bedeutung. Die Hyphen können z.B. von der Huttrama aus in Richtung der Lamellenschneide nahezu parallel verlaufen, unregelmäßig verwoben oder beidseitig von der Mitte nach außen orientiert sein. Man spricht von regulärer, irregulärer oder bilateraler Lamellentrama.

Abb. 1–6: verschiedene Formen des agaricoiden Hymenophors.

Abb. 1: *Pluteus cervinus* (Rehbrauner Dachpilz) mit freien, nicht mit dem Stiel verwachsenen Lamellen, die durch die Sporen bei Reife rosa gefärbt sind.

Abb. 2: *Mycena tintinnabulum* (Winterhelmling) mit bogenförmigen, weißen, leicht herablaufenden Lamellen.

Abb. 3: *Mycena rosea* (Rosafarbener Rettichhelmling) mit rosafarbenen, angehefteten Lamellen und mit >Anastomosen; die Farbe der Lamellen ist nicht durch die Sporen bedingt, das Sporenpulver ist weiß.

Abb. 4: *Conocybe rickenii* (Dung-Samthäubchen) mit angehefteten Lamellen; den Lamellenflächen und den Stielcystiden (Pfeile) haften die ockerfarbenen Basidiosporen teils häufchenweise an.

Abb. 5: *Lacrymaria lacrymabunda* (Tränender Saumpilz) mit breit angewachsenen, durch ungleichmäßig reifende Sporen fleckigen Lamellen; ihre Schneide ist durch Cheilocystiden weißlich und mit >Guttationströpfchen besetzt, die teilweise durch reife Sporen dunkel gefärbt sind.

Abb. 6: *Mycena sanguinolenta* (Purpurschneidiger Helmling) mit angehefteten Lamellen, deren Schneiden durch Cheilocystiden dunkel rotbraun gefärbt sind; an Verletzungsstellen des Stieles treten kleine Tröpfchen rotenbraunen Milchsaftes aus (Pfeile).

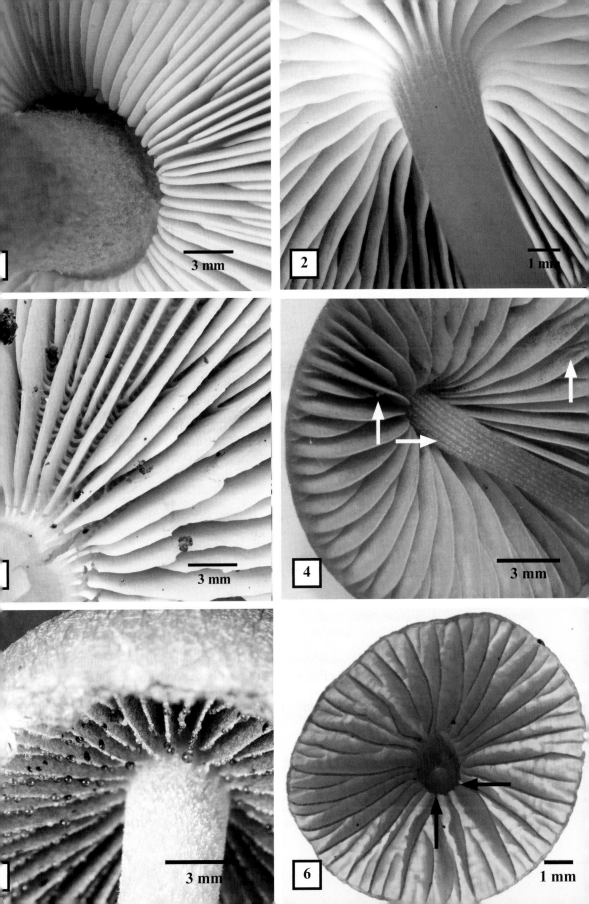

Hymenophor boletoid

Die Fruchtkörper vieler Gattungen der Ordnung *Boletales*, aber auch die einiger *Agaricales* sind gestielte >Pilothecien mit röhrenförmigem >Hymenophor (Röhrlinge) und nodulärer >Primordialentwicklung. Sie haben in der Regel eine monomitische >Trama, sind also „weichfleischig". Im Gegensatz zum ebenfalls röhrenförmigen >polyporoiden Hymenophor ist die Hymenophoraltrama anders organisiert als die Huttrama und von dieser abgesetzt. Dieser Typ des Hymenophors wird nach der Gattung *Boletus* als boletoid bezeichnet. Bei den Pilothecien mit boletoidem Hymenophor sind die Röhren auf der Unterseite des Hutes vom Hutrand bis an den Stiel ausgebildet, manchmal mit diesem verwachsen, oft „frei", d.h. ausschließlich am Hut inseriert, oder sie laufen am Stiel herab. Die Merkmale des Röhrenansatzes sind in manchen Fällen für die Systematik von Bedeutung.

Das >Hymenium überkleidet beim boletoiden Hymenophor die inneren Röhrenwände. Die Öffnung der Röhren, die man als Poren bezeichnet, können vom >Hymenium beträchtlich abweichende Strukturen aufweisen oder völlig durch sterile Zellen geprägt sein. Derartige Unterschiede sind schon makroskopisch wahrnehmbar; wenn z.B. die Farbe der Poren von der Farbe der Röhren abweicht, wie bei den rotporigen Röhrlingen.

Die Röhren bestehen neben dem Hymenium aus der plectenchymatischen Röhrentrama, die unter dem Hymenium oft in eine dichtere Schicht, das Subhymenium, übergeht. Der Verlauf der Hyphen in der Röhrentrama ist ebenfalls von systematischer Bedeutung. Die Hyphen der Röhrentrama sind oft beidseitig von der Mitte nach außen orientiert. Man spricht von einer bilateralen Hymenophoraltrama.

Zwischen den Röhren des boletoiden und den Lamellen des >agaricoiden Hymenophors gibt es morphologische Übergangsformen. Die Röhren können ein weitmaschiges Netz bilden und radial vom Stiel zum Hutrand hin ausgerichtet sein, wie bei *Phylloporus rhodoxanthus* (Goldblatt-Röhrling), der systematisch der Gattung *Xerocomus* (Filz-Röhrlinge) nahesteht, dessen Hymenophor jedoch lamellenförmig ausgebildet und durch zahlreiche >Anastomosen gegliedert ist. Anastomosen, Aufwölbungen und Gruben kommen auch im boletoiden Hymenophor zahlreicher Röhrlinge vor. Der Ansatz des boletoiden Hymenophors an jungen Fruchtkörpern ist oft labyrinthisch.

Abb. 1–6: verschiedene Formen des boletoiden Hymenophors; die Blaufärbungen in den Abb. 1, 2 u. 4 sind durch leichte Berührung, bzw. durch den Schnitt entstanden.

Abb. 1: *Boletus satanas* (Satanspilz); das engröhrige Hymenophor eines sporulierenden Exemplares in Aufsicht.

Abb. 2: *Boletus luridus* (Netzstieliger Hexenröhrling); das engröhrige Hymenophor eines jungen, noch nicht sporulierenden Exemplares in Aufsicht; der irregulär-labyrinthische Ansatz des Hymenophors wird sich beim Weiterwachsen zu regulären Röhren entwickeln.

Abb. 3; *Chalciporus piperatus* (Pfefferröhrling); das weitröhrige Hymenophor eines sporulierenden Exemplares in Aufsicht, die Poren zeigen eine nahezu polyedrische Form.

Abb. 4: *Boletus erythropus* (Flockenstieliger Hexenröhrling); das engröhrige Hymenophor eines sporulierenden Exemplares im Schnitt; a – Huttrama, b – Röhren im Längsschnitt, c – Aufsicht auf die Poren.

Abb. 5: *Suillus collinitus* (Ringloser Butterpilz); Hymenophor eines sporulierenden Exemplares in Aufsicht; im Inneren der Röhren sind Wölbungen und Anastomosen zu erkennen.

Abb. 6: *Suillus flavidus* (Moorröhrling); das weitröhrige Hymenophor eines sporulierenden Exemplares in Aufsicht; die radiale Orientierung der stumpfkantigen Röhren ist erkennbar.

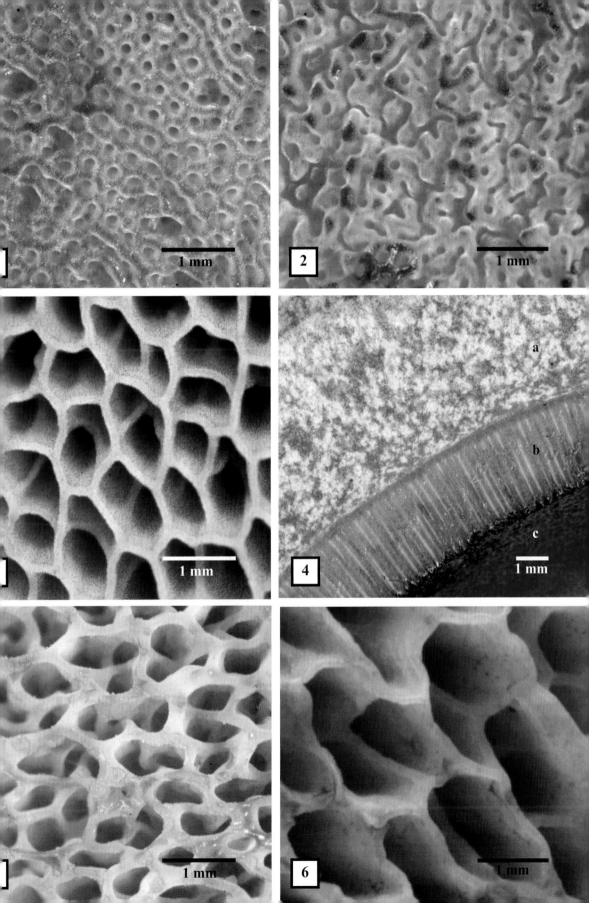

Hymenophor fistulinoid

Das fistulinoide >Hymenophor besteht aus Röhren, deren Innenseite wie bei Porlingen und Röhrlingen mit Hymenium ausgekleidet ist. Im Gegensatz zum >polyporoiden und >boletoiden Hymenophor sind die Röhren nicht miteinander verwachsen, sondern entwickeln sich isoliert an der Hutunterseite. Dieser Typ des Hymenophors kommt weltweit nur bei den wenigen Arten der Gattung *Fistulina* (Leberpilze) vor.

Am Hutrand werden zunächst vollkommen freiliegende Zäpfchen angelegt. Sie wachsen oberseits zu Schüppchen und unterseits zu den charakteristischen Röhren aus, die sich am ausgereiften Fruchtkörper berühren, jedoch nicht miteinander verwachsen. Die einzelnen Röhrenanlagen erinnern zunächst an die isoliert stehenden Stacheln des >hydnoiden Hymenophors, bilden jedoch bei der Weiterentwicklung eine sich apikal öffnende Höhle, weswegen auch die Bezeichnung „hohlstachelig" geprägt wurde.

Die kleine Familie *Fistulinaceae* gehört nach aktuellen molekularbiologischen Studien zu den *Agaricales*. In Mitteleuropa ist sie ausschließlich durch die auffallende Art *Fistulina hepatica* (Leberpilz, Leberreischling, Ochsenzunge, Beef-Steak-Pilz) vertreten, die meist an alten, toten oder noch lebenden Eichenstämmen vorkommt. Die oberseits rauen Fruchtkörper (daher Ochsenzunge) erreichen eine beträchtliche Größe und sind als Speisepilze begehrt. Kurz gebraten bekommen sie einen fein säuerlichen Fleischgeschmack. Die >Trama führt Gefäßhyphen, aus denen bei Bruch oder Schnitt ein roter Saft austritt. Als Altholzbewohner wird *Fistulina hepatica* in manchen Regionen Mitteleuropas als rückläufige Art in Roten Listen geführt.

Abb. 1– 6: fistulinoides Hymenophor von *Fistulina hepatica*.

Abb. 1: Hutrand eines jungen Fruchtkörpers im Grenzbereich zwischen der schuppig-rauen Hutoberseite und der Hutunterseite mit dem heranwachsenden fistulinoiden Hymenophor; die Anlagen der Röhren und der Schüppchen sind in diesem Bereich beide als identische Zäpfchen (a) ausgebildet, die oberseits nach anfänglicher Höhlenbildung (b) zu Schüppchen verschmelzen (c) und sich unterseits zu geotropisch positiv wachsenden Röhren (d) entwickeln.

Abb. 2: heranwachsendes fistulinoides Hymenophor; an den bereits hohlen, zu Röhren heranwachsenden Anlagen (a) bildet sich an der Innenseite das Hymenium; zwischen ihnen entstehen neue zäpfchenartige, noch geschlossene Anlagen (b).

Abb. 3: heranwachsendes fistulinoides Hymenophor aus bereits innen hohlen Röhren, zwischen die sich aber noch immer neue Röhrenanlagen schieben, die Röhren des noch nicht ganz ausgereiften Hymenophors berühren sich bereits größtenteils.

Abb. 4 u. 5: ausgereiftes fistulinoides Hymenophor; die Röhren liegen dicht beieinander, berühren sich, aber im Gegensatz zum polyporoiden und boletoiden Hymenophor sind aufgrund ihrer isolierten Entstehungsweise deutliche Zwischenräume zu erkennen; die Mündungen der Röhren sind infolge großer, keuliger Zellen an den Hyphenenden fein filzig; das ausgereifte Hymenophor weist stellenweise nahezu gleichlange Röhren auf (Abb. 4), jedoch können sie stellenweise auch sehr unterschiedlich lang sein (Abb. 5), wobei oft kurze, völlig ausgereifte Röhren tief zwischen längeren eingebettet sind (a); nachgewachsene Röhren, die noch keine filzige Mündung ausgebildet haben, sind am noch wachsenden Rand pigmentiert (b).

Abb. 6: junger Fruchtkörper von *Fistulina hepatica*; die raue Oberseite ist bräunlich-fleischfarben pigmentiert, das Hymenophor der Unterseite ist heller.

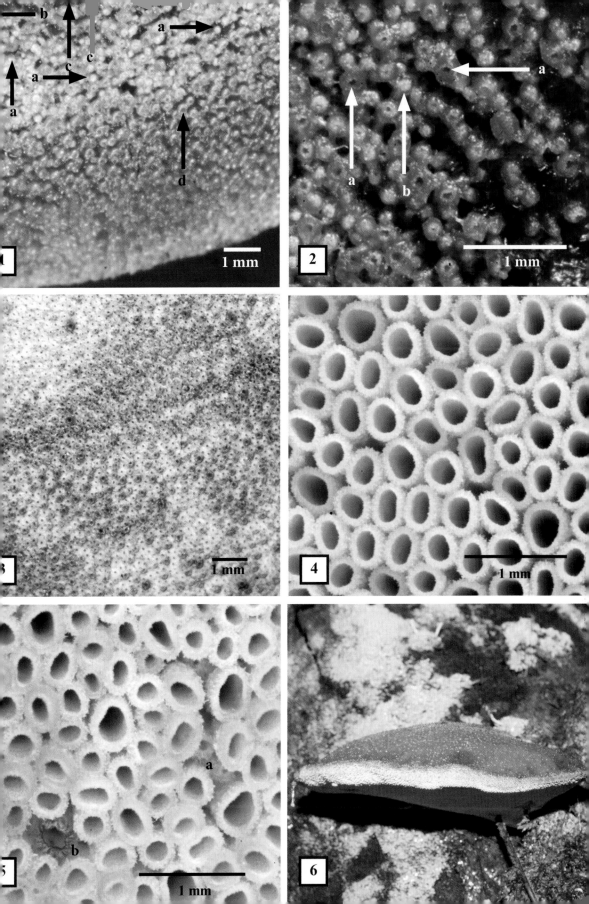

Hymenophor hydnoid

Sowohl bei >Crustothecien als auch bei >Pilothecien (>Basidiomata) kommen stachelförmige >Hymenophore vor, die nach der Gattung *Hydnum* (Stoppelpilze) als hydnoid bezeichnet werden. Die Konsistenz kann brüchig, korkartig oder gallertartig weich sein. Sehr brüchige, hydnoide Hymenophore finden sich z.B. bei den Arten der Gattung *Hydnum*, zu der u. a. *H. repandum* (Semmelstoppelpilz) gehört. Auch die Stachelbärte der Familie *Hericiaceae* haben weiche, brüchige Stacheln. Derbfleischigere Stacheln kommen bei den Fruchtkörpern verschiedener Gattungen der Familie *Bankeraceae* vor, die deshalb auch als Korkstachlinge bezeichnet werden; gallertartige, hydnoide Hymenophore haben z.B. die Basidiomata von *Pseudohydnum gelatinosum* (Zitterzahn), der in den Verwandtschaftskreis der *Auriculariales* (Ohrlapp-Pilze) gehört.

Die Oberfläche der Stacheln ist mit dem basidienführenden >Hymenium überkleidet. Bei Fruchtkörpern mit hutartigen Strukturen sind die Stacheln des Hymenophors an der Hutunterseite inseriert und mit ihrer Spitze nach unten gerichtet, ebenso bei den ästig verzweigten Stachelbärten, die zwar keine Hüte ausbilden, deren Äste aber ebenfalls oberseits steril bleiben. Die Hymenophoraltrama der Stacheln ist meist nicht wesentlich von der Huttrama verschieden, jedoch sind oft deutliche Subhymenien aus dicht verwobenem >Plectenchym ausgebildet. Mit Ausnahme des Zitterzahnes werden die Pilze mit hydnoidem Hymenophor zusammenfassend Stachelpilze genannt. Sie wurden früher als systematische Gruppe angesehen.

Neben Hymenophoren mit regulären, gleichförmigen Stacheln gibt es auch solche mit unregelmäßig zahnförmigen Erhebungen. Sie werden nach der Gattung *Irpex* (Eggenpilze) auch irpicoides Hymenophor genannt. Schließlich kommen Übergangsformen vom >polyporoiden zum irpicoiden Hymenophor vor, wenn die Röhrenwände von Anfang an oder nur an älteren Fruchtkörpern zerschlitzt oder zahnförmig aufgelöst sind, wie bei der Gattung *Schizopora* (Spaltporlinge).

Da beim >fistulinen Hymenopohor zunächst zäpfchenähnliche Erhebungen gebildet werden, die später hohl und röhrenförmig werden, wird dieser Typ des Hymenophors mitunter als „hohlstachelig" charakterisiert.

Auch bei effusen Basidiomata verschiedener Gruppen, z.B. bei den *Meruliaceae* (incl. *Phlebiaceae*) kommen stachelförmige Hymenophore vor, u.a. bei den Gattungen *Mycoacia, Sarcodontia* und *Steccherinum*, während bei anderen, z. B. bei *Phlebia,* unregelmäßig warzig-höckerige oder faltige Hymenophore ausgebildet werden, die eine zahnförmige oder unregelmäßig stachelige Form annehmen können. Übergangsformen von faltigen oder warzigen zu stacheligen Hymenophoren finden sich auch bei einigen Arten, die der Ordnung *Agaricales* mit effusen Basidiomata zugeordnet werden, z.B. in den Gattungen *Plicatura* und *Resinicium*.

Abb. 1 u. 2: hydnoides Hymenophor von *Sarcodon imbricatus* (Habichtspilz); Abb. 1 in Aufsicht. Abb. 2 im Querschnitt des Hutes.

Abb. 3: hydnoides Hymenophor von *Phellodon niger* (Schwarzer Korkstacheling).

Abb. 4: hydnoides Hymenophor von *Hydnum repandum* (Semmelstoppelpilz) mit sehr brüchigen Stacheln; im Bruch hebt sich das fester gefügte Subhymenium als helle, äußere Schicht gegen das lockere Plectenchym der inneren Hymenophoraltrama ab.

Abb. 5 u. 6: *Pseudohydnum gelationsum* (Zitterzahn); die Konsistenz der gesamten Basidiomata ist durch verquellende Hyphen gallertartig (>Gallertpilz). Abb. 5: mehrere, teilweise verwachsene Basidiomata an einem Fichtenstumpf. Abb. 6: das gallertige, hydnoide Hymenophor.

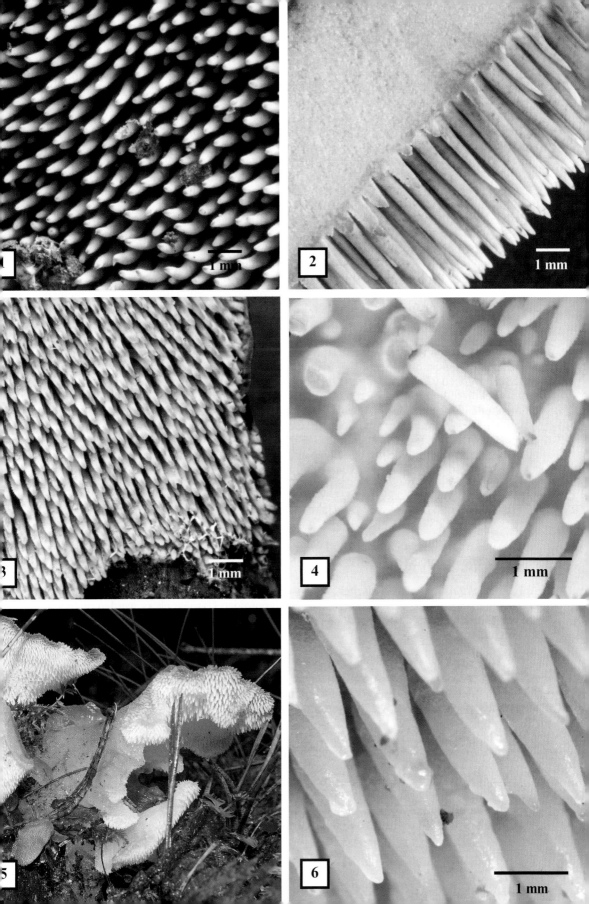

Hymenophor polyporoid

Die >Fruchtkörper vieler Gattungen der *Polyporales, Hymenochaetales* aber auch anderer Verwandtschaftskreise, z. B. mancher *Russulales* sind effuse, effusoreflexe, dimitate oder stipitate >Crustothecien mit einem röhrenförmigen >Hymenophor, das nach der Gattung *Polyporus* als polyporoid bezeichnet wird. Im Gegensatz zum ebenfalls röhrigen, >boletoiden Hymenophor weist die Hymenophoraltrama keine oder nur unwesentliche Unterschiede zur Huttrama bzw. der >Trama des <u>Contextes</u> auf. Alle Fruchtkörpertypen mit polyporoidem Hymenophor werden als Porlinge bezeichnet.

Die Röhren sind innen mit dem >Hymenium ausgekleidet. Sie sind mit zunehmender Differenzierung der Fruchtkörper geotropisch ausgerichtet. Während bei effusen Porlingen die Röhren nicht zwangsläufig senkrecht mit den Öffnungen nach unten gerichtet sind, ist ihre Wachstumsrichtung bei den pileaten, konsolenförmigen oder bei den gestielten Typen in der Regel geotropisch positiv orientiert, wobei je nach der Lage des Substrates vielfältige Abweichungen vorkommen können.

Das polyporoide Hymenophor ausdauernder Porlinge kann eine deutliche Schichtung aufweisen. Nach der Sporulationsphase wird eine neue Schicht gebildet. Mitunter sind die einzelnen Schichten des Hymenophors durch sterile, plectenchymatische Tramaschichten voneinander getrennt, meist wachsen aber die Röhren weiter, und es ist nicht immer deutlich zu erkennen, wo eine neue Röhrenschicht beginnt.

Die Hymenophoraltrama der Porlinge, das ist die Trama zwischen den Hymenien der Röhrenwände, kann von der übrigen Trama mitunter geringfügige Unterschiede aufweisen. So ist z.B. bei der Gattung *Ischnoderma* die Hymenophoraltrama dimitisch organisiert, d. h. mit Skeletthyphen versehen, während die Huttrama monomitisch ist. Bei manchen *Inonotus*-Arten (Schillerporlinge) kommen nur in der Hymenophoraltrama spitz auslaufende, braun pigmentierte Hyphenenden vor, die als >Setae oder Spinulae bezeichnet werden. Bei einigen Arten der *Hymenochaetales* sind derartige Setae in der Hymenophoraltrama inseriert und ragen spießartig durch das Hymenium. Sie werden dann auch als Pseudosetae den Hymenialsetae, die in einer Ebene mit den Basidien inseriert sind, gegenüber gestellt.

Das polyporoide Hymenophor kann sehr unterschiedlich ausgeprägt sein. Mitunter kommen bei einer einzigen Art runde, gestreckte bis lamellenähnliche Hymenophore vor, z. B. bei *Daedaleopsis confragosa* (Rötende Tramete).

Abb. 1: weitröhriges Hymenophor von *Polyporus arcularius* (Weitlöchriger Porling). das am Stiel mit stärker gestreckten Poren etwas herabläuft.

Abb. 2: *Phellinus igniarius* (Falscher Zunderschwamm); infolge des Spitzenwachstums der Hyphen bei der Bildung neuer Schichten des polyporoiden Hymenophors werden nicht nur am wachsenden Hutrand, sondern auch direkt vom Hymenophor Gegenstände umwachsen, im Foto ein trockener Ast.

Abb. 3 u. 4: *Coltricia perennis* (Dauerporling).
Abb. 3: polyporoides Hymenophor mit weit am Stiel herablaufenden Röhren.
Abb. 4: Tangentialschnitt durch den Hut im mittleren Bereich zwischen Hutrand und Stiel; die Hymenophoraltrama ist wie die Huttrama strukturiert.

Abb. 5: untypische, nach oben geöffnete Röhren des polyporoiden Hymenophors von *Trametes gibbosa (*Buckeltramete) auf der Schnittfläche eines Buchenstumpfes.

Abb. 6: aufgebrochenes, geschichtetes, polyporoides Hymenophor von *Ganoderma adspersum* (Wulstiger Lackporling); in der Zuwachszone (a) überwiegen zunächst helle, generative Hyphen; ältere Röhren werden von hellen Hyphen durchwachsen (b), während die Hymenophoraltrama und Huttrama (c) durch pigmentierte Skeletthyphen braun gefärbt sind.

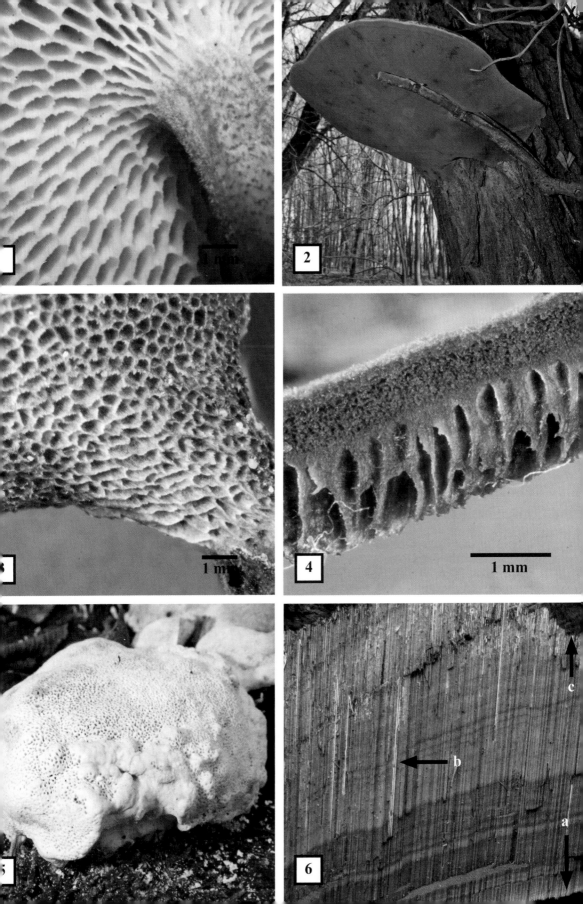

Hymenothecium (Pl. Hymenothecia oder Hymenothecien)

Hymenothecien sind gymnocarpe und hemiangiocarpe >Basidiomata (>Fruchtkörperent-wicklung), deren >Basidien in einem >Hymenium angeordnet sind. Pilze mit derartigen Fruchtkörpern wurden früher zur Klasse *Hymenomycetes* zusammengefasst, sie sind jedoch nur anatomisch-morphologisch zu definieren. Nach der Fruchtkörpermorphologie werden die Hymenothecien grob in 3 Gruppen gegliedert. Das sind die fast immer gymnocarpen >Crus-tothecien und >Holothecien und die z. T. hemiangiocarpen >Pilothecien. Alle drei Typen sind äußerst vielfältig und häufig durch Übergangsformen verbunden.

Hymenothecien werden nach der äußeren Form weiter untergliedert und häufig auch nach typischen Gattungen benannt, z.B. nennt man >effuse (dem Substrat flächig aufsitzende), krustenförmige Hymenothecien mit >polyporoidem Hymenophor nach der Gattung *Poria* „porioide Crustothecien" oder zentral gestielte Blätterpilze nach der Gattung *Agaricus* „agari-coide Pilothecien". Eine andere Einteilung wird ausschließlich nach dem Typ des >Hymeno-phors vorgenommen, wonach insbesondere <u>Schichtpilze</u> und <u>Warzenpilze</u>, <u>Leistenpilze</u>, <u>Blätterpilze</u>, <u>Röhrlinge</u>, <u>Stachelpilze</u> und <u>Porlinge</u> unterschieden werden.

Fast alle diese Namen waren mit der Vorstellung verbunden, dass Pilze mit gleichem Hymenophor untereinander eng verwandt sind. Der Typ des Hymenophors der Hymenothecien spiegelt jedoch für sich allein die wirklichen Verwandtschaftsverhältnisse nicht wider. Für die Verständigung in der Mykologie ist diese anatomisch-morphologische Terminologie dennoch notwendig, weil die augenscheinliche Gestalt der Fruchtkörper, die morphologischen Typen, noch immer die Grundlage der Verständigung, Bestimmung und Terminologie ist.

Den Hymenothecien werden die >Gasterothecien mit angio- oder cleistocarpen Basidi-omata gegenübergestellt, obgleich bei ihnen ebenfalls häufig Hymenien an inneren Ober-flächen ausgebildet sind. Vor der Entdeckung der Basidien wurden auch Hymenium bildende Ascomyceten zu den Hymenomyceten gestellt, später wurde dieser Begriff ausschließlich für Basidiomyceten benutzt.

Abb. 1−6: verschiedene Typen von Hymenothecien.

Abb. 1: effuses Crustothecium von *Chondrostereum purpureum* (Purpurfarbener Schichtpilz) an der Unterseite eines toten Astes eines Süßkirschbaumes (*Prunus avium*); das Hymenophor ist fast glatt (stereoid); oft bilden die Basidiomata dieser Art oberseits filzige Hütchen und nehmen die Form >effusoreflexer Crustothecien an; (Pfeile − erste Ansätze von Hütchen).

Abb. 2: effusoreflexe Crustothecien von *Ischnoderma resinosum* (Buchen-Harzporling) an der Schnittfläche eines Stammes der Rotbuche (*Fagus sylvatica*); neben den flächig ansitzen-den Teilen der Basidiomata werden stets große Hüte gebildet; das Hymenophor ist polypo-roid (effusoreflexer Porling).

Abb. 3: keulenförmige Holothecien von *Clavariadelphus pistillaris* (Herkuleskeule); die Oberfläche ist allseits vom Hymenium bedeckt.

Abb. 4: ein korallenförmig verzweigtes Holothecium von *Ramaria stricta* (Steife Koralle); die Äste sind allseits von Hymenium bedeckt.

Abb. 5 u. 6: zentral gestielte, gymnocarpe Pilothecien (typische Hutpilze) von *Flammulina velutipes* (Winterrübling, Abb.5) und von *Boletus edulis* (Steinpilz, Abb. 6); die Hüte sind mit steriler Oberhaut bedeckt, das agaricoide bzw. boletoide Hymenophor liegt an der Hutunter-seite.

Hyphe (Pl. Hyphen), auch Hypha (Pl. Hyphae)

Hyphen (Pilzfäden) sind die filamentös (fädig) wachsenden Elemente der >Myzelien (Pilzgeflechte) und darüber hinaus aller Teile filamentöser Pilze (Fadenpilze oder Hyphenpilze) und der filamentösen Stadien dimorpher Pilze. Hyphen nehmen einerseits aus dem Substrat, das sie durchwachsen, Wasser und Nährstoffe auf und bilden andererseits die >Fruchtkörper, >Stromata, >Conidiomata, >Sklerotien, >Rhizomorphen etc. Die fädige Natur ist bei manchen dieser Strukturen, z.B. bei dichten >Plectenchymen häutiger Oberflächen (>Cortex) von Fruchtkörpern oder bei derben Pseudoparenchymen mancher Fruchtkörperwände nicht mehr zu erkennen. Das Wachstum der Hyphen erfolgt primär apikal (Spitzenwachstum), jedoch kommt auch interkalares Wachstum vor.

Die Hyphen eines Myzels im ernährenden Substrat sind oft relativ gleichförmig strukturiert und meist um 2 bis 6 µm dick. In anderen Teilen, z.B. in den Fruchtkörpern, kommen vielseitig differenzierte Hyphenformen vor, z.B. die derbwandigen Skelett- oder die knorrigen Bindehyphen in der >Trama mancher >Crustothecien, die milchsaftführenden Hyphen (Latiziferen) in der Trama von Milchlingen, die zu Sphaerocyten (Kugelzellen) abgerundeten Hyphensegmente in der Trama von Sprödblättlern, die der Ausbreitung dienenden Appendices der >Cleistothecien von Mehltaupilzen usw. Spezifisch differenzierte Hyphenformen können auch als Apressorien der Anhaftung des Myzels dienen oder als Haustorien in ernährendes Gewebe eindringen.

Die Hyphen mancher Pilzgruppen, z.B. der Zygomyceten (Jochpilze) und der Oomyceten (Eipilze) sind weitgehend coenocytisch (unseptiert). Transversale Septen (Querwände) werden nur bei der Abtrennung besonderer Strukturen, z.B. der Sporocyten der Zygomyceten oder der Oogonien der Oomyceten, gebildet. Mitunter werden Hyphensegmente durch plasmatische Pfropfen getrennt, die dann als Pseudosepten bezeichnet werden. Die coenocytischen Hyphen sind vielkernig, wobei jeder Kern einen Teil des Stoffwechsels im Cytoplasmas kontrolliert. Bei den meisten Pilzen sind die Hyphen jedoch durch Septen in ein- bis vielkernige Zellen gegliedert. Der Bau der Hyphenzellen ist sehr vielfältig; sowohl bezüglich der Anzahl der Zellkerne, als auch bezüglich der Struktur des Cytoplasmas, der Kompartimente, der äußeren Wände und der Septen. Die Hyphenwände sind meist mehrschichtig. Ihre Grundsubstanz ist bei den Echten Pilzen, zu denen die Fruchtkörper bildenden Ascomyceten und Basidiomyceten gehören, Chitin, bei den mit einigen Algengruppen verwandten Oomyceten ist es Zellulose.

In den Septen der Hyphen kommt bei den meisten Pilzen ein charakteristischer, zentraler >Septenporus vor, dessen Bau von großer Bedeutung für die Systematik ist.

Abb. 1: querwandlose Hyphen (a) mit Vesicel (b) an kleinen Hyphen-Auszweigungen eines VA-Mykorrhiza bildenden Glomeromyceten aus den Interzellularräumen der aufgequetschten Wurzelrinde (c) von *Zea mays* (Mais).

Abb. 2: querwandlose Hyphen (a) des Myzels von *Mucor spinosus* mit >Sporocyten (b).

Abb. 3: Skeletthyphe aus der Trama von *Ganoderma applanatum* (Flacher Lackporling).

Abb. 4: Bindehyphen aus der Trama von *Laetiporus sulphureus* (Schwefelporling).

Abb. 5: generative Hyphe mit Schnalle aus der Trama von *Chondrostereum purpureum* (Violetter Schichtpilz); a – Wachstumsrichtung der Hyphe, b – Wachstumsrichtung der Schnalle.

Abb. 6 u. 7: Hyphenstruktur eines Primordiums von *Xerula radicata* (Schleimiger Wurzelrübling). Abb. 6: Primordium; a – Plectenchym des primordialen Stieles, b – Hyphenenden des primordialen Hutes. Abb. 7: Hyphe des Plectenchyms der primordialen Huttrama, a – Cytoplasma mit Einschlüssen, b – Schnalle, c – d/p-Porus (>Septenporus, Abb. 3, 4).

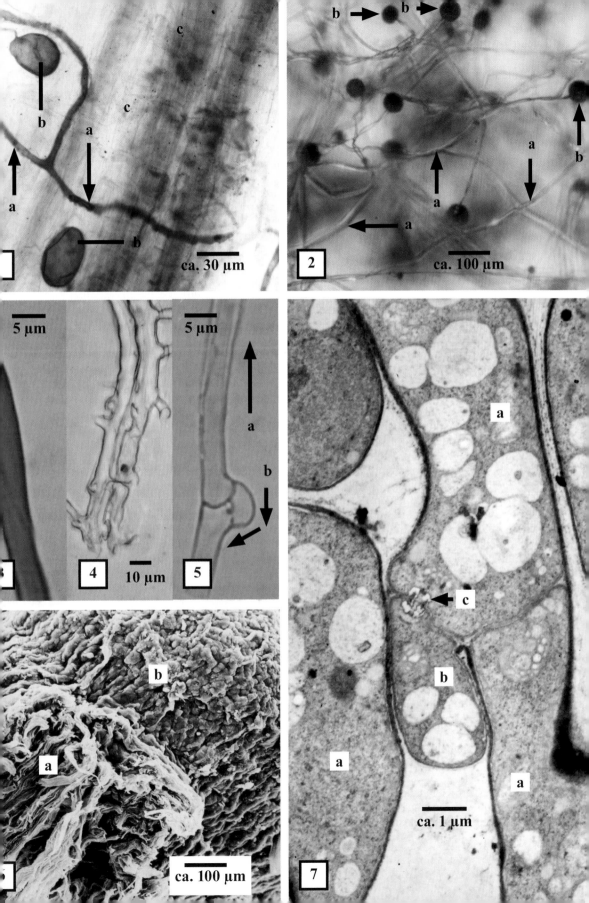

ca. 30 μm

ca. 100 μm

5 μm

5 μm

10 μm

ca. 100 μm

ca. 1 μm

Kulturpilz (Pl. Kulturpilze)

Ähnlich wie gärtnerische oder landwirtschaftliche Kulturpflanzen werden auch Pilze unter menschlicher Kontrolle kultiviert und analog den Pflanzen als Kulturpilze bezeichnet. Der Begriff wird besonders für Arten angewendet, die für die Produktion pilzlicher Fruchtkörper-Biomasse als Nahrungs- oder Genussmittel angebaut werden. Die Produktion der Fruchtkörper geschieht in Semi-, Co- oder Reinkulturen.

Bei den Semikulturen werden Bedingungen geschaffen, die das Wachstum der Pilze fördern, die Beimpfung der Flächen geschieht mit Pilzmaterial aus der Natur, das nicht in mikrobiologischen Reinkulturen gewonnen wird. Dies geschieht z.B. im gärtnerischen Kleinanbau mit zahlreichen terrestrischen Arten wie *Lepista nuda* (Violetter Rötelritterling) oder *Coprinus comatus* (Schopftintling). Bei den Cokulturen werden parasitische oder symbiontische Pilze gemeinsam mit ihren Wirten oder Symbionten kultiviert. Gut bekannt ist z.B. die gezielte Kultur von Trüffeln mit ihren pflanzlichen >Mykorrhizapartnern in eigens angepflanzten Trüffelwäldern. Reinkulturen gehen von mikrobiologisch isolierten Pilzstämmen aus.

Während Semikulturen – insbesondere bei >lignicolen Speisepilzen – bereits eine jahrtausendalte Tradition haben und auf empirische Erfahrungen zurückgehen, sind Reinkulturen von isolierten Pilzmyzelien oder Sprosszellen erst seit der Mitte des 19. Jh. möglich und haben ihre Quelle in der Arbeitsmethodik der Mikrobiologie.

Wirtschaftlich bedeutende Kulturpilze sind gegenwärtig mehrere saprotrophe Arten auf speziellen Substraten wie *Agaricus bisporus* (Kulturchampignon), *Agaricus bitorquis* (Stadtchampignon) oder *Volvariella volvacea* (Reisstroh-Scheidling). Von den Holzbewohnern sind *Pleurotus ostreatus* (Austernseitling) und zahlreiche verwandte Arten (>Fasciculum, Abb. 5), *Lentinula edodes* (Shiitake), *Flammulina velutipes* (Winterrübling), *Auricularia polytricha* (Filziger Ohrlappilz) und einige Gallertpilze von großem wirtschaftlichem Interesse (>Gallertpilz, Abb. 6 u.7). Von manchen Kulturpilzen wurden durch künstliche Auslese oder gezielte Manipulationen züchterisch veränderte Stämme gewonnen – ähnlich den Sorten der Kulturpflanzen oder den Rassen der Haustiere.

Neben der Produktion von Speise- oder Würzpilzen ist auch die Kultur von Heilpilzen und halluzinogenen Pilzen ein Wirtschaftsfaktor. Vor allem einige Holzbewohner werden als Naturheilmittel zum volksmedizinischen Gebrauch kultiviert. Ihr Wert ist – ähnlich den homöopathischen Medikamenten – sehr umstritten. Gegenwärtig werden zahlreiche Arten, die ursprünglich nur in Südostasien kultiviert wurden, auch in Europa gezüchtet. Insgesamt gelten ca. 70 Arten bei steigender Tendenz als gärtnerische oder landwirtschaftliche Kulturpilze.

Von herausragender Bedeutung sind zudem Pilze, die Antibiotika gegen humanpathogene Bakterien bilden und industriell zur Herstellung von Medikamenten genutzt werden. Die industrielle Produktion und Nutzung von Hefen gehört ebenfalls in das weite Umfeld der technischen Mykologie.

Abb. 1: industriemäßiger Anbau von *Agaricus bisporus* (Kulturchampignon) in eigens für die Champignonzucht konzipierten Hallen; die Anlagen, einschließlich der Substrataufbereitung, sind weitgehend automatisiert und computergesteuert.

Abb. 2: Kleinanbau von *Pleurotus ostreatus* (Austernseitling) auf Sägemehl; Plastesäcke mit myzeldurchwachsenem Substrat werden im Handel angeboten; die Kultur erfolgt in Kellerräumen; aus Einschnitten im Plastesack wachsen die Fruchtkörper, wobei das Substrat bis über 90 % an Masse verliert (>Weißfäule).

Abb. 3 u. 4: handelsübliche, in Kultur gewonnene Fruchtkörperbüschel von *Flammulina velutipes* (Winterrübling), die in Europa als „Golden Enoki" aus Südostasien eingeführt wurden.

Abb. 5 u. 6: im Kleinhandel als Speisepilze vertriebene Kulturpilze in der Verkaufspackung; *Lyophyllum shimeji*, eine braunhütige Sorte (Abb. 5) und *Lentinula edodes* (Shiitake, Abb. 6), beide in Europa aus Südostasien frisch importiert.

126

Lirella (Pl. Lirellae) auch Lirelle (Pl. Lirellen)

Lirellen sind langgestreckte, hemiangiocarpe >Ascomata mit meist kohlig schwarzen Wänden, die sich mit einem präformierten Längsspalt öffnen. Die Asci sind in Hymenien oder hymeniumähnlich angeordnet, und es kommen >Paraphysen oder Pseudoparaphysen vor. Dieser Fruchtkörpertyp kommt bei den *Rhytismatales*, *Graphidales* und *Hysteriales* vor.

Die Lirellen der lichenisierten Arten der *Graphidales* (Schriftflechten) und die der phytoparasitischen Arten der *Rhytismatales* entwickeln sich ascohymenial, während die der saprotrophen *Hysteriales* eine loculare Fruchtkörperentwicklung aufweisen (>Ascoma). Die ausgereiften hymenialen und locularen Lirellen sind jedoch einander sehr ähnlich und werden in ihrer Gesamtheit nach der Gattung *Hysterium* auch als Hysterothecien bezeichnet. Von manchen Autoren wird der Begriff Hysterothecium auf die Ascomata der *Hysteriales* beschränkt und der Terminus Lirella nur für die acohymenialen Fruchtkörper verwendet. Bei den Ascomata der *Graphidales* und *Rhytismatales* gibt es Übergangsformen von den Lirellen zu gestreckten und runden Apothecien. Diese hymenialen Lirellen sind daher als eine besondere Ausbildungsform von >Apothecien aufzufassen.

Abb. 1: Lirellen von *Graphis scripta* (Schriftflechte) an einem Buchenstamm; die Lirellen heben sich durch ihre schwarzen Wände vom helleren Flechtenthallus kontrastreich ab, so dass Krusten mit charakteristisch hieroglyphenähnlicher Musterung an der Rinde des Baumes entstehen.

Abb. 2–5: *Rhytisma acerinum* (Runzelschorf oder Teerfleckenkrankheit des Ahorns).
Abb. 2: Stromata auf einem Blatt von *Acer pseudoplatanus* gegen Ende der Vegetationsperiode.
Abb. 3 u. 4: Details des Stromas mit Lirellen auf abgefallenen Ahornblättern zu Beginn der Vegetationsperiode; a – schwarze Oberfläche der Stromata, b – Hymenium mit reifen Asci; c – durch Tierfraß hymeniumfreie Teile der Lirellen, d – Lirellenrand, e – Ahornpollen.
Abb. 5: Hymenium mit Paraphysen (a) und Asci (b), in denen die langgestreckten Ascosporen axial geordnet sind.

Abb. 6: Lirellen von *Lophodermium pini* (Pfeile) auf abgefallenen Nadeln von *Pinus sylvestris* (Waldkiefer).

Zum Befall von *Rhytisma acerinum*:
Zunächst entstehen auf jungen Ahornblättern gelbe, rundliche Flecken, die im Verlauf der Vegetationsperiode schwarz werden. Das Gewebe des Blattes wird an den befallenen Stellen von den stromabildenden Hyphen durchwachsen. In der oberen Epidermis entsteht schließlich aus Resten der Pflanzenzellen und verklebenden Hyphen, die schwarze Sekrete absondern, das teerfleckenähnliche Stroma, in dem sich die Spermogonien und Ascogonien mit Trichogynen entwickeln. Nach dem Laubfall werden die Stromata durch die in ihrem Inneren angelegten Lirellen unregelmäßig runzelig. Der Pilz überwintert auf den toten Blättern am Boden. Auf den gestreckten, mitunter verzweigten, selten fast runden Wölbungen entstehen Längsspalten, die sich im Frühjahr etwa zur Zeit der Blüte und des Austriebes der Wirtspflanzen öffnen. Die Hymenien mit den Asci liegen frei. Die Neuinfektion erfolgt durch die Ascosporen, die an die Unterseite junger Blätter gelangen. Die infektiösen Keimhyphen dringen über die Spaltöffnungen ins Mesophyll.
Rhytisma acerinum gilt als Bioindikator für saubere Luft. Bei erhöhtem Schwefeldioxidgehalt ist die Art rückläufig und verschwindet in stark belasteten Regionen. Dieser Effekt hängt mit Störungen beim Infektionsweg des Pilzes zusammen.

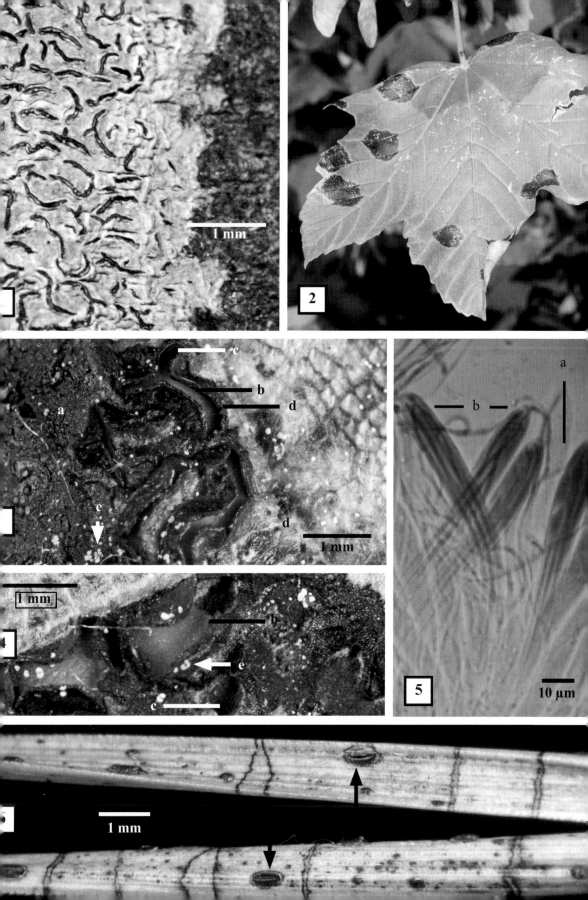

Lumineszenz (Pl. Lumineszenzen)

Optische Strahlung, die beim Übergang eines Stoffes von einem energetisch angeregten Zustand zum Grundzustand entsteht, heißt Lumineszenz. Je nach Art der Anregung unterscheidet man verschiedene Typen, z.B. Chemolumineszenz – Anregung durch chemische Reaktionen, Elektrolumineszenz – Anregung durch elektrischen Strom, Thermolumineszenz – Anregung durch Wärmezufuhr, Biolumineszenz – Anregung durch chemische Reaktionen in lebenden Organismen, Photolumineszenz – Anregung durch Licht.

Bei der Photolumineszenz unterscheidet man Fluoreszenz und Phosphoreszenz. Als Fluoreszenz wird die kurzzeitige, spontane Emission (Abstrahlung) von sichtbarem Licht bezeichnet. Das Fluoreszenzlicht entsteht nicht durch Reflexion des anregenden Lichtes, sondern ist ein Eigenlicht des fluoreszierenden Stoffes. Nach Abschalten der Lichtquelle klingt die Fluoreszenzstrahlung in Mikro- bis Nanosekunden ab. Die Fluoreszenzstrahlung ist häufig blau oder grün. Zur Anregung dient Licht mit hoher Energie. Darunter fallen ultraviolette Strahlen (Wellenlänge ca. 200-380 nm), wie sie z.B. von Quecksilberdampflampen ausgesendet werden. Bei der Phosphoreszenz erfolgt im Gegensatz zur Fluoreszenz nach Abschalten der Lichtquelle ein Nachleuchten, das stundenlang anhalten kann.

Für die Mykologie sind Fluoreszenz und Biolumineszenz von Bedeutung. Bei Anregung mit langwelligem UV-Licht (365 nm) zeigen die Fruchtkörper verschiedener Pilze Fluoreszenzerscheinungen, z.B. *Hypholoma fasciculare* (Grünblättriger Schwefelkopf) und verschiedene *Russula*-Arten (Täublinge). Bei manchen *Cortinarius*-Sippen (Schleierlinge), z.B. bei Arten der Untergattung *Telamonia* (Gürtelfüße), kann die Fluoreszenz der Pilzextrakte als Hilfsmittel zur Bestimmung herangezogen werden. Von vielen dieser Pilze, z.B. von *Hypholoma fasciuculare*, sind die fluoreszierenden Stoffe genau bekannt und als Hypholomine beschrieben worden. Bei den Russulae sind die als Russupteridine bezeichneten Inhaltsstoffe und deren Abbauprodukte, die Lumazine, Ursache der Fluoreszenzerscheinungen, wobei Lamellen, Fraßstellen und teilweise auch die Stiele bei Bestrahlung mit UV-Licht intensiv fluoreszieren. Besonders auffallend ist eine stark fluoreszierende Zone direkt unter der Huthaut, wo ein intensiv blaues Fluoreszenzlicht entsteht. Hut, Lamellen und Stiel fluoreszieren oft gelb oder gelbgrün.

Durch Biolumineszenz leuchtende Organismen sind unter den Bakterien, Pflanzen, Tieren und auch unter den Pilzen bekannt; z.B. kommen in den Gattungen *Pleurotus* (Seitlinge), *Mycena* (Helmlinge) und *Omphalina* (Nabelinge) Arten mit leuchtenden Fruchtkörpern vor. Weithin bekannt ist das Leuchten von *Omphalotus olearius* (Ölbaumpilz). Bei mehreren Pilzen, z.B. bei einigen *Armillariella*- (Hallimasch-) und *Mycena*-Arten (Helmlinge), leuchtet das Mycel. Zur Beobachtung ist in der Regel völlige Dunkelheit und eine langzeitige Adaptation der Augen erforderlich, da die Lichtemission sehr schwach ist. Das Leuchten des Mycels ist z.B. an frisch aufgebrochenem, mit Mycel von *Armillariella mellea* (Honiggelber Hallimasch) oder *Mycena tintinnabulum* (Winterhelmling) durchwachsenem Holz unter den büscheligen Fruchtkörpern zu beobachten.

Der Mechanismus der Reaktion ist noch nicht völlig aufgeklärt. Sicher ist jedoch, dass die Biolumineszenz auf einem biochemischen Leuchtsystem beruht, bei dem ein als Luziferase beschriebenes Enzym eine zentrale Bedeutung hat.

Abb. 1 u. 2: *Hypholoma fasciculare* (Grünblättriger Schwefelkopf): ein Fruchtkörperbüschel bei Tageslicht (Abb. 1) und im Lumineszenzlicht bei Bestrahlung mit UV-Licht (Abb. 2).
Abb. 3–5: *Russula amara* (Buckeltäubling).
Abb. 3: Fruchtkörper bei Tageslicht am natürlichen Standort.
Abb. 4: Derselbe Fruchtkörper im Schnitt bei Bestrahlung mit UV-Licht; besonders auffällig ist die Lumineszenz der Zone unmittelbar unter der Huthaut.
Abb. 5: Lumineszierende, plectenchymatische Schicht unter der abgezogenen Huthaut desselben Fruchtkörpers.
Abb. 6 u. 7: *Schizophyllum commune* (Gewöhnlicher Spaltblättling); bei Tageslicht und unter UV-Bestrahlung; die Lumineszenz ist an lebende Schneiden der Pseudolamellen gebunden.

Moderfäule

Der Begriff Moderfäule wird in der Mykologie für einen speziellen Typ der Holzzerstörung durch lignicole Pilze benutzt, der nahezu ausschließlich von Ascomyceten und deren Anamorphen hervorgerufen wird, die innerhalb der Zellwände des Holzes leben und nicht, wie die Weiß- und Braunfäule-Erreger, von außen in die Zellwände eindringen. Moderfäule tritt bei Hölzern auf, die mit Wasser gesättigt sind. Sie ist schwerer zu erkennen als die >Weiß- oder >Braunfäule und kann an allen Holzarten vorkommen. Befallen werden feucht lagernde oder verbaute Hölzer, die ständiger Feuchtigkeit ausgesetzt sind, z.B. in Hafenanlagen, an Schiffen oder feuchten, nicht austrocknenden Dachbalken; auch Hölzer im Kontakt zum Erdreich, z.B. Masten, Pfosten oder Schwellen sind betroffen.

Der Holzabbau durch Moderfäule erfolgt wesentlich langsamer als bei der >Weiß- und >Braunfäule, deren Erreger eine Feuchtigkeit des Holzes benötigen, die etwa dem Wassergehalt lebenden Holzes entspricht. Bei höherer Holzfeuchte vermögen sie im Gegensatz zu den Moderfäulepilzen nicht in das Holz einzudringen und sind im Wachstum gehemmt. Frisch geschlagene Stämme werden daher mitunter nach dem Schälen – falls keine sofortige korrekte Einlagerung möglich ist – mit Wasser besprüht, um das Eindringen der Weiß- und Braunfäulepilze zu verhindern. Auch bei mehreren Monaten dieser Behandlung besteht noch keine Gefahr, dass Schäden durch Moderfäuleerreger auftreten. Moderfäule ist erst nach Jahren erkennbar. Der Abbauprozess kann durch Austrocknen befallener Hölzer gestoppt werden.

Die Moderfäule äußert sich mikoskopisch in einer Kavernenbildung innerhalb der Zellwände des befallenen Holzes. Der Holzabbau wird wie bei der Weiß- und Braunfäule durch Enzyme, die von den Hyphen abgesondert werden, gesteuert. Es gibt mehrere unterschiedliche Verlaufsformen, die im Ergebnis meist einer Braunfäule ähneln, da Lignin kaum angegriffen wird. Das feuchte Holz verfärbt sich hell- bis dunkelgrau und wird weich. Beim Austrocknen tritt wegen der Zerstörung der axialen Faserstruktur Querrissigkeit auf.

Als Moderfäuleerreger wurden experimentell etwa 300 Pilzarten mit zellulolytischen Aktivitäten ermittelt, u.a. aus den Ascomyceten-Gattungen *Chaetomium*, *Chlorosplenium*, *Mollisia*, *Peziza* und *Sordaria* sowie aus den Anamorphgattungen *Alternaria*, *Aspergillus*, *Paecilomyces* und *Penicillium*.

Mitunter wird der Begriff Moderfäule für jeden Abbau des Holzes durch Pilze benutzt, der nicht durch Weiß- oder Braunfäuleerreger der Basidiomyceten erfolgt. Diese Definition wird jedoch der Tatsache nicht gerecht, dass auch einige Ascomyceten eine typische Weißfäule erregen können, z.B. *Kretzschmaria* (*Ustulina*) *deusta* (Brandkrustenpilz), *Xylaria polymorpha* (Vielgestaltige Holzkeule) und andere Arten der *Xylariales*.

Abb. 1: Behandlung geschlagener und geschälter Holzstämme durch Besprühen mit Wasser; diese Maßnahme verhindert das Eindringen von Weiß- und Braunfäulepilzen und stellt auch bei mehrmonatiger Behandlung (vgl. Moosbewuchs, Pfeil) noch keine Gefahr des Befalles durch die langsam wirkenden Moderfäule-Erreger dar.

Abb. 2: Durch langjährige Moderfäule verursachte Holzschäden vom Gebälk eines Kirchendaches, das der Feuchtigkeit ausgesetzt war.

Abb. 3: Oberfläche eines durch Moderfäule angegriffenen Balkens aus einem Dachstuhl; nach dem Austrocknen tritt die würfelige Rissigkeit des Holzes deutlich hervor.

Abb. 4: *Chlorociboria aeruginascens* (Grünspanbecherling) – ein weit verbreiteter Moderfäuleerreger an feucht liegendem Holz in grundwassernahen Wäldern; in der Finalphase des Holzabbaus entsteht der typische Würfelbruch (Pfeil).

Abb. 5 *Peziza varia* (Veränderlicher Becherling) an einem undichten Toilettenbecken; der Pilz erregt an feuchtem, verbautem Holz Moderfäule; das Synonym „*Peziza domestica*" deutet auf die Fähigkeit hin, an feuchtem, verbautem Holz in Wohnhäusern zu fruktifizieren.

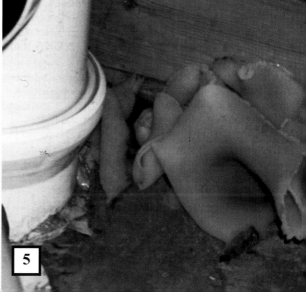

Morphogenesis (Pl. Morphogeneses) auch Morphogenese (Pl. Morphogenesen)

Unter Morphogenese versteht man die Veränderung bzw. Umwandlung der äußeren Gestalt, der Form (Morphe) sowohl im Verlaufe der ontogenetischen als auch der phylogentischen Entwicklung. Der Begriff wird teilweise synonym mit dem Metamorphose-Begriff benutzt. Während als Metamorphosen [meta – dahinterliegend] hauptsächlich die abgewandelten Formen als solche beschrieben werden, liegt im Terminus Morphogenese der Schwerpunkt auf dem Vorgang des Gestaltwandels. Der Metamorphose-Begriff wird in der Mykologie nur selten verwendet, u.a. für den Formenwandel bei den Schleimpilzen der Abt. *Myxomycota* (Myxamöben – Myxoflagellaten). In der Botanik wird er für die phylogenetisch abgewandelten Grundorgane (z.B. Blätter - Blütenorgane), aber auch für den Vorgang dieser Abwandlung benutzt, in der Zoologie für die unterschiedlichen Formen im ontogenetischen Zyklus der Insekten (Raupe – Puppe – Imago), in der Geologie für die Umwandlung von Gesteinen durch Druck und Hitze (metamorphe Gesteine). Unter Morphogenese versteht man in der Botanik vor allem die ontogenetische Entwicklung von Pflanzenteilen (z.B. Blattanlagen – Blätter), unter Morphogenie die phylogenetische Abwandlung der Formen, die Entstehung der Metamorphosen (im Sinne der abgewandelten Organe). Etymologisch beziehen sich die Silben -genesis, -genie (geneia) gleichermaßen auf den Ursprung, die Herkunft, die Geburt.

Auch in der Mykologie verwendet man den Begriff Morphogenese sowohl für den ontogenetischen als auch für den phylogenetischen Gestaltwandel. Er wird z.B. für die ontogenetische Entwicklung der >Basidiomata, >Ascomata und >Conidiomata benutzt, aber auch für die phylogenetische Umwandlung von Fruchtkörpertypen; bei den Ascomata z.B. für die Entwicklung von Gymnothecien zu >Cleistothecien und >Perithecien; bei den Basidiomyceten von >Crustothecien zu >Holothecien und >Pilothecien. Die Morphogenese, die bei den Basidiomata von >Hymenothecien zu >Gasterothecien führt, wird als Gasteromycetation bezeichnet. Wenn sich fruchtkörperlose Basidiomyceten oder ursprüngliche gymnocarpe Fruchtkörper direkt zu Gasterothecien entwickeln, nennt man dies primäre Gasteromycetation. Sind aber aus ursprünglichen Formen zunächst hemiangiocarpe Basidiomata entstanden, die dann, z.B. durch Anpassung an trockene Lebensräume, zu Gasterothecien führen, nennt man das sekundäre Gasteromycetation. Allein in der Familie der *Agaricaceae* kennt man viele Beispiele für diesen Modus, der zu ganz verschiedenen Gasterothecien-Typen geführt hat.

Abb. 1–4: Beispiele der Gasteromycetation in der Familie *Agaricaceae*.

Abb. 1: *Agaricus bisporus* (Zuchtchampignon), hemiangiocarpes Pilothecium; a – Stieltrama, b – Hymenophor, c – Huttrama, d – Reste des >Velum universale an Stiel und Hut (schwarze Pfeile), Verwachsung mit dem >Velum partiale (rote Pfeile), e – Velum partiale, f – Hutoberhaut, g – unvollständig entwickelter Hutrand.
Abb. 2: *Endoptychum agaricoides*, aufgeschnittenes, secotioides Gasterothecium (westl. Mongolei), die Columella (a) ist dem Stiel homolog, die >Gleba (b) dem Hymenophor, die Peridie (c) der Huttrama und Hutoberhaut.
Abb. 3: *Gyrophragmium decipiens*, secotioides Gasterothecium (Kalifornien, Beleg MICH 00008701); die Stielstreckung (a) blieb erhalten, die Gleba (b) ist dem Hymenophor homolog, die Endoperidie (c, d) der Huttrama und der Huthaut, die Exoperidie (e) dem Velum universale, (z.T. als Volva an der Stielbasis); das Velum partiale (f) blieb rudimentär erhalten.
Abb. 4: >bovistoide Gasterothecien; Abb. 4: *Lycoperdon echinatum* (Igel-Stäubling), aufgeschnittener Fruchtkörper; der Stiel ist zurückgebildet; Peridien (c, d, e) sind der Huttrama, der Huthaut und dem Velum universale homolog; die Kammern der fertilen Gleba (b-1) und der sterilen Subgleba (b-2) sind dem Hymenophor homolog. Abb. 4-1 u. 4-2: *Lycoperdon perlatum* (Flaschenbovist), Mikrotomschnitte von Primordien; Endoperidie (c) und Exoperidie (d) sind aus Huttrama, Huthaut und Velum universale hervorgegangen, die Homologien sind unklar; die Gleba (b-1) ist dem Hymenophor homolog; die Tramaplatten der Gleba (b-1-1) sind der Hymenophoraltrama homolog, einige Hyphen (b-1-2) der >Trama bilden das >Capillitium, das Hymenium (b -1-3) kleidet die Wände der Glebakammern aus.

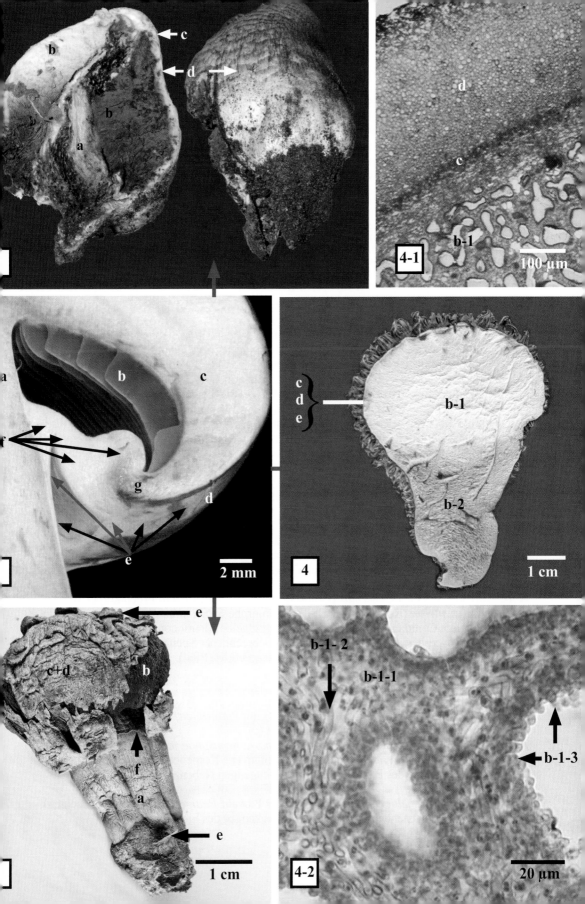

Mykoparasitismus

Unter Parasitismus versteht man das körperliche, ernährungsphysiologische Zusammenleben eines meist kleineren Organismus in oder an einem anderen, meist größeren Lebewesen, dem Wirt, von dessen Biomasse oder Nährstoffen er sich ernährt und ihn dadurch schädigt. Nach ihren Wirten unterscheidet man u.a. Phytoparasiten, Zooparasiten, Humanparasiten, Mykoparasiten, sie leben auf Pflanzen, Tieren, Menschen bzw. Pilzen. Parasitismus kann sehr abgestuft und mannigfaltig in Erscheinung treten. Parasiten sind nicht in jedem Falle von Saprobionten, Symbionten >Symbiose), Kommensalen oder Konsumenten klar zu unterscheiden. Die parasitische Lebensweise von Pilzen kann gegliedert werden in:

Perthotrophie (Nekrotrophie): der parasitische Pilz tötet durch Stoffwechselprodukte lebendes Wirtsgewebe ab und lebt dann saprotroph von der abgetöteten Biomasse.
Biotrophie: der parasitische Pilz lebt von der lebenden Substanz des Wirtes.
Metabiotrophie: der parasitische Pilz lebt in einer Lebensphase als saprotrophe Hefe, in einer zweiten als obligater Parasit biotroph, z.B viele Brandpilze.
Hemibiotrophie: der parasitische Pilz lebt als Anamorphe (Pleomorphie) biotroph auf seinem Wirt und vollendet seinen Lebenszyklus mit der Teleomorphe auf den abgestorbenen Teilen des Wirtes, z.B. viele der parasitischen Ascomyceten.
Holobiotrophie: der parasitische Pilz lebt in allen Phasen seines Lebens biotroph, z.B. die Rostpilze.

Bei den Großpilzen erregen die auf >Fruchtkörpern anderer Pilze lebenden Mykoparasiten oft besondere Aufmerksamkeit. Parasitische Ascomyceten mit kleinen Fruchtkörpern oder ihre Anamorphen mit reichlicher Conidienbildung, aber auch Zygomyceten (Jochpilze) mit auffallenden >Sporocyten können markante Deformationen oder Fäulnis der Wirtspilze verursachen. Einige mykoparasitisch lebende Großpilze können ihre kleinen >Pilothecien auf den größeren Fruchtkörpern anderer Arten bilden. Gut bekannt ist z.B. *Suillus parasiticus* (Parasitischer Röhrling), der auf oder neben den >Gasterothecien von *Scleroderma citrinum* (Dickschaliger Kartoffelbovist) seine Fruchtkörper ausbildet oder *Volvariella surrecta* (Parasitischer Scheidling), dessen zierliche Fruchtkörperchen auf kräftigen Fruchtkörpern von *Lepista nebularis* (Nebelkappe) wachsen.

Die parasitischen Pilze der Gattung *Cordyceps* (Kernkeulen) leben teils als Mykoparasiten auf *Elaphomyces*-Arten (Hirschtrüffeln), teils als Zooparasiten auf Insekten. Ihre >Stromata enthalten zahlreiche >Perithecien.

Abb. 1–3: Mykoparasiten auf Fruchtkörpern von Basidiomyceten.
Abb. 1: *Spinellus fusiger*, ein mykoparasitischer Zygomycet auf *Mycena viridi-marginata* (Grünschneidiger Helmling) mit reichlich entwickelten Sporocyten auf lang gestielten Trägern.
Abb. 2: *Hypomyces chrysospermus* (Goldschimmel) auf abgetötetem Fruchtkörper von *Xerocomus chrysenteron* (Rotfußröhrling); die Anamorphe *Sepetonium chrysopsermum* bildet zunächst hyaline Conidien an Phialiden, danach goldgelbe Aleurioconidien >Pleomorphie).
Abb. 3: *Hypomyces viridis* auf *Russula fragilis* (Gebrechlicher Speitäubling); die Perithecien werden auf deformierten Lamellen des Wirtspilzes gebildet (Pfeil).

Abb. 4–6: Mykoparasiten auf Fruchtkörpern von Ascomyceten.
Abb. 4: *Cordyceps ophioglossoides* (Zungenkernkeule), ein Mykoparasit auf *Elaphomyces granulatus* (Warzige Hirschtrüffel); a – >Stromata mit Perithecien; b – >Rhizomorphen zwischen den Keulen und den befallenen Wirtspilzen (c).
Abb. 5 u. 6: *Hypomyces stephanomatis* auf *Humaria hemisphaerica* (Halbkugeliger Borstling). Abb. 5: Apothecium mit befallenem Hymenium (a); Kotpellets von Mäusen (b).
Abb. 6: Aleurioconidie des Parasiten (c) mit halbkugeligen Nebenzellen (d).

Abb. 7: *Corticifraga peltigerae*; ein parasitischer Pilz auf *Peltigera*-Arten (Hundsflechten); die Apothecien (a) entstehen auf nekrotischen Flecken (b) des Flechtenthallus (c).

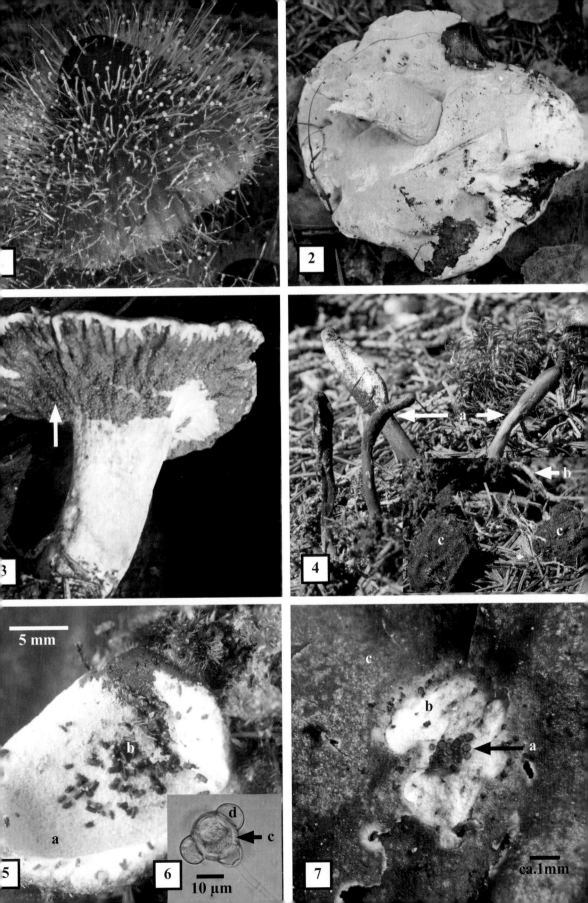

Mykorrhiza (Pl. Mykorrhizae)

Unter Mykorrhiza (Pilzwurzel) versteht man das Kontaktgefüge der Lebensgemeinschaft (>Symbiose) zwischen Pilzen und Kormophyten im Wurzelbereich der Pflanzen, wo es zum direkten Kontakt und zum Stoffaustausch zwischen den Symbionten kommt. In der Regel werden Wasser und Mineralstoffe vom Pilz (Mycobiont) im Boden aufgenommen und an die Pflanze (Phytobiont) weitergeleitet, während der Pilz von der Pflanze organische Stoffe (Kohlenhydrate) übernimmt. Die verschiedenen Mykorrhizatypen sind unabhängig voneinander innerhalb unterschiedlicher Verwandtschaftskreise von Pflanzen und Pilzen entstanden. Man unterscheidet:

1. Ektotrophe Mykorrhiza – ein Myzelmantel umschließt die Feinwurzel der Pflanzen. Im Normalfalle dringen die Hyphen vom Myzelmantel in die Interzellularen der Wurzelrinde, aber nicht in die Zellen selbst ein und bilden dort eine netzartige Hyphenstruktur (Hartig´sches Netz). Der Stoffaustausch erfolgt über die Membranen der Partner. Bleibt der Kontakt auf den Myzelmantel beschränkt, nennt man diese Form auch Perimykorrhiza. Beteiligt sind u.a. Gehölze und viele fruchtkörperbildende Basidiomyceten.

2. Ektendotrophe Mykorrhiza – neben dem Myzelmantel dringen die Hyphen auch in das Protoplama der Zellen der Wurzelrinde ein, bleiben dort zwecks Stoffaustausch membranumschlossen (arbutoide M.) oder platzen auf, und es kommt zum Kontakt der Protoplasten der Partner (monotropoide M.). Diese Typen werden von Basidiomyceten insbesondere der Agaricales und Boletales z.B. an einigen Ericaceae (*Arbutus, Arctostaphylos* – arbutoide M.) sowie an *Monotropaceae* (Fichtenspargelgewächse) und *Pyrolaceae* (Wintergrüngewächse) gebildet (monotropoide M.).

3. Endotrophe Mykorrhiza – ein Myzelmantel fehlt, Hyphen dringen stets in das Innere der Zellen der Wurzelrinde ein und bilden dort Hyphenknäuel (orchidoide oder tolypophage M.), bäumchenartige Aufzweigungen (arbusculäre M.), oder sie verursachen hypertrophierte Zellen der äußeren Wurzelrinde, die von Myzel durchdrungen sind (ericaeoide M.). Die orchidoide M. ist für Orchideen obligat, beteiligte Pilze sind oft niedere, fruchtkörperlose Basidiomyceten, die arbusculäre M. bilden ausschließlich die fruchtkörperlosen Glomeromyceten mit sehr vielen Pflanzen, z.B. mit Gräsern. Die ericaeoide M. kommt bei *Ericaceae* (Heidekrautgewächsen) vor und wird meist von Anamorphen der Ascomyceten gebildet.

Das Verhältnis dieser Symbiose kann „zugunsten" des Mycobionten oder des Phytobionten verschoben sein. Wenn z.B. bei endotrophen Mykorrhizatypen die Biomasse der eingedrungenen Pilze resorbiert und als Kohlenstoffquelle genutzt wird, kann dies dazu führen, dass die Fotosynthese überflüssig und in den Plastiden kein Chlorophyll mehr gebildet wird. Sekundär chlorophyllfreie, nicht mehr ergrünende Pflanzen leben entweder parasitisch auf autotrophen Pflanzen, z.B. *Lathraea squamaria* (Schuppenwurz), oder sie leben von den Symbiosepartnern, die in vielen Fällen, wie die Mykorrhizapilze von *Monotropa*-Arten (>Symbiose, Abb. 2) oder von *Neottia nidus-avis* (Vogelnestwurz) zusätzlich mit autotrophen Pflanzen symbiontisch durch einen anderen Mykorrhizatyp verbunden sind.

Abb. 1 u. 2: ektotrophe Mykorrhiza an *Picea abies* (Fichte, Abb. 1) und *Pinus sylvestris* (Waldkiefer, Abb. 2); die Wurzelspitzen der Langwurzeln (a) sind mykorrhizafrei, die seitlich auszweigenden Saugwurzeln sind monopodial (b) bzw. coralloid (c) verzweigt und von Myzelmänteln umgeben; abgestorbene Wurzelspitzen werden morsch und dunkel (d).
Abb. 3: experimentelle Synthese einer ektotrophen Mykorrhiza zwischen einem Fichtenkeimling und dem Myzel einer Reinkultur von *Tricholoma vaccinum* (Bärtiger Ritterling); a – Impfinokulat mit Pilzmyzel; b – Feinwurzel bei beginnender Mykorrhiza-Bildung.
Abb. 4 – 9: orchidoide (tolypophage) Mykorrhiza. Abb. 4 – 8: *Neottia nidus-avis* (Vogelnestwurz). Abb. 4: bleiche, blühende Pflanzen. Abb. 5: Wurzelsystem mit Mykorrhiza. Abb. 6 u. 7: Querschnitte der Wurzel: a – Rhizodermis; b – äußere Wurzelrinde mit intrazellulären Hyphenknäueln; c – innere Wurzelrinde mit Stärkekörnern; d – Zentralzylinder mit Gefäßbündel; e – intrazellulärer Hyphenknäuel. Abb. 8 u. 9: *Corallorhiza bifida* (Korallenwurz); lebendes (Abb. 8) und abgestorbenes (Abb. 9) Hyphenknäuel.
Abb.10: vesikulär-arbusculäre Mykorrhiza (VAM); a – unseptierte Hyphen, b – intrazelluläre Arbuscel und c – interzelluläre Vesicel eines Glomeromyceten in der Wurzelrinde von *Zea mays* (Mais).

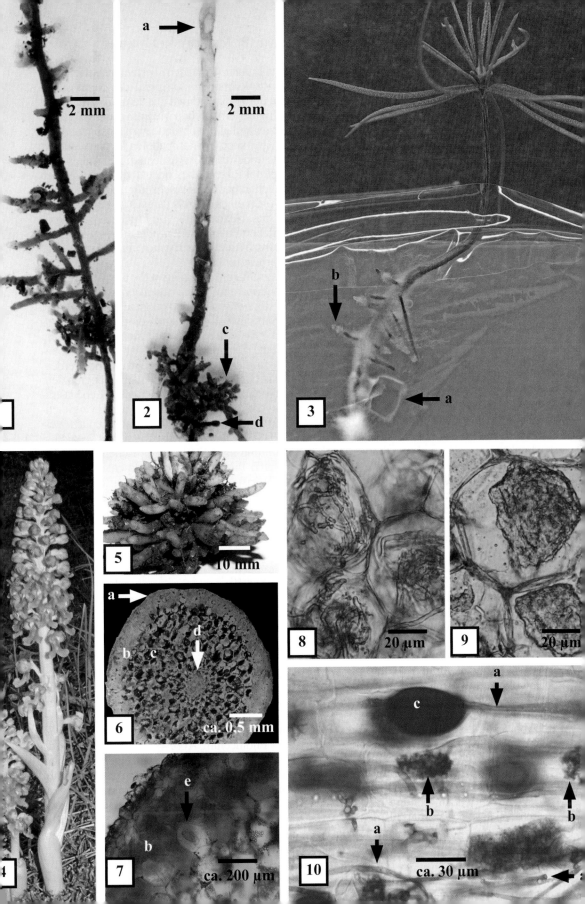

1

2 a ◀ 2 mm · c · d

3 b ◀ · a ◀

4

5 10 mm

6 a ▶ · b c d ▶ · ca. 0.5 mm

7 e ▶ · b · ca. 200 μm

8 20 μm

9 20 μm

10 a ▶ · c · b ▲ · b ▲ · a ▼ · ca. 30 μm

Myzel (Pl. Myzele oder Myzelien), auch Mycelium (Pl. Mycelia oder Mycelien)

Ein Myzel ist ein aus feinen, spinnwebartigen >Hyphen (Pilzfäden) bestehendes Geflecht. Die Hyphen eines Myzels sind irregulär netzartig verbunden. Aufgrund der osmotischen Nährstoffaufnahme über die äußeren Membranen der Hyphen direkt aus dem Substrat haben sich Hyphensysteme entwickelt, die oft großflächig das ernährende Medium durchwachsen.

Die Hyphen eines Myzels wachsen in der Regel apikal. Wachsende Hyphenspitzen können mit anderen Hyphen desselben Organismus, aber auch mit kompatiblen Hyphen anderer Herkunft fusionieren, so dass komplexe Geflechte unbestimmter Ausdehnung entstehen. Die Möglichkeit zur Fusion spielt für das Artkonzept bei Pilzen eine bedeutende Rolle. Neben Spitzenwachstum der Hyphen eines Myzels ist auch interkalares Wachstum möglich.

Durch das allseitig apikale Wachstum der Hyphen eines Myzels kann es zu dessen kreisförmiger Ausbreitung kommen. Strukturen, wie die „Hexenringe" von Fruchtkörpern, konzentrische Bildung von Conidienträgern auf befallenen Pflanzenteilen, aber auch ringförmige Zonen an Pilzfruchtkörpern sind auf den Wachstumsrhythmus der Hyphen eines Myzels bzw. eines aus Hyphen aufgebauten >Plectenchyms zurückzuführen.

Die Myzelien höherer Pilze bringen unter bestimmten Bedingungen die aus verdichteten Hyphengeflechten, den >Plectenchymen und Pseudoparenchymen, bestehenden >Fruchtkörper, >Conidiomata, >Sclerotien, Myzelstränge, >Rhizomorphen und dergleichen hervor. Die Transportwege der Nährstoffe vom Myzel zu derartigen Gebilden sind komplizierten Regulierungs- und Transportmechanismen unterworfen, was sich z.B. bei der Fruchtkörperbildung offenbart, wenn angelegte Primordien gefördert oder gehemmt werden, oder wenn bei manchen Arten bis zu mehrere Dezimeter große >Basidiomata von den Myzelien ernährt werden.

Myzelien sind trotz solcher „Arbeitsteilung" als Organismen mit potentiell unbegrenztem Wachstum, nicht als Individuen zu verstehen. Fragmentierungen gehören zu ihrer Lebensstrategie und sind mit manchen Formen der vegetativen Fortpflanzung von Pflanzen vergleichbar. Auch winzige Myzelabschitte können abgenommen und zur Fortpflanzung benutzt werden. Im Gegensatz dazu sterben die vom Myzel hervorgebrachten Strukturen mit speziellen Funktionen, z.B. die Fruchtkörper, nach der Erfüllung ihrer Funktion im Lebenszyklus ab. Dass man aus lebenden Teilen derartig differenzierter Pilzstrukturen experimentell problemlos wieder myzelbildende Isolate gewinnen kann, weist darauf hin, dass die Differenzierung auf cytologischer Ebene weitaus geringer ist als bei den meisten Pflanzen und Tieren.

Myzelbildende Pilze werden als filamentöse (fädige) Pilze bezeichnet und den aus Sprosszellen bestehenden Pilzen, den Sprosspilzen, gegenübergestellt, bei denen jede Zelle nach ihrer Reifung im Prinzip ein eigenständiger Organismus ist. Dimorphe (zweigestaltige) Pilze weisen in verschiedenen Lebensphasen sowohl Stadien mit Sprosszellen, als auch filamentöse Stadien auf. Sie dokumentieren phylogenetische Entwicklung von Sprosspilzen zu filamentösen Pilzen. Aus Sprosszellen bestehende Pilze nennt man auch Hefe, die Sprosszellen-Stadien dimorpher Pilze werden als Hefestadien bezeichnet. Wenn Sprosszellen aneinander haften bleiben und myzelähnliche Gebilde aufbauen, werden diese als Sprossmyzelien oder Pseudomyzelien bezeichnet.

Abb. 1: Myzel von *Geastrum fimbriatum* (Gewimperter Erdstern) in der Streuschicht eines Fichtenforstes unter einer Ansammlung dichtstehender Fruchtkörper; die feinen Hyphen durchwachsen das Substrat und bilden Myzelstränge (Pfeile), an denen sich die Primordien der Fruchtkörper entwickeln.
Abb. 2: Myzel und Myzelstränge am Rande einer Fruchtkörpergruppe von *Stromatoscypha fimbriata* (Gefranstes Becherstroma; >resupinates Pilothecium, Abb. 4).
Abb. 3 u. 4: wolliges, hellbraunes Oberflächen-Myzel auf dem Nährsubstrat einer Reinkultur von *Xerula melanotricha* (Schwarzhaariger Wurzelrübling); die vom Myzel in großer Anzahl gebildeten Fuchtkörperprimordien werden meist bis auf ein einziges unterdrückt; im Kolben haben sich jedoch mehrere Basidiomata als Büschel (>Fasciculum) entwickelt, die unterschiedlich stark gefördert werden.

140

Myzelialkern (Pl. Myzelialkerne)

Die >Trama konsolenförmiger (dimitater) Fruchtkörper mancher Porlinge kann sehr mächtig werden. Die Verbindung zum ernährenden >Myzel im Holz ist meist auf der gesamten Insertionsfläche der Konsolen am Holz vorhanden, die Fruchtkörper sind dann fest mit dem vom Myzel durchwachsenen Substrat verbunden, ihre Trama entsteht unmittelbar aus dem ernährenden Myzel im Substrat. Bei einigen Arten jedoch wird bei der Entstehung der Fruchtkörper zunächst eine Tramaknolle gebildet, die als Initiale der weiteren Fruchtkörperbildung dient. Die typisch faserige Trama solcher Fruchtkörper entsteht aus dieser knollenförmigen Fruchtkörperinitiale, die später als weiß-braun-marmorierter „Kern" im Inneren des Fruchtkörpers verbleibt. Das >Hymenophor und die oberseitige Kruste oder das >Tomentum entwickeln sich aus der faserigen Trama, nicht direkt am Myzelialkern. Solch ein Myzelialkern wirkt wie eine derbe, krümelig zerreibbare Masse, die sich von der übrigen faserigen oder festen Trama markant unterscheidet. Er besteht aus untermischten kurzen, teilweise stark angeschwollenen Hyphen. Fruchtkörper mit einem Myzelialkern sind im Wesentlichen nur durch diesen mit dem Myzel im Substrat verbunden und lassen sich dadurch meist relativ leicht vom Holz lösen.

In der mitteleuropäischen Porlingsflora kommen Myzelialkerne bei *Fomes fomentarius* (Zunderschwamm) und bei einigen *Inonotus*-Arten (Schillerporlinge) vor. Bei den Fruchtkörpern von *Inonotus dryophilus* (Eichen-Schillerporling) sind sie besonders gut entwickelt und können bis über 7 cm Durchmesser erreichen.

Abb. 1–6: *Fomes fomentarius* (Zunderschwamm), Myzelialkerne.

Abb. 1 u. 2: aufgeschnittene Fruchtkörper von *Fomes fomentarius* (Zunderschwamm) mit charakteristischen, krümeligen, marmoriert gemaserten Myzelialkernen (a), der wergartigen, zähfaserigen, goldbraunen, trimitischen Trama (b), den Röhrenschichten des Hymenophors (c), die in der Regel den größten Teil des Volumens ausfüllen, und den oberseitigen, festen Krusten (d).

Abb. 3: Myzelialkern von *Fomes fomentarius* (a), der die Borke eines Birkenstammes (b) als Initialfruchtkörper durchbrochen hat; der Fruchtkörper ließ sich gemeinsam mit anhaftenden Borkenteilen leicht vom Stamm abbrechen; auf der abgelösten, ehemals dem Holz anliegenden, inneren Borkenschicht ist die Verbindung zwischen Fruchtkörper und myzeldurchwachsenem Holz zu sehen; sie ist die „Basis" des Fruchtkörpers, die sich als Myzelialkern im Innneren der Fruchtkörper-Konsole fortsetzt.

Abb. 4–5: *Fomes fomentarius*; bei raschem Wachstum der Fruchtkörper werden viele, meist wasserklare >Guttationstropfen ausgeschieden; diese markieren die Zonen intensiven Wachstums der aus dem Myzelialkern auswachsenden Fruchtkörperteile.

Abb. 4: der Initialfruchtkörper besteht fast nur aus dem Myzelialkern, die weiße Oberfläche wird von wachsenden, generativen Hyphen gebildet.

Abb. 5: mit der Ausbildung der oberseitigen Kruste (a) und dem Ansatz der ersten Röhrenschicht des Hymenophors (b) entsteht zwischen diesen Strukturen und dem Myzelialkern die wergartige, trimitische Trama, wobei in dem zunächst nur aus generativen Hyphen bestehenden >Plectenchym Skelett- und Bindehyphen gebildet werden.

Abb. 6: Trama des Myzelialkernes (a) und die daraus hervorgegangene Huttrama (b) dicht unter der Kruste der Hutoberseite; die Pfeile zeigen die Wachstumsrichtung an.

2 mm

Myzelioderm (Pl. Myzelioderme)

Ein Myzelioderm, eine Myzelhaut, ist eine von sterilem Myzel gebildete, dünne, hautartige Struktur, die nicht mit einer Conidien- oder Fruchtkörperbildung in unmittelbarem Zusammenhang steht. Die >Hyphen verdichten und verflechten sich zu einem dünnen, häutchenartigen >Plectenchym. Myzelioderme können z.B. auf der Oberfläche von myzeldurchwachsenem Holz entstehen. Bei *Xerula radicata* (Wurzelrübling) werden auf unterirdischem Holz dunkelbraune Myzelioderme gebildet, die von den <u>Primordien</u> der Fruchtkörper durchbrochen werden. Letztere werden schließlich apikal an einer >Pseudorhiza durch das Erdreich geschoben. Auch in Kultur werden bei dieser Art dunkle Myzelioderme auf der Oberfläche der Nährböden ausgebildet. In manchen Kulturen, in denen es zu keiner Fruchtkörperbildung kommt, werden sie von pustelartigen Myzelknöllchen durchbrochen. Letztere wurden als „Atempustel" beschrieben.

Bei *Fomes fomentarius* (Zunderschwamm), der eine oft sehr intensive >Weißfäule erregt, entstehen während des Holzabbaues Myzelioderme im Inneren befallener Stämme oder dicker Äste, wobei sich das Myzel zunächst entlang eines Jahrringes des Holzes ausbreitet. Es kann zu weißen, plectenchymatischen Häuten im befallenen Holz kommen, die bis 5 mm Dicke erreichen und bei Bruch des Holzes mitunter als lappenartige Hautfetzen sichtbar werden. Infolge des nahezu vollständigen Holzabbaues durch Weißfäule wird während des Abbauprozesses das Volumen des bereits zersetzten Holzes durch das Pilzmyzel ausgefüllt, und die Hyphen verwachsen zu einem plectenchymatischen Myzelioderm. Derartige verdichtete häutige Myzelgebilde können sogar manchen Insektenlarven als Lebensraum dienen. Der Gattungsname *Myceloderma* steht für eine Pycnidien bildende Anamorphgattung (>Conidioma). Als Mycoderm (Pilzhaut) wurden hautartige Strukturen der ektotrophen Mykorrhiza bezeichnet. Der ungültige Gattungsname *Mycoderma* wurde sowohl für Oberflächenhäutchen mit Hefezellen auf Flüssigkeiten, als auch für andere häutchenartige Myzelbildungen benutzt.

Abb. 1–5: weiße Myzelioderme von *Fomes fomentarius* (Zunderschwamm) an Bruchstellen eines alten, frisch gefallenen Buchenstammes im Krim-Gebirge (Ukraine); der Weißfäuleerregende Pilz hat das Holz bereits soweit abgebaut und dessen Festigkeit verringert, dass der Baum zu Fall kam. Die Myzelhäute sind im Bereich der Bruchstellen zu beobachten.

Abb. 1: dickes Myzelioderm (Pfeil), das bereits das Volumen mehrerer Jahrringe des abgebauten Holzes ausfüllt.

Abb. 2: Teile eines dünnen Myzelioderms, das bei Bruch des Stammes freigelegt wurde und in kleine Fetzen zerrissen ist.

Abb. 3: Querschnitt durch ein herausgelöstes, dickes Myzelioderm; a – Außenfläche, b – noch nicht völlig abgebaute, vom Myzel durchwachsene, angeschnittene Holzreste an der Schnittfläche.

Abb. 4: aufgerissenes, dickes Myzelioderm; a – Innenfläche des Myzelioderms, b – Fraßlöcher mit Kotpellets einer Insektenlarve.

Abb. 5: Oberfläche eines Myzelioderms; a – nicht vollständig abgebauter Holzrest, b – in die Holzstrahlen (Markstrahlen) eingewachsene Myzelteile, die senkrecht zur Oberfläche des Myzelioderms deutliche Rillen bilden.

Abb. 6: Myzelioderm auf der Oberfläche des Nährbodens einer *Xerula-radicata*-Kultur (Wurzelrübling); a – weißes, oberflächliches Myzel, b – goldbraunes, später dunkelbraunes bis schwarzes Myzelioderm mit plectenchymatischer Struktur, das von den Primordien durchbrochen wird.

144

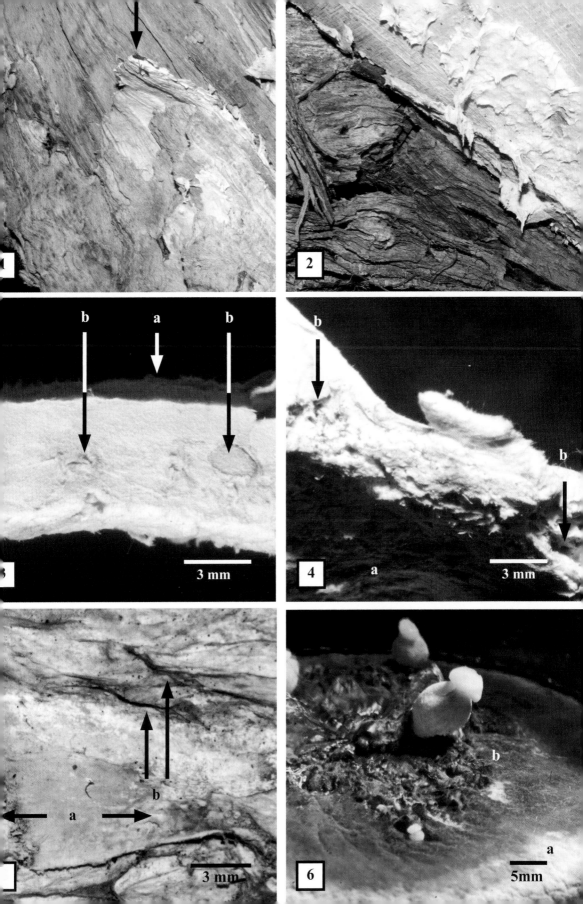

Paraphyse (Pl. Paraphysen), auch Paraphysis (Pl. Paraphyses)

Paraphysen sind sterile, haploide Hyphenenden im >Hymenium vieler >Ascomata, insbesondere von >Apothecien. Sie gehören zum haploiden Teil des Zentrums, der auch als Hamathecium bezeichnet wird. Unter dem Zentrum versteht man die Gesamtheit der haploiden und der dikaryotischen >Hyphen oder Zellen, die von der Wand eines Ascomas umschlossen bzw. vom >Excipulum getragen werden. Die Paraphysen wachsen parallel zu den >Asci und bilden mit diesen gemeinsam das Hymenium, beide enden oft in einer Ebene, mitunter werden auch die Asci von Paraphysen überragt. Paraphysen sind apikal freie, meist abgerundet und oft etwas angeschwollen. Sie können pigmentiert sein, in vielen Fällen entsteht durch ihre intrazellulären Pigmente die charakteristische Färbung des Hymeniums. In der populären Literatur werden sie auch als Safthaare bezeichnet.

Sie können verzweigt oder unverzweigt, septiert oder unseptiert sein. Meist umgeben sie gedrängt die Asci. Ihnen kommt bei der Ausschleuderung der Sporen aus den Asci Bedeutung zu. Bei manchen Ascomata entwickeln sich zwischen den Asci verschiedene, den Paraphysen ähnliche, fädige Hyphen des Hamatheciums, die jedoch einen anderen Ursprung haben als die mit den Asci einwachsenden Paraphysen. Es sind zu unterscheiden:

Apikalparaphysen: Hyphenenden, die in manchen >Perithecien von oben her zwischen die Asci einwachsen und frei enden.
Paraphysoide: den Paraphysen ähnliche, schmale, septierte Hyphen, die aus dem ursprünglichen, haploiden Plectenchym von >Pseudothecien gebildet werden, apikal und basal verwachsen, oft durch >Anastomosen miteinander verbunden sind und ein „paraphysoides Netzwerk" formen.
Pseudoparaphysen: den Apikalparaphysen ähnlich, von oben her zwischen die Asci einwachsende Hyphen, die jedoch durch Fusion schließlich oben und unten verwachsen sind; sie kommen bei vielen Pseudothecien vor.

Den Paraphysen ähnliche Hyphen, die nicht zum Hamathecium gehören, sind:

Periphysen: dünne, nicht verzweigte Hyphenenden im Inneren des Rostrums von >Perithecien oder Pycnidien (>Conidioma).
Periphysoide: den Periphysen ähnlich Hyphenenden in den Mündungen mancher lange geschlossen bleibender Apothecien oder mancher pyrenocarper Flechten, bei denen sich die Perithecien oder Pseudoperithecien aus Pycnidien entwickeln

Bei den Rostpilzen wird der Paraphysen-Begriff für sterile Hyphenenden in den >Telien und den Uredien verwendet. Sie gehören zum Dikaryonten im Entwicklungszyklus der Roste und sind den Paraphysen des Hamatheciums der Ascomyceten nicht homolog.

Abb. 1: keulig verdickte, septierte Paraphysen im Hymenium von *Humaria hemisphaerica* (Halbkugeliger Borstling); sie überragen die Asci.

Abb. 2: gegabelte Paraphysen von *Morchella esculenta* (Speisemorchel).

Abb, 3: apikal angeschwollene Paraphysen mit körnigen Einschlüssen aus dem Hymenium von *Aleuria aurantia* (Orangeroter Becherling).

Abb. 4: Paraphysen im Hymenium von *Otidea alutacea* (Lederfarbiger Öhrling); sie sind schlank, 3-4 µm breit, septiert (Pfeil), die Spitze ist schwach verdickt und abgebogen.

Abb. 5 u. 6: Paraphysen von *Sarcoscypha coccinea* (Zinnoberroter Prachtbecherling).
Abb. 5: Ascomata mit dem durch die Paraphysen rot gefärbten Hymenium (a). Abb. 6: Hymenium mit den farbstoffführenden Paraphysen (b), Asci (c) mit noch geschlossenem Operculum (d) und nahezu ausgereiften Ascosporen (e).

Abb. 7: zylindrische Paraphysen in den Uredolagern von *Phragmidium tuberculatum*, einem an Rosen parasitierenden Rostpilz; zwischen ihnen einige nahezu runde Uredosporen.

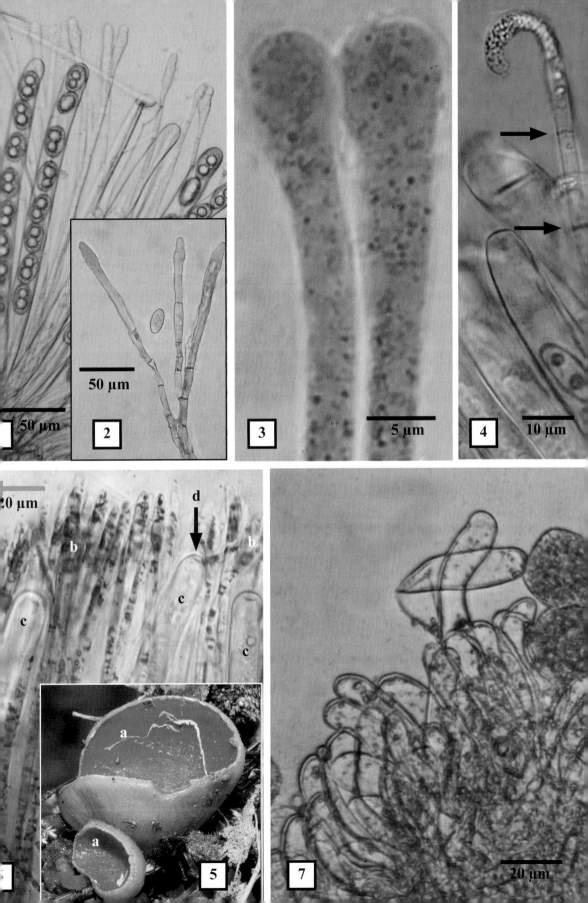

Peridie (Pl. Peridien), auch Peridium (Pl. Peridia)

Peridien sind die Hüllen pilzlicher Sporenbehälter. Der Begriff wurde für die >Gasterothecien geprägt, bei denen die basidienführende >Gleba bis zur Sporenreife von einer Hülle umgeben bleibt. Die Hüllschichten sind aus >Plectenchymen oder Pseudoparenchymen aufgebaut. In vielen Fällen sind zwei Schichten gut zu unterscheiden: die äußere, oft mehrschichtige Exoperidie und die innere, bei Reife oft pergamentartige Endoperidie. Bei manchen Gasterothecien sind die Peridien weitaus komplizierter aufgebaut. Bei der Gattung *Sphaerobolus* (Kugelwerfer) kommen z.B. sechs deutlich verschieden strukturierte Schichten vor, die zunächst die Gleba umhüllen und bei Reife für die aktive Abschleuderung der gesamten Gleba wirksam sind.

Bei >bovistoiden Gasterothecien, die morphogenetisch aus >Hymenothecien hervorgegangen sind, ist die Gleba mitunter dem Hymenophor und die Peridie den gesamten übrigen Fruchtkörperstrukturen homolog (>Morphogenese).

Der Begriff Peridie wird auch für die Hüllen anderer pilzlicher Sporenbehälter benutzt, z.B. für die Hüllen der >Peridiolen >cyathoider Gasterothecien, für die Wände der >Sporocyten („Sporangien") von Jochpilzen (Zygomycota), für die Hüllen der >Aecien von Rostpilzen (*Pucciniomycetes*) und die Hüllen der Myxogastero-Sporocarpien (>Sporocarpium) und Aethalien von Schleimpilzen der Abteilung *Myxomycota*, auch für die Wände mancher angio- oder cleistocarper >Ascomata, z.B. bei den Trüffeln und Hirschtrüffeln.

Bei den Jochpilzen werden die Zellwände der Sporocyten, in denen durch freie Zellbildung die Mitosporen entstehen, als Peridien, aber auch als „Sporangienhaut", „-wand", „-membran"oder „Cellulosehaut" bezeichnet.

Bei den Rostpilzen besteht die Peridie aus dikaryotischen Zellen der äußeren Zellenlage der Aecien-Initialen, während die inneren Basalzellen die Aeciosporen bilden. Im Falle der Anamorphgattung *Peridermium* ist die Peridie relativ stabil, was zur Namengebung (Periderm = Außenhaut) geführt hat. Von machen Autoren werden die Peridien der Rostpilze auch als Pseudoperidien (Scheinperidien) bezeichnet, um den Unterschied zu den pseudoparenchymatischen bzw. plectenchymatischen Peridien der Gasterothecien deutlich zu machen.

Die Peridien der Sporocarpien von Schleimpilzen gehen aus den Plasmodien hervor und sind nicht zellulär gegliedert.

Abb. 1 u. 2: Peridien von Gasterothecien; Abb 1: *Geastrum minimum*, ein >geastroides Gasterothecium; die dreischichtige Exoperidie (a) ist sternförmig aufgespalten, die Gleba umschließende Endoperidie (b) mit der apikalen Öffnung ist um das Peristom deutlich gehöft; Abb. 2: *Calvatia sculpta* (Beleg aus Californien, NY) mit extrem dicker, skulpturierter Exoperidie.

Abb. 3–4: Peridien von Sporocyten der *Zygomycota* (Jochpilze). Abb. 3: *Spinellus fusiger*, parasitisch auf dem Hut von *Mycena viridimarginata* (Grünschneidiger Helmling). Abb. 4: die zarten, membranartigen Peridien der zunächst hellen (a), später durch die Sporen schwarzen (b) Sporocyten zerfließen bei Sporenreife (c).

Abb. 5 u. 6: Aecien der Anamorphgattung *Peridermium* (Blasenroste). Abb. 5: *Cronartium ribicola* (Johannesbeer-Rost); Aecien (=*Peridermium strobi*) auf einem stark geschädigten Ast von *Pinus strobus* (Weymouthskiefer); a – die Kiefernrinde durchbrechende Peridermien mit noch geschlossener Peridie, b – Peridermien mit aufgerissener Peridie; Aeciosporen befallen verschiedene *Ribes*-Arten (Stachel- und Johannesbeersträucher). Abb. 6: *Coleosporium senecionis*; Aecien (=*Peridermium pini*) auf Nadeln von *Pinus sylvestris* (Waldkiefer); ihre Peridien reißen unregelmäßig auf; die Aeciosporen (Pfeil) infizieren *Senecio*-Arten.

Abb. 7: Aethalien des Schleimpilzes *Reticularia lycoperdon,* a – zerfallende Peridien und b – freiliegendes Sporenpulver.

Peridiole (Pl. Peridiolen oder Peridioles), auch Peridiolum (Pl. Peridiola)

Peridiolen sind kugel- bis diskusförmige, isolierte Glebakammern einiger >Gasterothecien, die nach der Gattung *Cyathus* als >cyathoide Gasterothecien bezeichnet werden. Sie besitzen eine peridienähnliche Hülle, sind im Inneren mit dem basidienführenden >Hymenium ausgekleidet und fungieren in ihrer Gesamtheit als >Diasporen (Verbreitungseinheiten).

Bei den Gattungen *Cyathus* und *Crucibulum* (Teuerlinge) sind die Peridiolen abgeflacht und durch einen gewundenen Myzelstrang, den Funiculus, mit der Fruchtkörperbasis verbunden. Im gestreckten Zustand erreicht dessen Länge ein Vielfaches des Peridiolendurchmessers. Er dient der Anheftung der Peridiolen nach deren Ausschleuderung oder Abschwemmung und ist wahrscheinlich auch der Anheftung an Tiere dienlich. Der Funiculus ist bei Feuchtigkeit extrem klebrig.

Für die Ablösung der Peridiolen von der Fruchtkörperbasis ist Wasser erforderlich, das sich bei Regen im Becher sammelt. Der Funiculus quillt dann zu einem von Hyphen locker durchsetzten Schleimstrang auf, der sich von der Fruchtkörperbasis löst.

Nach dem Anheften einer Peridiole mittels ihres klebrigen Funiculus, z.B. an lebende Pflanzenteile, an abgestorbene Zweige und dergleichen, verkleben die >Hyphen beim Eintrocknen die Peridiole fest mit ihrem Untergrund. Man findet die Hyphen des Funiculus breit aufgefächert und fest verklebt an ganz verschiedenen Partikeln in der Nähe des Wuchsortes der Fruchtkörper.

Die Peridiolen wurden früher, als die Fortpflanzung der Pilze noch weitgehend unbekannt war, von manchen Autoren als Samen betrachtet. Gegenwärtig diskutiert man, ob die Ähnlichkeit mit kleinen Körnchen als Atrappe für Körnerfutter attraktiv sein und eine Verbreitung durch Vögel in Betracht kommen könnte. Bei den fimicolen Arten ist jedoch die endozoochore Verbreitung der Sporen naheliegend.

Von den >bovistoiden Gasterothecien der Gattung *Pisolithus* (Erbsenstreulinge) werden ebenfalls peridiolenähnliche Glebaabschnitte gebildet, die sich bei Beginn der Sporenreifung aus der verschleimenden >Gleba herausquetschen, worauf der Namen des Pilzes (*Pisolithus* = Erbsenstein oder Erbsenstreuling) zurückzuführen ist. Bei den Fruchtkörpern dieser Gattung bleiben keinerlei sterile Teile der Gleba erhalten, sondern gehen im Rahmen der Sporenreifung in >Autolyse über. Um die äußerliche Ähnlichkeit dieser Glebaabschnitte mit den Peridiolen terminologisch festzuschreiben, werden sie als Pseudoperidiolen bezeichnet.

Abb. 1: aufgeschnittenes, cyathoides Gasterothecium von *Crucibulum laeve*; der durch die Präparation bereits etwas in die Länge gezogene Funiculus (Pfeil) verbindet die Peridiolen mit der Fruchtkörperbasis.

Abb. 2: frei präparierte Peridiole von *Cyathus striatus*; der Funiculus (Pfeil) ist als verschleimendes Anhängsel der leicht vertieften Peridiolenbasis erkennbar, seine gewundene Struktur ist nur mikroskopisch durch Analyse des Hyphenverlaufes nachweisbar.

Abb. 3: aufgeschnittene Peridiole von *Cyathus striatus*; die inneren Wände der Glebakammer sind mit dem Hymenium ausgekleidet, das von den sporentragenden Basidien gebildet wird.

Abb. 4–6: Peridiolen und Funiculi von *Crucibulum laeve*. Abb. 4: auf einer Glasplatte angeheftete Peridiole; a – die basale Vertiefung mit dem Ansatz des eingetrockneten Funiculus, b – fest an das Glas geklebte Hyphen des eingetrockneten Funiculus. Abb. 5: an einem Grasblatt angeheftete Peridiole mit den aufgefächerten Hyphen des urspünglich schleimigen Funiculus (Pfeile). Abb 6: Funiculus auf einer Glasplatte nach dem Eintrocknen.

Abb. 7. u. 8: Gleba von *Pisolithus arhizus*. Abb 7: unreife Gleba bei Einsetzen des >Autolyse-Prozesses. Abb. 8: frei präparierte Pseudoperidiole.

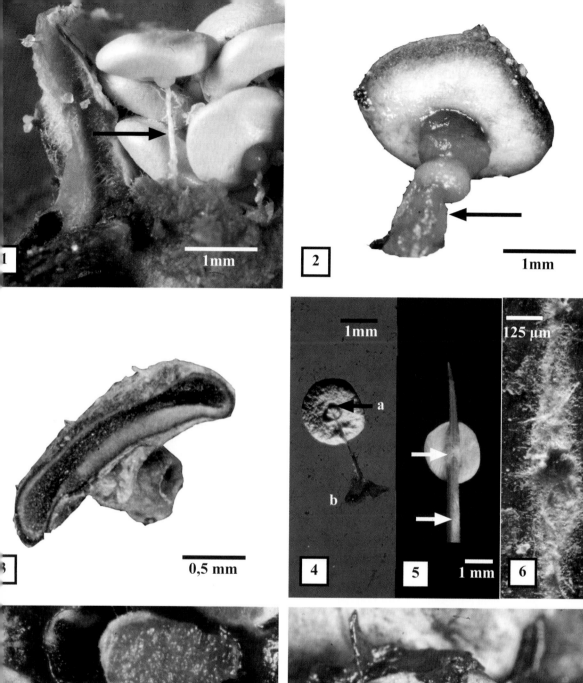

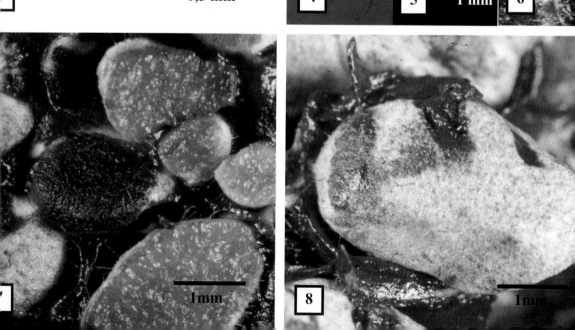

Peristom (Pl. Peristome; auch Peristomium, Pl. Peristoma oder Peristomien)

Eine strukturell abgesetzte Region, die eine funktionell wichtige Öffnung, ein Stoma (=Mund), umgibt, wird als Peristom (den Mund umgebende Region) bezeichnet. Der Begriff wird in der Botanik in erster Linie für die Zähne an der Öffnung von Laubmooskapseln benutzt, in der Mykologie hauptsächlich für die Region der >Peridie, die den Bereich der als Stoma oder Ostiolum bezeichneten, präformierten Öffnung vieler >Gasterothecien umgibt.

Die Ausbildung des Peristoms spielt bei verschiedenen Gruppen von Gasterothecien als morphologisches Merkmal für die Systematik und die Bestimmung von Gattungen, Artengruppen oder Arten eine Rolle. Es kommen fransig gewimperte (fimbriate), gefurchte (sulcate) oder glattrandige Peristome vor. Sie können flach, warzenförmig oder kegelig ausgebildet sein. Bei manchen *Geastrum*-Arten (Erdsternen) kann das Peristom von einem Hof umgeben und durch andersartige Peridienstrukturen von der übrigen Endoperidie abgesetzt sein. Bei den *Tulostoma*-Arten (Stielbovisten) kommen kleine, zylinderförmige („türmchenförmige") Peristome mit glattem Rand oder auch unregelmäßig gewimperte Umgrenzungen der Öffnung vor.

Die Ausbildungen eines Peristoms ist bei Gasterothecien mit trockenem, stäubendem Sporenpulver meist mit dem Vorkommen eines funktionstüchtigen, elastischen >Capillitiums verbunden, das im „Dienst" des Sporenausstoßes bei der ombro-anemochoren Sporenverbreitung steht. Bei *Geastrum*-Arten mit sulcatem Peristom kommt es z.B. zu einer Erweiterung der Öffnung durch Dehnung der Peristom-Furchen infolge auffallender Regentropfen, wodurch der Sporenausstoß erleichtert wird. In manchen Verwandtschaftskreisen Gasterothecien bildender Sippen gibt es nahtlose Übergänge von regulären Peristomen zu unregelmäßig zerfallenden Apikalregionen der Peridien, z.B. bei den Gattungen *Lycoperdon*, *Tulostoma* und *Bovista* (>tulostomoide Gasterothecien). Es kann auch bei nahe verwandten Arten zu unterschiedlichen Strategien der Sporenverbreitung kommen, z.B. liegt bei *Geastrum melanocephalum* (Schwarzköpfiger Erdstern oder Haarstern) die >Gleba bei Reife frei, die Sporen werden ausschließlich durch den Wind verbreitet, während bei allen anderen *Geastrum*-Arten die Gleba auch bei Reife von der Endoperidie umschlossen bleibt und die Sporen durch aufprallende Regentropfen ausgestoßen werden.

Abb. 1: fimbriates Peristom mit einem von der übrigen Endoperidie scharf abgegrenzten Hof von *Geastrum minimum* (Kleiner Erdstern).

Abb. 2: sulcates (gefurchtes) Peristom von *Geastrum pedicellatum* (Feld-Erdstern), das durch einen leicht eingesenkten Hof von der übrigen warzigen, wie mit Sand bestreuten Endoperidie abgesetzt ist.

Abb. 3 u. 4: sulcates, kegelförmiges Peristom von *Geastrum pectinatum* (Kamm-Erdstern Abb. 3); während des Sporenausstoßes durch einen aufschlagenden Regentropfen wird die Endoperidie eingedrückt, und die Furchen des Peristoms dehnen sich, wodurch der ursprüngliche Kegel eine nahezu zylindrische Form annimmt und sich die apikale Öffnung vergrößert (Abb. 4); nach dem Sporenausstoß nimmt das Peristom wieder die kegelförmige Ausgangsform an.

Abb. 5: in einzelne Fasern aufgelöstes, wimpernartig gefranstes Peristom ohne Hof von *Geastrum fimbriatum* (Gewimperter Erdstern).

Abb. 6: zylindrisches, türmchenförmiges Peristom von *Tulostoma brumale* (Zitzenstielbovist); die helle Endoperidie ist im Bereich des Peristoms typisch dunkelbraun, mitunter fast schwarz gefärbt.

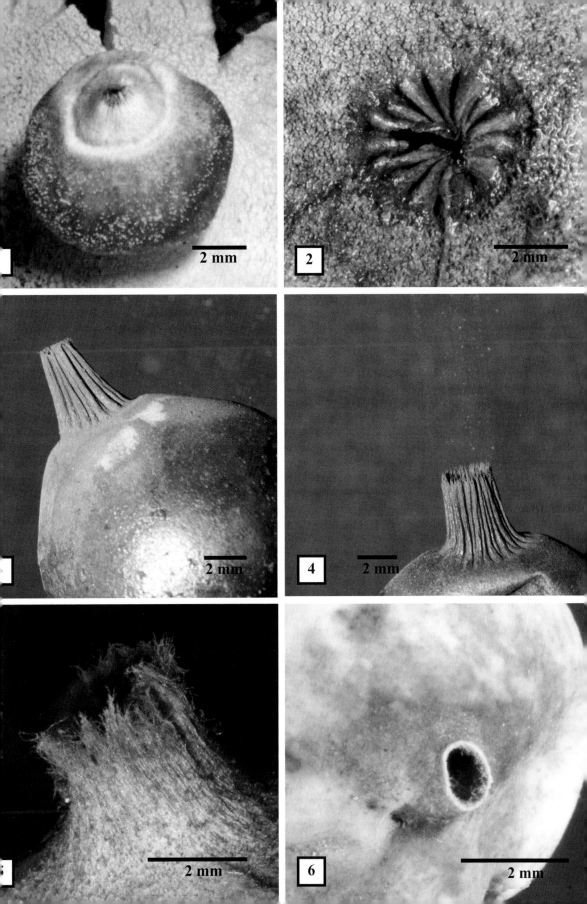

Perithecium (Pl. Perithecia oder Perithecien)

Perithecien sind ascohymeniale, angiocarpe >Ascomata (>Fruchtkörperentwicklung). Die >Asci bleiben bis zur Reife der >Ascosporen im Inneren der >Fruchtkörper, die eine präformierte Öffnung, ein Ostiolum, besitzen, durch das die reifen Sporen ins Freie gelangen. Mitunter entsteht durch >Quellung und Verschleimung innerer Teile einschließlich der Asci ein Cirrus, ein schnurartiges Gebilde, das aus dem Ostiolum herausquillt und die Ascosporen enthält. In anderen Fällen gelangen die Asci an die Oberfläche eines hervorquellenden Flüssigkeitströpfchens, und die Sporen werden abgeschleudert. Perithecien sind oft birnenförmig in einen basalen Bauch und einen Hals, das Rostrum, gegliedert. Letzteres kann bei Perithecien, die im Inneren ihrer Substrate wachsen, die mehrfache Länge der basalen, hymenienführenden Teile erreichen. Die meisten Verwandtschaftskreise Perithecien bildender Ascomyceten sind derbwandig, und die Asci sind in >Hymenien angeordnet. In vielen Fällen sind die nur Millimeter großen Perithecien in Vielzahl auf einem flächigen oder keulenförmigen >Stroma vereinigt. An derartigen Stromata entstehen oft zunächst Konidien und erst später Perithecien (>Pleomorphie). Perithecien bildende Ascomyceten werden auch als Pyrenomyceten (birnenfrüchtige Ascomyceten) bezeichnet. Sie wurden früher als systematische Einheit begriffen, sind jedoch eine morphologisch definierte Gruppe polyphyletischen Ursprunges.

Die meisten Perithecien bildenden Ascomyceten gehören zu den *Sordariomycetes*, aber auch die einfach gebauten Fruchtkörper der insektenbewohnenden *Laboulbeniomycetes* werden definitionsgemäß als Perithecien bezeichnet. Die >Cleistothecien der Echten Mehltaupilze werden wegen ihrer mehrschichtigen Wände, die denen der Perithecien der *Sordariales* gleichen, von manchen Autoren erysiphale Perithecien genannt. Manche >Pseudothecien können bei Reife den Perithecien sehr ähnlich sein und werden dann als Pseudoperithecien bezeichnet (>Pseudothecium, Abb. 6).

Abb. 1: Perithecien von *Sordaria fimicola* auf Pferdemist; a – Perithecienwand, b – Rostrum, c – Ostiolum.

Abb. 2–6: in Stromata eingebettete Perithecien.

Abb. 2: angeschnittene Perithecien von *Xylaria polymorpha* (Vielgestaltige Holzkeule) in einem Querschnitt des Stromas; a – schwarz pigmentierte Perithecienwände, b – weißes >Plectenchym des Stromas, c – Bereich der Verwachsung der Wand des Rostrums mit der schwarzen, pseudoparenchymatischen Außenseite des Stromas, d – Ostiolum.

Abb. 3–5: Perithecien von *Poronia punctata* (Porenscheibe)

Abb. 3: angeschnittenes Stroma mit Perithecien; mehrere Perithecien (a) sind median getroffen und haben apikal die scheibenförmige Oberfläche des basal kurz gestielten Stromas (c) durchbrochen (b).

Abb. 4: die Oberseite eines lebenden Stromas durchbrechendes Perithecium; a – durch >Hyphen und conidiogene Zellen filzige Oberseite des Stromas, b – pseudoparenchymatische Außenwand des Rostrums; c – Flüssigkeitströpfchen mit Asci und Ascosporen;

Abb. 5: Oberseite eines abgestorbenen Stromas; a – hervorragende Wände der Rostra, b – Ostioli, c – weiße, grob schollige Oberfläche.

Abb. 6: Aufsicht auf abgestorbene, dicht gedrängte Stromata von *Hypoxylon fragiforme* (Erdbeerförmige Kohlenbeere); a – Oberfläche der Stromata mit den pustelförmig hervortretenden Ostioli der Perithecien, b – schwarzes Plectenchym eines angeschnittenen Stromas, c – rote Perithecien von *Nectria epispharica* (Aufsitzender Pustelpilz), die einzeln auf der Oberfläche der *Hypoxylon*-Stromata wachsen.

Abb. 7: Perithecien von *Nectria cinnabarina* (Rotpustelpilz), die nach abgeschlossener Conidienbildung an der Basis der Sporodochien entstehen (>Conidioma, > Pleomorphie); a – in Gruppen angeordnete Perithecien, b – Perithecien mit bereits aufgebrochenen Wänden.

154

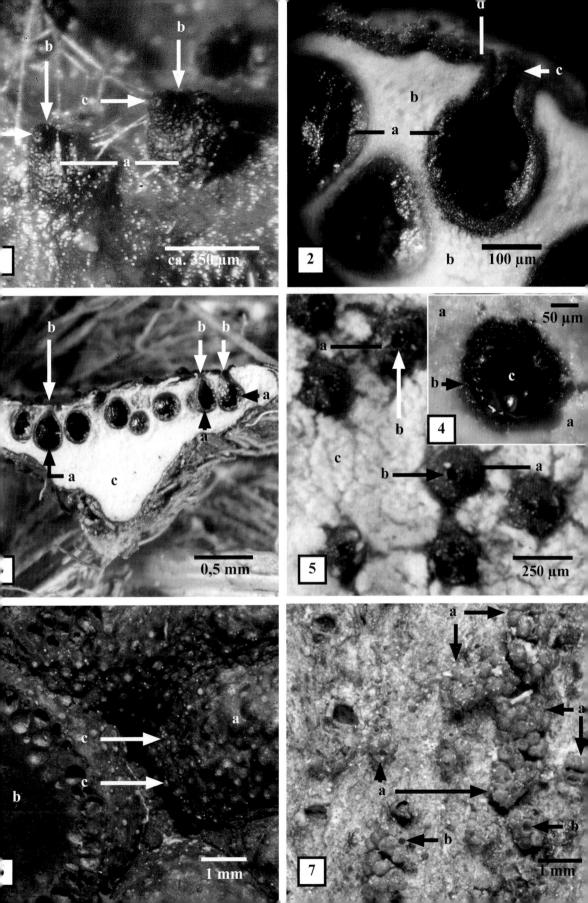

1   ca. 350 μm

2   100 μm

3   0,5 mm

4   50 μm

5   250 μm

6   1 mm

7   1 mm

Pileus (Pl. Pilei), auch Pileum (Pl. Pilea)

Das lateinische Wort Pileus steht für eine runde, an den Schläfen ansitzende Filzkappe. In der Mykologie wird der Begriff allgemein für den Pilzhut verwendet. Der Schwerpunkt liegt bei Hüten gestielter >Basidomata mit einer sterilen Oberseite und einer mit >Hymenophor versehenen bzw. mit >Hymenium überkleideten, fertilen Unterseite. Von dem Begriff Pileus sind Termini wie >Pilothecium (Hutpilz), pileate (huttragende) <u>Porlinge</u> oder pileate <u>Schichtpilze</u> abgeleitet.

Die Ausbildung von Pilzhüten ist eine Entwicklungstendenz in ganz verschiedenen Verwandtschaftskreisen von Basidiomyceten. Flächige, dem Substrat anliegende >Fruchtkörper (effuse Crustothecien) neigen oft dazu, in senkrechter Lage pileate Abschnitte zu bilden und werden dann als effusoreflexe (teils effuse, teils pileate) Fruchtkörper bezeichnet.

Die Ausbildung des Pileus kann für manche Arten oder sogar für Gattungen ein charakteristisches Merkmal sein. Die Hüte gestielter Pilothecien können z.B. kugelig, eiförmig, halbkugelig, polsterförmig, kegelig, trichterförmig, flach ausgebreitet, in der Mitte niedergedrückt oder gebuckelt, am Rande eingerollt oder aufgebogen sein. Im Verlaufe der ontogenetischen >Fruchtkörperentwicklung kann sich die Hutform beträchtlich wandeln, z.B. können halbkugelige Hüte junger Fruchtkörper bei Sporenreife trichterförmig in der Mitte niedergedrückt und am Rand aufgewölbt sein. Am Rand eingerollte Hüte können sich im Alter nach oben wölben und eine trichterige Form annehmen. Deutsche Gattungsnamen wie Nabeling, Trichterling, Häubling, Krempling beruhen auf Merkmalen der Hutform.

Die systematische Bedeutung der Hutbildungen ist jedoch sehr begrenzt. Während z.B. noch bis ins 20. Jh. die „Pileati" der Klasse der *Hymenomycetes* als Taxon geführt wurden, ist gegenwärtig erwiesen, dass in eng verwandten Gruppen pileate und andere, z.B keulen-, korallen- und krustenförmige Sippen vereint sind.

Neben den Merkmalen der Hutform und des Hymenophors der Hutunterseite ist auch die Struktur der >Cortex der Hutoberseite von Bedeutung. Sie kann z.B. aus keuligen Hyphenenden oder radiär orientierten Hyphen bestehen. Bei nicht perennierenden („einjährigen") Fruchtkörpern vieler pileater Porlinge und Schichtpilze kommen oft charakteristische haarförmige Oberflächen vor (>Tomentum), bei mehrjährigen Porlingen sind es häufig feste Krusten.

Abb 1–3: charakteristische Formen des Pileus zentral gestielter Pilothecien.

Abb. 1: *Hygrocybe acutoconica* (Spitzkegeliger Saftling) mit kegeligem Hut (Zentralsibirien).
Abb. 2: *Boletus edulis* (Steinpilz) mit polsterförmigem Hut.
Abb. 3: *Xeromphalina campanella* (Geselliger Glöckchennabeling) mit genabeltem, mitunter in der Mitte durchbrochenem Hut an Lärchenholz in Zentralsibirien.

Abb. 4–6: charakteristische Formen des Pileus von pileaten Porlingen.

Abb. 4: konsolenförmiger (dimitater) Fruchtkörper von *Ganoderma applanatum* (Flacher Lackporling); der mehrjährige Fruchtkörper besteht aus einem einzigen konsolenförmigen Hut.
Abb. 5: mehrhütiger, effusoreflexer Fruchtkörper von *Trametes versicolor* (Schmetterlingsporling).
Abb. 6: halbierter, junger Fruchtkörper von *Osteina obducta* (Harter Porling); mehrere Stiele und Hüte entspringen einer gemeinsamen Basis an unterirdischem *Larix*-Wurzelholz (Zentralsibirien); die monomitische >Trama wird durch Wandverdickungen im Alter sehr hart.

Pilothecium (Pl. Pilothecia)

Die Begriffe „Pilz" (vom lat. „boletus" = Kaiserling, *Amanita caesarea*) und Mykologie (vom lat. „Mykes", Pilz) gehen auf >Basidiomata zurück, die in einen Hut (>Pileus) und einen zentral ansitzenden Stiel gegliedert sind. Dieser Fruchtkörpertyp wird als Pilothecium (Hutpilz) bezeichnet. Die >Primordialentwicklung der Pilothecien ist normalerweise monozentrisch und nodulär. Die Hutoberseite und der Stiel besitzen in der Regel eine sterile Deckschicht (>Cortex), die Hutunterseite trägt ein >Hymenophor, das geotropisch positiv orientiert ist. Die Stielbasis entspringt dem im ernährenden Substrat wachsenden >Myzel. Pilothecien entwickeln sich gymnocarp oder hemiangiocarp (>Fruchtkörperentwicklung). Häufig treten charakteristische Hüllen auf (>Velum), die das Hymenophor bis zur Sporenreife schützend bedecken. Dieser Grundtyp wird als stipitates (gestieltes) Pilothecium bezeichnet, von dem es viele morphologische Abweichungen gibt. An vertikalen Substraten wie aufrechten Baumstämmen kann der Stiel charakteristischerweise exzentrisch oder seitlich ansitzen. Solche Formen werden laterale (mitunter auch pleurale) Pilothecien genannt. An der Unterseite horizontaler Substrate, z.B. an gefallenen Stämmen oder Ästen kommen Pilothecien vor, deren Stiel völlig zurückgebildet ist und deren Hutoberseite mit dem Myzel im Substrat verbunden ist. Sie werden als >resupinate Pilothecien bezeichnet.

Neben diesen morphologischen Typen findet man häufig eine Einteilung oder weitere Untergliederungen der Pilothecien nach typischen Gattungen. Die stipitaten Pilothecien können z.B. nach den Gattungen *Agaricus* oder *Boletus* als agaricoid (mit Lamellen, >agaricoides Hymenophor) oder boletoid (mit Röhren, >boletoides Hymenophor) bezeichnet werden, die pleuralen Pilothecien nach der Gattung *Pleurotus* als pleurotoid, die resupinaten Pilothecien nach der Gattung *Cyphella* als cyphelloid.

Zu den >Crustothecien vermitteln vor allem die pileaten (hutförmigen) Porlinge, die Konsolen bilden (>effusoreflexes, >dimitates Crustothecium). Manche sind wie die Pilothecien seitlich, exzentrisch oder nahezu zentral gestielt (>stipitates Crustothecium), entstehen jedoch nicht nodulär, sondern entwickeln sich direkt aus dem Myzel (>Primordialentwicklung). Manche Arten, z.B. im Verwandtschaftskreis von *Ganoderma* (Lackporlinge) oder von *Polyporus* (Gestielte Porlinge), können fakultativ konsolenförmig, seitlich gestielt oder auf der Oberseite horizontaler Substrate auch zentral gestielt sein.

Von Pilothecien und stipitaten Crustothecien zu >Holothecien vermitteln z.B. manche primär keulenförmigen Fruchtkörper mit fakultativ abgeflachter Oberseite, wie *Clavariadelphus truncatus* (Abgestutzte Keule) oder Formen mit einem Hymenophor wie *Gomphus clavatus* (Schweinsohr). Zu den angio- und cleistocarpen Basidiomata (>Fruchtkörperentwicklung) vermitteln in erster Linie die >secotioiden Gasterothecien. Da von vielen Hutpilzen die >Primordialentwicklung nicht untersucht wurde, gibt es Unklarheiten bei der Zuordnung zu diesen Typen.

Abb. 1 und 2: stipitate Pilothecien; es sind in der Regel zentral gestielte, weichfleischige Hutpilze.

Abb. 1: *Boletus edulis* (Steinpilz), ein boletoides Pilothecium (Röhrling).

Abb. 2: *Agaricus hortensis* (Kompostchampignon); ein agaricoides Pilothecium (Blätterpilz).

Abb. 3 und 4: laterale Pilothecien; die meisten Arten sind exzentrisch gestielt, bilden aber fakultativ auch seitlich oder zentral gestielte Formen.

Abb. 3 *Pleurotus ostreatus* (Austernseitling).

Abb. 4: *Tapinella curtisii* (ein tropischer Muschelkrempling an einem lebenden Kiefernstamm in Vietnam).

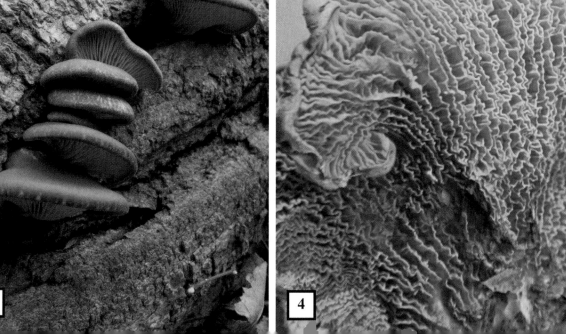

Pilothecium resupinat

>Pilothecien sind normalerweise zentral gestielte Hutpilze (stipitate Pilothecien), sie können aber auch exzentrisch bis seitlich gestielt sein (laterale Pilothecien). Im Extremfall ist der Stiel völlig zurückgebildet, und die Huttrama der >Fruchtkörper ist direkt, ohne einen verbindenden Stiel mit dem ernährenden Myzel verbunden. Die Hüte sind dann seitlich oder mit ihrer Oberseite exzentrisch bis zentral mit dem myzelführenden Substrat verwachsen. Dies kommt insbesondere bei holzbewohnenden Pilzen an der Unterseite von horizontal oder schräg liegenden Stämmen und Ästen vor. Die stiellosen, mit der Hutoberseite angewachsenen >Basidiomata werden als resupinat (lat. resupinus = rücklings) bezeichnet. In der Literatur über Krustenpilze wird der Begriff „resupinat" auch für >effuse Crustothecien benutzt. Die Bezeichnung resupinates Pilothecium charakterisiert jedoch eindeutig den morphologischen Typ eines Hutpilzes. Resupinate Pilothecien können z.B. verkehrt schüsselförmig oder glockenförmig sein. Äußerlich können sie bei völliger Rückbildung der Lamellen wie umgedreht wachsende >Apothecien aussehen. Diese Form der Basidiomata wird auch durch die Bezeichnung „cyphelloid" (ähnlich der Gattung *Cyphella*) zum Ausdruck gebracht, wobei jedoch auch die Form des >Hymenophors berücksichtigt wird.

Die phylogenetische Morphogenese von stipitaten zu resupinaten Pilothecien führte über exzentrisch kurzgestielte, lateral gestielte und muschelförmige Fruchtkörpertypen, die mitunter fakultativ noch vom Hut umwachsene Stielreste aufweisen. Es kam auch primär zum Kontakt zwischen der Huttrama und dem Myzel, und der überflüssige zentrale Stiel verkümmerte. Die strukturelle Reduktion der resupinaten Pilothecien betrifft in vielen Fällen auch das Hymenophor. Von regulären Lamellen über unregelmäßige Adern bis hin zu einer glatten Hymenium führenden Hutunterseite sind alle Übergänge vorhanden.

Neben der Entwicklung, die zu resupinaten Pilothecien geführt hat, gibt es bei manchen Sippen die Tendenz des dichten Wachstums der Fruchtkörper, so dass Aggregate entstanden sind, die verwachsen können und de facto der polyzentrischen Entwicklung mancher effuser Crustothecien nahe kommen und äußerlich wie ein krustenförmiger Porling wirken, z.B. in der Gattung *Stromatoscypha*. Auch die Fruchtkörper der Gattung *Schizophyllum* (Spaltblättlinge) sind auf diese Weise zu erklären, wobei jede Spalthälfte einer „Pseudolamelle" einem Fruchtkörperrand entspricht.

Abb. 1: *Crepidotus cesatii* (Kugelsporiges Stummelfüßchen); Basidiomata mit polymorpher Insertion am Substrat, eine Entwicklungslinie von stipitaten zu resupinaten Pilothecien dokumentierend; a – exzentrisch gestielt, b – lateral gestielt, Hutrand zum Stiel flügelartig gewölbt, c – exzentrisch gestielt, Stiel den Hut durchbrechend, d – resupinat, Lamellen exzentrisch zur Insertionsfläche des Hutes verlaufend.

Abb. 2: *Resupinatus kavinii* (Dickblättriger Liliputseitling); resupinate Pilothecien; Einbuchtungen des Hutrandes (Pfeil) deuten auf einen ähnlichen Formwandel bei der Reduktion der Stiele wie bei *Crepidotus cesatii* in Abb. 1.

Abb. 3: *Chaetocalathus columellifer,* resupinate Pilothecien (tropischer Regenwald, Vietnam); gegenüber des nahezu zentralen Stielfragmentes mit dem Hutscheitel am Substrat angewachsene Basidiomata.

Abb. 4: *Stromatoscypha fimbriata* (Gefranstes Becherstroma); dicht stehende, miteinander verwachsene, resupinate Pilothecien.

Plectenchym (Pl. Plectenchyme)

Miteinander verflochtene >Hyphen oder Zellfäden von Algen, die eine den Geweben der Pflanzen ähnliche anatomische Struktur bilden, werden Plectenchym oder Flechtgewebe genannt. Im Gegensatz zu den Dauergeweben der Pflanzen, die aus Bildungsgeweben (Meristemen) hervorgehen, geht die Entstehung der Plectenchyme auf das Spitzenwachstum – oft kombiniert mit interkalarem Wachstum – von Zellfäden oder der Hyphen zurück. Plectenchyme kommen z.B. bei den großen, als Tange bezeichneten Thalli von Rot-, Braun- oder Grünalgen vor. Bei den Pilzen bilden sie die >Fruchtkörper, >Stromata, >Rhizomorphen, Pilzmäntel der >Mykorrhizae oder >Myzelioderme.

Durch sehr dichte Verflechtungen der Hyphen, zusätzliche Verklebungen und ausgeschiedene Zwischensubstanzen und durch reiche Septierungen ähnelt manche plektenchymatische Hyphenstruktur einem pflanzlichen Parenchym (Grundgewebe) und wird als Pseudoparenchym bezeichnet. Plectenchyme und Pseudoparenchyme sind durch Übergänge miteinander verbunden und lassen sich nicht grundlegend unterscheiden.

Die Mannigfaltigkeit pilzlicher Plectenchyme ist sehr groß. Sie bauen die >Trama der Fruchtkörper auf, die oft aus sehr unterschiedlichen Typen von Hyphen besteht. Die hymenientragenden Subhymenien sind meist aus dichteren Plectenchymen aufgebaut als die Trama. An den sterilen Oberflächen von Fruchtkörpern tragen die Plectenchyme spezielle Corticalgeflechte. Nicht selten bilden auch dichte Plectenchyme selbst sterile Oberflächen, wenn keine spezifischen Cortices vorkommen. Es gibt nahtlose Übergänge zwischen dem als Cutis bezeichneten Epithelium und plectenchymatischen Oberflächen.

Der Bau der Plectenchyme und Pseudoparenchyme ist bei manchen Pilzen für die Systematik und Bestimmung von Bedeutung, z.B. die Ausrichtung der Hyphen im Plectenchym der Lamellentrama von Blätterpilzen (>agaricoides Hymenophor), die Hyphentypen des Plectenchyms der Trama mancher Porlinge oder die Typen der >Textura der Plectenchyme und Pseudoparenchyme in der >Excipula von >Apothecien.

Die Plectenchyme und Pseudoparenchyme der >Ascomata und der >Basidiomata sind bezüglich der Kernphasen der beteiligten Hyphen verschieden. Während die Basidiomata in der Regel ausschließlich aus dikaryotischen Hyphen bestehen, sind die Ascomata aus haploiden und den dikaryotischen, ascogenen Hyphen aufgebaut.

Abb 1–3: Plectenchym und Pseudoparenchym der Exoperidie (>Peridie) von *Myriostoma coliforme* (Sieberdstern).

Abb. 1: Die Schichten der Exoperidie im Querschnitt eines Sternlappens; a – Myzelialschicht mit einer dichten Myzelstruktur, b – Faserschicht mit stark radial orientiertem, nicht quellfähigem, derbwandigem Plectenchym, c – Pseudoparenchymschicht.

Abb. 2: Pseudoparenchym mit quellfähigen, nahezu isodiametrischen Zellen.

Abb. 3: Plectenchym der Faserschicht im Radialschnitt eines Sternlappens mit stark wandverdickten, radial orientierten, englumigen Hyphen.

Abb. 4: Plectenchym der Huttrama von *Clitocybe geotropa* (Mönchskopf); die Septen sind mit Schnallen versehen (Pfeile).

Abb. 5: Lockeres Plectenchym des Excipulums eines Apotheciums von *Ascocoryne cylichnium* (Großsporiger Gallertbecher); die Interhyphalräume sind mit quellfähigen Substanzen ausgefüllt (>Quellung).

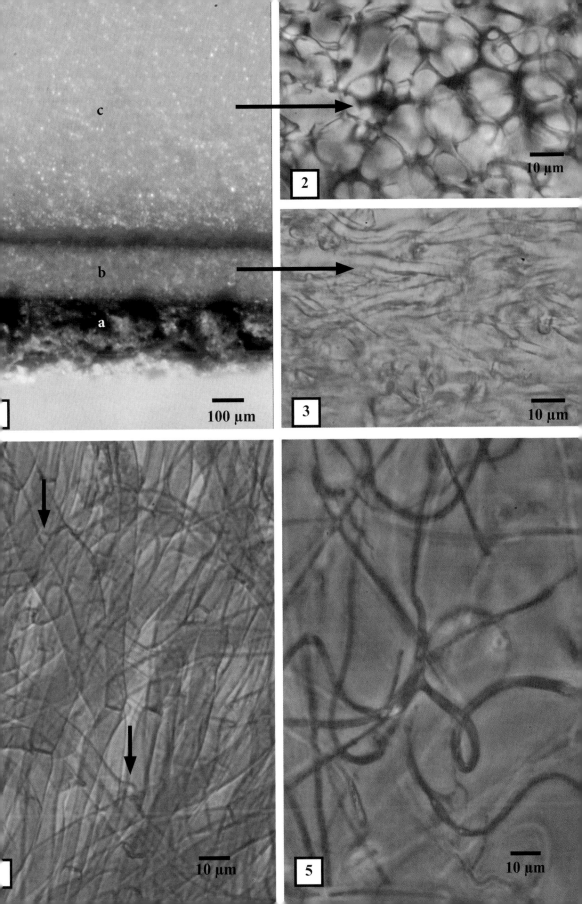

Pleomorphie (auch Pleomorphismus, Polymorphie, Polymorphismus)

Viele Pilze durchlaufen in ihrem Lebenszyklus auffallend unterschiedliche morphologische Stadien, die häufig mit der Bildung verschiedener Sporentypen verbunden sind. Diese Vielgestaltigkeit wird als Pleomorphie bezeichnet. In vielen Fällen sind die Unterschiede zwischen den Morphen so groß, dass die Zusammengehörigkeit nicht offensichtlich ist und verschiedene Entwicklungsstadien als unterschiedliche Arten aufgefasst wurden und auch verschiedene wissenschaftliche Namen erhalten haben. Die damit verbundene Nomenklatur ist bis in die Gegenwart problematisch. Für morphologisch definierbare Formen, die ausschließlich Mitosporen, vor allem Conidien, bilden, hat sich der Begriff Anamorphen gegenüber der Bezeichnung „imperfekte Stadien" durchgesetzt. Die Formen, an denen nach Sexualität die Zygoten und meist auch die Meiosporen, z.B. >Ascosporen oder >Basidiosporen, gebildet werden, nennt man Teleomorphen („perfekte Stadien"). In manchen Fällen ist die Fähigkeit der Bildung der Teleomorphe unterdrückt oder sogar völlig verloren gegangen. In vielen anderen Fällen, z.B. bei vielen fruchtkörperbildenden Basidiomyceten, dominieren die Teleomorphen, während die Anamorphen sich auf unscheinbare mikroskopische Stadien des Haplonten beschränken oder ganz fehlen.

Die Dominanz von Anamorphen, z.B. bei verschiedenen Gruppen von Ascomyceten, führte zu Kontroversen unter den Wissenschaftlern bezüglich der Benennung und schließlich zu dem Kompromiss, für ein und dieselbe Art verschiedene Namen für die Anamorphen und Teleomorphen verwenden zu dürfen Von vielen allgemein vorkommenden Anamorphen, wie die Arten der Anamorph-Gattungen *Aspergillus* (Gießkannenschimmel) oder *Penicillium* (Pinselschimmel) sind die Teleomorphen nur schwer zu ermitteln und z.T. unbekannt, oder sie werden gar nicht gebildet. Die Forderung, dass jede Art nur einen einzigen Namen führen darf, war daher nicht durchsetzbar, und es entstand das nomenklatorische System der Anamorphen, die man meist als *Deuteromycetes* oder *Deuteromycotina* führt.

Wenn im Entwicklungszyklus einer Art verschiedene Morphen mit unterschiedlichen Namen vorhanden sind, wird für deren Gesamtheit der Begriff Holomorphe benutzt. Die Holomorphe kann aus einer oder sogar mehreren Anamorphen und einer Teleomorphe bestehen. Nomenklatorisch muss für die Holomorphe der Namen der Teleomorphe benutzt werden.

Abb. 1: *Kretzschmaria deusta* (Brandkrustenpilz); die Anamorphe (a) ohne Anamorphnamen ist der Gattung *Geniculisporium* ähnlich; die Teleomorphe mit den >Perithecien (b), entsteht direkt aus der Anamorphe.

Abb. 2 u. 3: *Ascocoryne cylichnium* (Großsporiger Gallertbecher).
Abb. 2: die Apothecien der Teleomorphe.
Abb. 3: die fruchtkörperähnliche, conidienbildende Anamorphe *Coryne sarcoides.*

Abb. 4 u. 5: *Nectria cinnabarina* (Rotpustelpilz).
Abb. 4: die Anamorphe *Tubercularia vulgaris* (b) bildet Sporodochien (>Conidioma), die Perithecien der Teleomorphe (a) erscheinen teilweise an der Basis der Sporodochien, teilweise unabhängig von der Anamorphe am Holz.
Abb. 5: toter Ast von *Acer pseudoplatanus* (Bergahorn) mit Sporodochien der Anamorphe (a – trocken, b – feucht) und Perithecien der Teleomorphe(c).

Abb. 6 u. 7: *Inonotus obliquus* (Schiefer Schillerporling, Zentralasien) auf *Betula pendula* (Hängebirke).
Abb. 6: tumorähnliche, harte Anamorphe („imperfekter Fruchtkörper") ohne Anamorph-Namen; sie bildet ein- bis vierzellige Chlamydosporen und besitzt nesterweise angeordnete >Setae.
Abb. 7: Teleomorphe, ein >effuses Crustothecium (a), auf abgestorbenem Birkenholz; Stemmleisten (b) drücken die Birkenborke vom Holz.

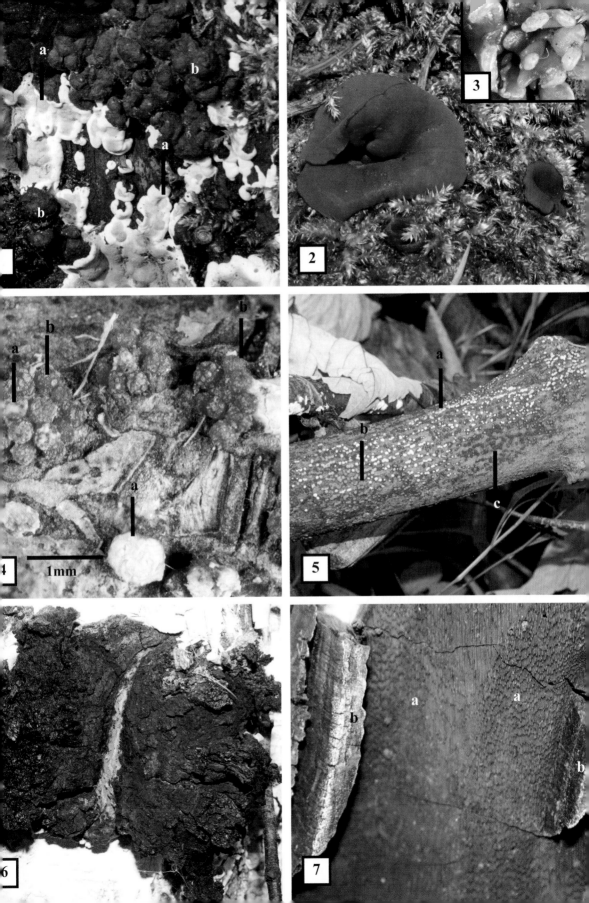

1mm

Primordialentwicklung (Pl. Primordialentwicklungen)

Ein Primordium ist die Anlage eines pflanzlichen Organes oder eines Pilz-Fruchtkörpers, an der die spätere Form noch nicht oder nur unvollkommen zu erkennen ist. Im Verlaufe der Primordialentwicklung entstehen die vollkommenen Pflanzenorgane, z.B. die Blätter von Pflanzen aus den Blattprimordien oder die Carposomata (>Fruchtkörper) von Pilzen aus den Fruchtkörperanlagen.

Die juvenilen Stadien von Organismen, vor allem von Tieren, die aus einer sexuellen Zellfusion hervorgegangen sind und im Schutze einer Umhüllung vom Mutterorganismus ernährt werden, nennt man Embryonen, ihre Entwicklung Emryonalentwicklung. Dieser, mitunter auf die Primordialentwicklung der Pilze übertragene Begriff, sollte in der Mykologie vermieden werden; ebenso der Ontogenie-Begriff, der die Entwicklung eines Individuums vom Keim bis zum Tod bezeichnet.

Während die Primordialentwicklung der >Ascomata vor oder mit der Befruchtung des Ascogons einsetzt und zu morphologisch gut definierten Fruchtkörpertypen führt, gibt es bei der Entwicklung der >Basidiomata beträchtliche Unterschiede in der Bewertung und Terminologie der Primordialstadien und der Fruchtkörpertypen. Der Umhüllung der Initial-Strukturen der >Hymenophore wurde große Bedeutung beigemessen. Hüllen (>Velum) können auch an Primordien vorkommen, aber in fortgeschrittenen Entwicklungsstadien nicht mehr nachweisbar sein. Durch exakte Analysen der Hüllstrukturen werden gymno-, hemiangio-, angio- oder cleistocarpe Typen der >Fruchtkörperentwicklung detailliert in Subtypen untergliedert. Besser lässt sich die Primordialentwicklung jedoch primär nach den frühesten Stadien der Fruchtkörperanlagen einteilen.

Die Primordien der Basidiomata entwickeln sich direkt aus dem >Myzel, oder es entsteht vorerst ein plectenchymatischer Knoten (Nodulus), aus oder in dem das eigentliche Primordium entsteht. Diese myzeliale oder noduläre Entwicklung lässt sich auch noch an den sporulierenden Basidiomata nachvollziehen, sie führt zu unterschiedlichen Typen der Basidiomata. >Crustothecien entwickeln sich stets myzelial und oft polyzentrisch, >Pilothecien und >Gasterothecien nodolär, bei den >Holothecien kommt beides vor. Es gibt jedoch noch zahlreiche ungeklärte Fragen, weil nicht alle Entwicklungslinien nach einheitlichen Gesichtspunkten untersucht worden sind.

An heranwachsenden Basidiomata ist die myzeliale Entwicklung häufig durch das Spitzenwachstum der Hyphen erkennbar. Von wachsenden >dimitaten Crustothecien werden z.B. Gegenstände am Fruchtkörperrand umwachsen, bei nodulär wachsenden Basidiomata entstehen stabile Oberflächen bereits im primordialen Zustand (>Hyphe, Abb. 4); die heranwachsenden Primordien können äußere Hindernisse beiseite schieben und dabei Erd- und Streuschichten des Bodens durchbrechen.

Abb. 1 u. 2: Primordien von >Cleistothecien Echter Mehltaupilze; nach der Befruchtung (=Dikaryotisierung) des Ascogons durch eine männliche Zelle bilden rasch auswachsende haploide >Hyphen dichte, mehrschichtige, pseudoparenchymatische Hüllen.
Abb. 1: *Podosphaera fusca; a* – äußere pigmentierte Hülle; b – einige angeschnittene Zellen der inneren Hülle mit Zellkernen.
Abb. 2: *Erysiphe trifolii*; a – äußere, pigmentierte Hülle, b – innere Hülle, c - heranwachsende Asci, d – Epidermis und e - Mesophyll der Wirtspflanze.
Abb. 3 u. 4: noduläre Primordialentwicklung von *Xerula melanotricha* (Schwarzhaariger Wurzelrübling). Abb 3: Nodulus (a) und das noch ungegliederte, exocarpe Primordium (b).
Abb. 4: nach nodulärer Primordialentwicklung durchdrang das Primordium mehrere Dezimeter des Bodens apikal an der >Pseudorhiza; das Basidioma entwickelte sich schließlich epigäisch aus dem Primordium durch Hyphenstreckung, interkalares Hyphenwachstum und Spitzenwachstum der Hyphen am Hutrand (>Myzel, Abb. 2 u. 3).
Abb. 5: nach myzelialer Primordialentwicklung von *Fomes fomentarius* (Echter Zunderschwamm >Myzelialkern) wurden durch Spitzenwachstum der Hyphen vom Fruchtkörper während seines Wachstums Zweige und ein Blatt der befallenen Buche eingeschlossen.

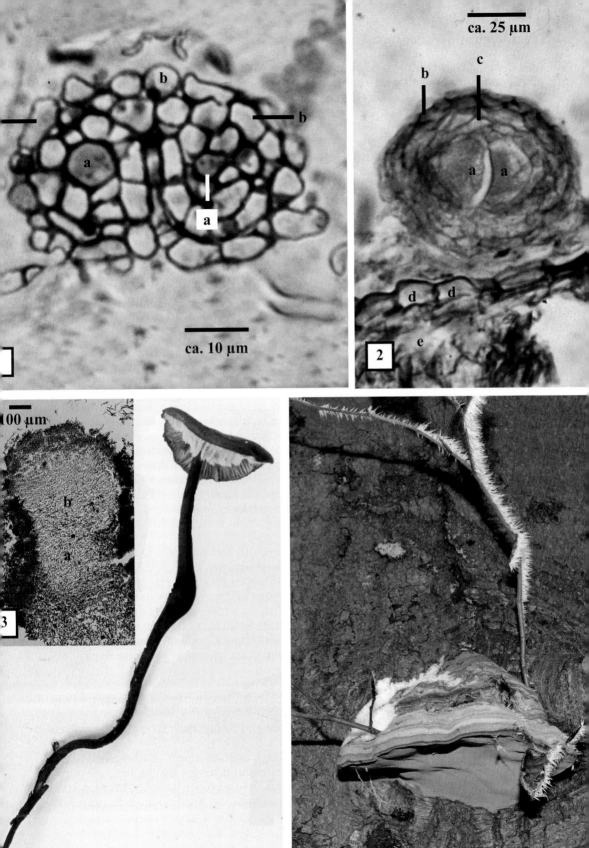

ca. 25 μm

ca. 10 μm

100 μm

Pseudorhiza (Pl. Pseudorhizae, auch Pseudorhizen)

Als Pseudorhizae (Scheinwurzeln) bezeichnet man die wurzelähnlichen Verlängerungen der Basis gestielter >Fruchtkörper, insbesondere gestielter >Pilothecien der Basidiomyceten. Primordien, die auf unterirdischem Holz, z.B. auf toten Baumwurzeln oder inmitten des Substrates, z.B. in Exkrementen von Tieren, angelegt werden, aber auch bei manchen >Ascomata, deren gestielte >Apothecien oder >Stromata unterirdischen >Sclerotien, Früchten, Cupulae, oder toten Insekten aufsitzen, entstehen derbe, plectenchymatisch gebaute Stränge, die apikal die Fruchtkörperanlage an die Erd- oder Substratoberfläche schieben, wo sie sich zum sporulierenden Fruchtkörper oder zum Stroma entwickelt. Wenn solch ein Strang zwischen dem Substrat des Myzels und der Basis des Fruchtkörpers als pfahlwurzelähnliches Gebilde als Verlängerung des Stiels im Boden erscheint, wird es Pseudorhiza oder auch Appendix rhizomorpha (Pl. Appendices rhizomorphae = wurzelförmige Anhängsel) genannt.

Bei einigen Arten, z.B. bei *Xerula radicata* (Schleimiger Wurzelrübling) oder bei *Heteloma radicosum* (Wurzelnder Fälbling) sind die auffallenden, gut ausgebildeten Pseudorhizae namengebende Merkmale.

Anatomisch sind die Pseudorhizae ähnlich aufgebaut wie die Stiele der Fruchtkörper. Sie bestehen überwiegend aus etwa parallel verlaufenden >Hyphen, jedoch sind meist keine derben Corticalgeflechte (>Cortex) vorhanden wie am Stiel, und es kommen oberflächlich auszweigende Hyphen vor. Selten sind die Pseudorhizae berindet, z.B. kommt bei den Pseudorhizae von *Xerula melanotricha* (Schwarzhaariger Wurzelrübling) neben einer derben, pigmentierten Rindenschicht eine komplizierte, dunkle, schalenförmige, als Involucrum beschriebene Hülle vor, an deren Bildung die flüssigen, sekretorischen Absonderungen (>Guttation) der Makrosetae (>Seta) der Fruchtkörperprimordien beteiligt sind. Rinde und Involucrum umhüllen die hyalinen, inneren Hyphen, die dem Stofftransport dienen.

Pseudorhizae mit schraubig gewundener Struktur werden gebildet, wenn die Primordien skelettreiche Böden durchdringen müssen, wie *Xerula melanotricha*, die auf kalkreichen, steinigen Standorten vorkommt. Pseudorhizae mit gewundenem Hyphenverlauf werden auch von *Termitomyces*-Arten gebildet, die harte Termitenhügel zu durchwachsen vermögen. Die Primordien werden in diesen Fällen mit bohrenden Drehbewegungen durch das Erdreich geschoben. Häufig ist die Stielbasis der Pseudorhiza bildenden Fruchtkörper auffallend verdickt und geht bauchig, spindelig, zwiebelförmig, kantig oder knollig in die Pseudorhiza über.

Pseudorhizae, von denen Hyphen in das Substrat oder Erdreich auszweigen, dienen auch der zusätzlichen Wasser- und Nährstoffversorgung, nicht ausschließlich dem Durchstoßen des Substrates und dem Stofftranssport.

Bei manchen büschelig wachsenden Pilothecien, z.B. bei *Gymnopus fusipes* (Spindeliger Rübling) oder bei den Apothecien von *Microstoma protractum* (Tulpenbecherling), kann die Basis der Pseudorhiza nach Absterben des oberirdischen Fruchtkörpers überdauern und in der nächsten Fruktifikationsperiode neue Fruchtkörper bilden, die ihrerseits eine Pseudorhiza besitzen. Auf dem Substrat entsteht auf diese Weise ein Strunk, der nicht nur der Nährstoffleitung, sondern auch der Nährstoffspeicherung dient. Solch ein Gebilde ist als zusammengesetzte Pseudorhiza aufzufassen und wird auch Speicherstrunk genannt. Funktionell nimmt er damit eine Stellung zwischen einer einfachen Pseudorhiza und einem >Sclerotium ein.

Abb. 1: *Gymnopus fusipes* (Spindeliger Rübling); Fruchtkörper mit typisch spindeliger Pseudorhiza.
Abb. 2: *Xerula radicata* (Schleimiger Wurzelrübling); Fruchtkörper mit unberindeter Pseudorhiza.
Abb. 3: *Microstoma protractum* (Tulpenbecherling), vier aus einem gemeinsamen Strunk entspringende Ascomata; links 3 unreife, rechts ein sporulierendes Apothecium; a – primäre, dem Holz aufsitzende, gewundene Pseudorhiza, b – sclerotienähnlicher, überdauernder Strunk, c – Basen der Pseudorhizae vorjähriger Ascomata, d – Apotheciumstiele, die nahtlos in die sekundäre Pseudorhiza übergehen.

1

2

1 cm

1 cm

3

d — — d

c —

c

b

a —

5 mm

Pseudothecium (Pl. Pseudothecia)

Als Pseudothecien werden alle >Ascomata bezeichnet, die sich ascolocular entwickeln, wobei zunächst der >Fruchtkörper vom Haplonten aufgebaut wird und nach der Befruchtung die ascogenen >Hyphen in schizogen oder lysogen gebildete Hohlräume (Loculi) einwachsen (>Ascoma), in denen sich schließlich die >Asci entwickeln (>Ascoma). Die Ascomyceten mit ascolocularer >Fruchtkörperentwicklung wurden in den verschiedenen Systemvorschlägen der letzten Jahrzehnte als Loculoascomyceten zusammengefasst, meist auf der Rangstufe einer Unterklasse (*Loculoascomycetidae*). Gegenwärtig werden sie als Klasse *Dothideomycetes* der Abteilung *Ascomycota* geführt.

Den Pseudothecien werden die Euthecien gegenübergestellt. Letztere entwickeln sich hymenial, ihre Entwicklung wird mit der Befruchtung des Ascogons eingeleitet.

Die Asci der Pseudothecien sind in der Regel bitunicat. Die zwischen ihnen entwickelten Hyphen des Hamatheciums sind häufig keine >Paraphysen, sondern Pseudoparaphysen oder Paraphysoide.

Pseudothecien sind sehr kleine Ascomata, stets unter 1 mm groß und sehr vielgestaltig, weswegen für verschiedene Typen auch unterschiedliche Namen geprägt wurden. Häufig benutzt werden die Begriffe:

Myriothecium: polsterförmiges Pseudothecium mit zahlreichen Loculi, die je einen Ascus enthalten, z.B. in der Gattung *Myriangium*
Thyriothecium: schildförmiges Pseudothecium mit einem einzigen Loculus, z.B in der Gattung *Microthyrium*
Hysterothecium: langgestrecktes Pseudothecium mit einem einzigen Loculus und einem Längsspalt, ähnlich den hymenial gebildeten >Lirellen, z.B. in der Gattung *Hysterium*
Pseudoperithecium: rundes oder birnenförmiges Pseudothecium mit einem Loculus oder mehreren Loculi, apikal mit sekundärem Porus und dadurch perithecienähnlich oder apikal verwitternd und damit cleistothecienähnlich, bei vielen Vertretern der Klasse *Dothideomycetes*

Der Begriff Pseudothecium wird von manchen Autoren auch als Synonym für die perithecien- oder cleistothecienähnlichen Pseudoperithecien verwendet, wobei kein Überbegriff für alle loculuren Ascomata benutzt wird.

Abb. 1–4: *Mycosphaerella anethi*, ein hemibiotropher Phytoparasit >Mykoparasitismus) auf *Foeniculum vulgare* (Fenchel);
Abb. 1: befallene Sprossachsen; rechts Pseudostromata mit Spermogonien und jungen Pseudothecien; links Pseudostromata und einzeln stehende Pseudothecien.
Abb. 2: teils in Pseudostromata vereinte Gruppen (a), teils einzeln stehende (b) Pseudothecien.
Abb. 3: in das Pseudostroma eingesenkte Spermogonien, die gleichzeitig mit den Pseudothecien entstehen.
Abb. 4: noch unreifes Pseudothecium mit pseudoparenchymatisch angeordneten Zellen des Haplonten, wo sich nach der Befruchtung der Loculus bilden wird (c); mit der dunklen Pseudothecienwand (d) und einem apikalen Porus (e), der von der Trichogyne des Ascogons durchragt wird, um Spermatien aufzufangen.

Abb. 5: Pseudothecium einer *Metacapnodium* spec. (Rußtaupilz); ein unilokularer Pseudothecien-Typ, der bei Reife perithecienähnlich („perithecial") gebaut ist und als Pseudoperithecium bezeichnet wird; aus dem aufgequetschten Fruchtkörper (a) quellen die Asci mit je acht vierzelligen Ascosporen (b) hervor (>Ascospore, Abb. 1).

Abb. 6: Pseudothecien von *Leptosphaeria acuta* auf abgestorbenem Stängel von *Urtica dioica* (Brennnessel); die subepidermal angelegten, unilokulären Fruchtkörper besitzen ein Ostiolum und gleichen den ascohymenialen >Perithecien; sie liegen nach Überwinterung und Verwitterung der Epidermis (Pfeil – Epidermisreste) frei auf der Rinde der Wirtspflanze.

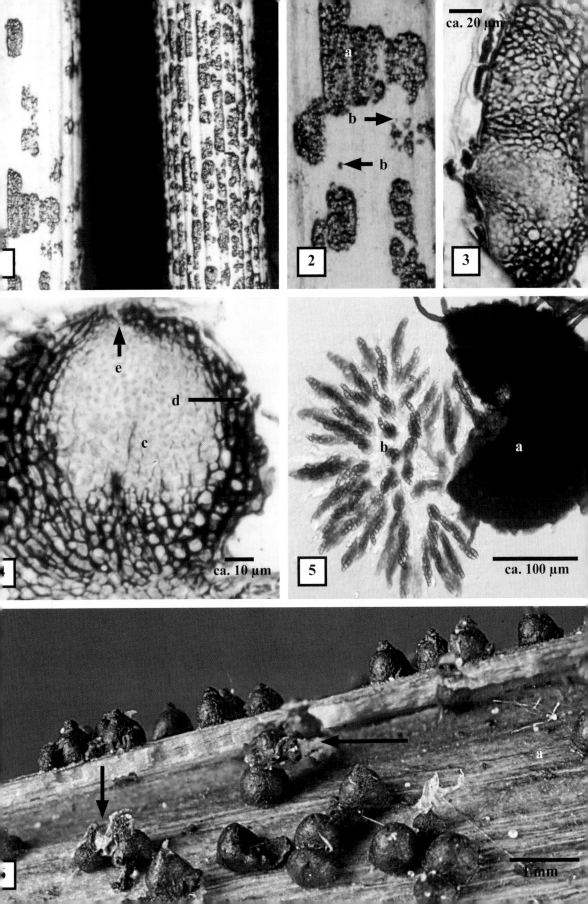

ca. 20 μm

ca. 10 μm

ca. 100 μm

1 mm

Quellung

Als Quellung bezeichnet man einen physikalischen Vorgang, bei dem ein Stoff, meist eine Flüssigkeit, in einen Festkörper unter Volumenvergrößerung eindringt. Bei hydrophilen Polymeren wie Proteinen (z.B. Gelatine) oder Kohlenhydraten (Stärke, Chitin- und Cellulose-Derivate) ist es gewöhnlich Wasser, das als Quellmittel wirkt. Die Wassermoleküle werden über Wasserstoffbrückenbindungen an polare Gruppen gebunden, wodurch die Polymerketten ihren Abstand zueinander vergrößern. Quellvorgänge sind reversibel, wenn das Quellmittel wieder aus dem Festkörper entweichen kann. Sie können sowohl in toten Substanzen, als auch in lebenden oder abgestorbenen Organismen oder in Teilen von ihnen vorkommen.

Bei den Pilzen werden von den Hyphen mancher >Plectenchyme und Pseudoparenchyme quellfähige Substanzen in die interhyphalen Räume abgesondert und führen bei Wasseraufnahme zu Quellungen, z.B. bei den *Auriculariales* (Ohrlapp-Pilze) wie *Auricularia auricula-judae* (Judasohr) oder bei den *Tremellales* (>Gallertpilzen), wie *Tremella mesenterica* (Goldgelber Zitterling) und den *Dacrymycetales* (Gallerttränen, Hörnlinge). Auch bei Ascomyceten und Anamorphen kommen Hyphengeflechte mit quellfähigen Substanzen vor, z.B. bei den Gattungen *Coryne* bzw. *Ascocoryne* (Gallertbecher), *Bulgaria* (Schmutzbecherlinge) oder *Neobulgaria* (Gallertkreisling). Die Substanz der gelatinisierten >Fruchtkörper besteht aus einem weitmaschigen Netz dünner Hyphen, die in der interhyphalen Gallerte eingebettet sind.Während bei diesen Sippen ganze Fruchtkörper quellfähig und gelatinös sind, können auch einzelne Fruchtkörperteile diese Eigenschaft aufweisen. Bei manchen sterilen Oberflächen erzeugen die Hyphen ebenfalls eine Gallerte, woraus eine schleimige, plectenchymatische Oberfläche oder ein schleimiges Corticalgeflecht (>Cortex), z.B. eine Ixocutis resultiert.

Gelatinöse Schichten können auch im Inneren von Fruchtkörpern vorhanden sein und zu Quellungen führen, obgleich die Oberfläche nicht gelatinisiert ist, z.B. in der Trama von *Marasmius*- und *Marasmiellus*- Arten (Schwindlinge) oder in Hutschichten unter der Oberhaut wie bei manchen *Crepidotus*-Arten (Stummelfüßchen).

In all diesen Fällen kann man Quellungserscheinungen beobachten. Bei trockenem Wetter verdunstet das Wasser, wodurch es zum Schrumpfen der quellfähigen Strukturen oder der gesamten Fruchtkörper kommt, wobei die Lebenstätigkeit eingeschränkt wird und bei Feuchtigkeit wieder einsetzt. Dieser Vorgang kann sich in der Regel vielmals wiederholen.

Durch unterschiedliche Intensität der Quellung bzw. Schrumpfung (Quellanisotropien) in verschiedenen, aneinander grenzenden Schichten pflanzlicher Gewebe oder pilzlicher Plectenchyme bzw. Pseudoparenchyme kann es zu hygroskopischen Krümmungsbewegungen (>Hygroskopizität) kommen.

Die Erscheinung hygrophaner Hüte mancher Basidiomata hängt ebenfalls mit Wasseraufnahme zusammen. Bei Feuchtigkeit dringt in die interhyphalen Hohlräume der Huttrama Wasser ein und verdrängt die Luft. Dadurch ändert sich die Farbe der Hutränder oder der gesamten Hüte oft beträchtlich, ohne dass eine wesentliche Volumen- oder Formveränderung durch Quellung stattfindet. Hygrophane Hüte oder Hutränder sind bei Feuchtigkeit dunkler und hyalin, bei Trockenheit heller und nicht oder weniger lichtdurchlässig (opak). Dieses Merkmal ist für manche Blätterpilze wie *Kuehneromyces mutabilis* (Stockschwämmchen) oder für viele *Galerina*- und *Omphalina*-Arten (Häublinge und Nabelinge) charakteristisch.

Abb. 1–3: Basidioma von *Marasmiellus perforans* (Nadelschwindling); trocken (Abb. 1), quellend (Abb. 2) und gequollen (Abb. 3).

Abb. 4 u. 5: *Dacrymyces stillatus* (Zerfließende Gallertträne) auf einem toten Fichtenästchen; gequollen (Abb. 4) und trocken (Abb. 5).

Abb. 6–8: *Galerina marginata* (Nadelholzhäubling); hygrophaner Hut, feucht (Abb. 6), austrocknend (Abb. 7) und trocken (Abb. 8).

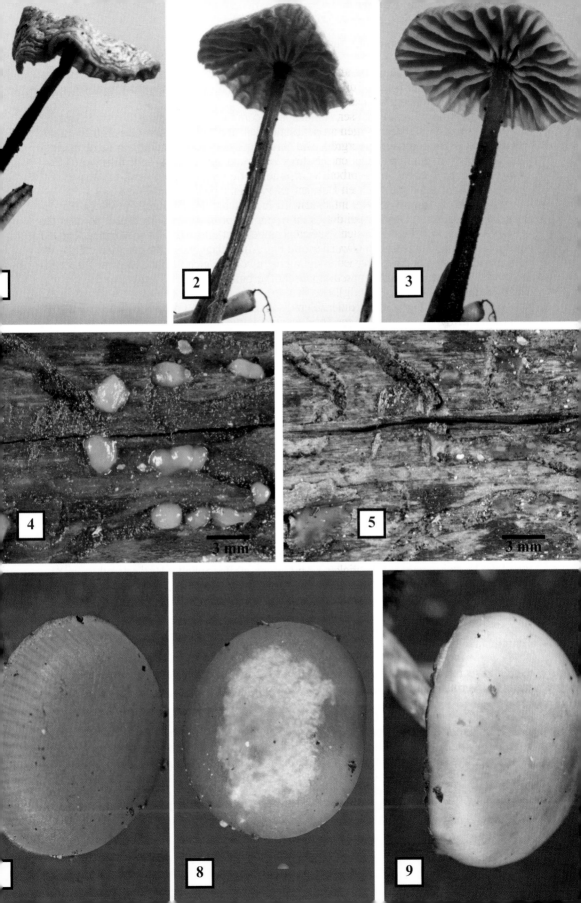

3 mm

3 mm

Receptaculum (Pl. Receptacula), auch Rezeptakel (Pl. Rezeptakel)

Der Terminus Receptaculum (lat. Behälter) wird in der Botanik insbesondere für den Blütenboden, dem Träger der Blattkreise der Blüten, aber auch für den Boden der Einzelblüten der *Asteraceae* (Korbblütengewächse) benutzt.

In der Mykologie verwendet man ihn insbesondere für den streckungsfähigen Träger der bei Reife sporenführenden >Gleba von >phalloiden und >clathroiden Gasterothecien der *Phallaceae* (stinkmorchelartige Pilze). Die Streckung des Receptaculums besteht in einer Entfaltung der im geschlossenen Fruchtkörper zusammengefalteten Wände. Für diesen Vorgang, bei dem Glycogen in osmotisch wirksame Stoffe umgewandelt wird, ist Wasser notwendig. Die Volvagallerte spielt hierbei als Reservoir eine bedeutende Rolle.

Durch die Streckung der Receptacula wird die feuchte, aber festgefügte Gleba der Atmosphäre ausgesetzt. Danach kommt es zu >Autolyseprozessen in der Gleba, so dass die >Basidiosporen in einer zähflüssigen Substanz eingebettet sind. Mit diesem Vorgang setzt die Bildung der charakteristischen Geruchsstoffe ein. Ausschlaggebend für den Geruch, der im Verlauf des Prozesses der Glebaverflüssigung nicht völlig gleichbleibend ist, sind Dimethyltrisulfide, Terpene, Essigsäure und aromatische Verbindungen, z.B. Phenylacetaldehyd und Phenylethanol.

Nicht nur diese Geruchsstoffe der Gleba, sondern auch die Farben des Receptaculums, insbesondere die roten, dienen der Insektenanlockung. Es handelt sich um Carotinoide, hauptsächlich um Lycopen und Beta-Karotin.

Phalloide Gasterothecien werden vielerorts verwertet und sogar als >Kulturpilze gezüchtet. Das noch zusammengefaltete Receptaculum mit der festen Gleba aus geschlossenen >Fruchtkörpern von *Phallus impudicus* wird nach Entfernung der Hülle auch in Europa als Speisepilz genutzt.

Abb. 1–2: Receptaculum von *Phallus impudicus* (Stinkmorchel).

Abb. 1: im geschlossenen Zustand aufgeschnittener Fruchtkörper; a – Stielteil des Receptaculums mit der zentralen Höhle; b – Hutteil des Receptaculums mit der dunklen Gleba; c – Hülle mit Volvagallerte.

Abb. 2: Fruchtkörper mit bereits gestrecktem Receptaculum; die Gleba befindet sich im Zustand der Verflüssigung und der Bildung der Geruchsstoffe (>phalloides Gasterothecium).

Abb. 3–4: Receptaculum von *Mutinus caninus* (Hundsrute).

Abb. 3: im geschlossenen Zustand aufgeschnittener Fruchtkörper; a – Receptaculum mit der zentralen Höhle; b – Gleba; c – Hülle mit Volvagallerte.

Abb. 4: Fruchtkörper mit bereits gestrecktem Receptaculum; die Gleba befindet sich im Zustand der Verflüssigung und der Bildung der Geruchsstoffe.

Abb. 5: Receptaculum von *Clathrus archeri* (Tintenfischpilz); oben: ein Fruchtkörper mit voll entfaltetem Receptaculum; 1 – 5: ein in Scheiben zerschnittener Fruchtkörper: 1: die röhrige Basis des Receptaculums ist angeschnitten, rechts unten ist bereits eine basale Spalte zwischen zwei Armen erkennbar; 2 – 4: mittlere Teile; mit der Hauptmasse der grünlichen, noch festgefügten Gleba und den noch ungestreckten fünf Armen des Receptaculums; die äußere Partie der Arme wird sich langsamer als die innere strecken, so dass sich die Arme nach außen krümmen werden; 5: apikaler Teil; rechts ist nahe der Spitze der Arme des Receptaculums zu erkennen, dass die Arme miteinander schwach verwachsen sind.

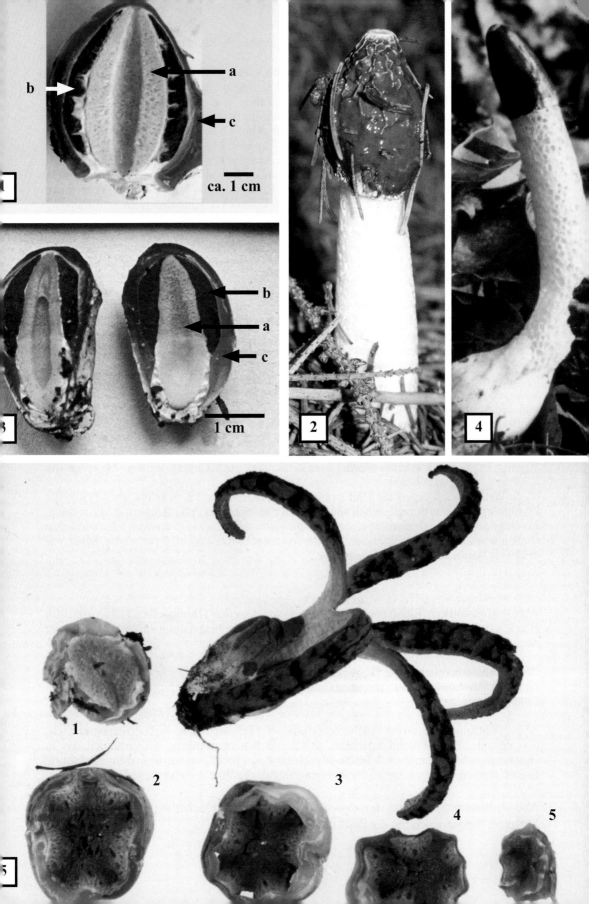

Rhizomorpha (Pl. Rhizomorphae), auch Rhizomorphe (Pl. Rhizomorphen)

Die trophischen >Hyphen eines >Myzels durchwachsen breit aufgefächert ihr nahrungs-spendendes Substrat. In bestimmten Lebensphasen bilden sie strangartige Komplexe, ver-einen sich zu >Plectenchymen, bringen >Fruchtkörper, >Sclerotien, >Stromata und andere aus Hyphenvereinigungen bestehenden Strukturen hervor. Strangartig verflochtene Hyph-en werden als Myzelstränge bezeichnet (>Myzel, Abb. 1). Sie dienen z.B. dem Nährstoff-transport in heranwachsende Fruchtkörper oder der Überbrückung ungeeigneter Substrate zur Erschließung neuer Nahrungsquellen. Wenn derartige Stränge nicht nur einen einzigen Hyphentyp, sondern funktionell differenzierte Hyphen aufweisen, nehmen sie äußerlich die Form mancher Wurzeln an und werden dann als Rhizomophen (Wurzelformen) bezeichnet. Die Übergänge von einfachen Myzelsträngen zu komplexen Rhizomorphen sind fließend. Hochdifferenzierte Rhizomorphen besitzen derbe, schützende Rindenschichten und im Inne-ren verschiedene Hyphentypen, die dem Nährstofftransport dienen.

Häufig sind Rhizomorphen zwischen dem ernährenden Myzel und der Basis von >Basidiomata zu finden, sie verbinden z.B. die Myzelmäntel ektotropher Mycorrhizae mit dem Fruchtkörper oder das ernährende Myzel lignicoler Pilze im Holzsubstrat mit scheinbar terrestrischen Fruchtkörpern. Mitunter ist das Vorkommen von Rhizomorphen so charakteristisch, dass es sich in manchen Namen der Fruchtkörper wiederfindet, z.B. bei der Gattung der Schwanztrüffeln (*Hysterangium*-Arten, >hypogäisches Gasterothecium, Abb. 3), deren >Gasterothecien an einer typisch basal ansitzenden Rhizomorpha inseriert sind. Ähnlich ist dies bei vielen Vertretern der *Phallaceae* (Stinkmorchelartige Pilze) oder bei den *Gastrosporium*-Arten (Steppentrüffeln).

Zu den bekanntesten Rhizomorphen gehören die des Verwandtschaftskreises von *Armil-laria mellea* (Hallimasch), die der Ausbreitung der Myzelien dieser lignicolen Pilze dienen und derbe, außen schwarze Rindenschichten besitzen. Sie sind in der Lage, mehrere Meter im Boden zu überbrücken, um sich neues, nahrungsspendendes Holz für das Wachstum des Myzels zu erschließen. Auf die auffälligen Hallimasch-Rhizomorphen geht auch der Gat-tungsnamen *Rhizomorpha* zurück. Man hielt in der Vergangenheit diese Gebilde für selb-ständige Pilze, bevor erkannt wurde, dass sie zu den fruchtkörperbildenden Myzelien der *Armillariella*-Arten gehören.

In vielen Fällen gehen die Rhizomorphen als spezialisierte Abschnitte des Myzels der Fruchtkörperbildung voraus, stehen aber nicht zwangsläufig mit Fruchtkörpern in Verbindung. Im Gegensatz zu ihnen sind die ebenfalls dem Nährstofftransport dienenden >Pseudorhizae (Scheinwurzeln) als Teile eines oder mehrerer verwachsener Fruchtkörper zu verstehen, mit denen sie stets nahtlos verbunden sind.

Abb.1: abgestorbene Rhizomorphen von *Armillaria mellea* (Honiggelber Hallimasch) im Bereich zwischen Borke und Holz eines toten Weidenstammes; die schwarze >Cortex bleibt noch lange nach dem Absterben als röhriges Geflecht erhalten.

Abb. 2: Rhizomorphen an der Basis eines Fruchtkörpers von *Agaricus abruptibulbus* (Schief-knolliger Anisegerling); sie transportieren die Nährstoffe vom saprotrophen Myzel zum Fruchtkörper.

Abb. 3: Rhizomorphen an der Fruchtkörperbasis von *Gastrosporium simplex* (Steppentrüffel); a – zentral an der Fruchtkörperbasis ansitzende Rhizopmorphen; sie verbinden das in Horsten von Steppengräsern lebende Myzel mit den Fruchtkörpern; b – noch unversehrte Gasterothecien; c – durch Zerfall der Peridien unregulär geöffnete, cleistocarpe Gasterothecien.

Abb. 4: Rhizomorphen von *Agrocybe praecox* (Voreilender Ackerling); sie verbinden das Myzel im Rindenmulch mit der Basis eines Fruchtkörpers.

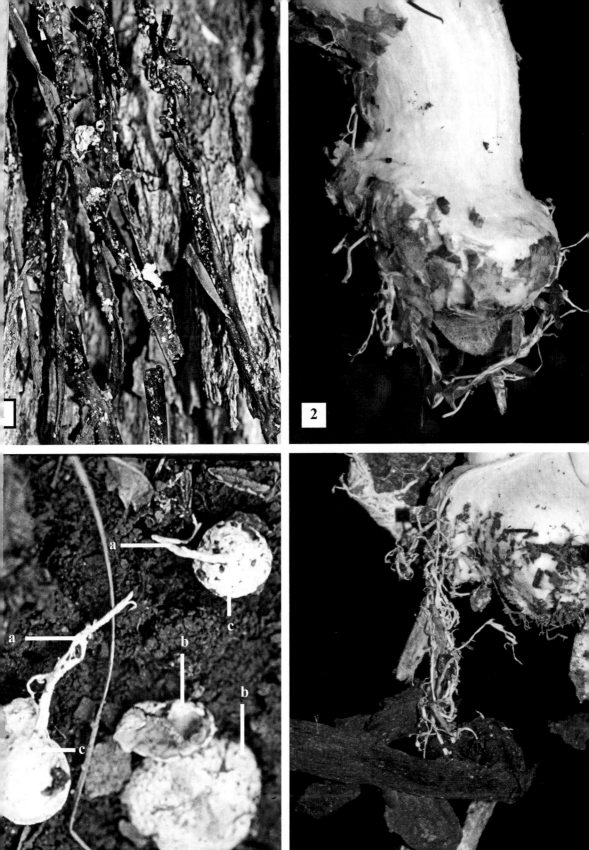

Sclerotium (Pl. Sclerotia, auch Sclerotien)

Sclerotien sind von einer derben, pigmentierten >Cortex umgebene, abgerundete Überdaue-rungsstadien von Pilzen, die ungünstige Bedingungen, z.B. Trockenheit, überleben können. Im Inneren sind plectenchymatisch angeordnete >Hyphen eingeschlossen, der Begriff wird aber auch für plasmodiale Dauerstadien von Schleimpilzen verwendet. Sclerotien können in Abhängigkeit von den Umweltbedingungen fakultativ gebildet werden, z.B. bei *Polyporus tuberaster* (Sclerotienporling), oder sie sind ein obligates Stadium im Entwicklungszyklus, das häufig der Fruchtkörperbildung vorausgeht, z.B. bei *Claviceps purpurea* (Mutterkorn-pilz).

Viele Sclerotien sind makroskopisch gut wahrnehmbare Strukturen, z.B. die Mutterkörner der Gattung *Claviceps* und die Sclerotien vieler >Apothecien bildender Ascomyceten, oder sie sind mikroskopisch klein, wie bei den *Rhizoctonia*-Arten.

Bei parasitischen Pilzen sind in den Sclerotien häufig Teile des abgestorbenen Wirtspflan-zengewebes eingeschlossen, bei terrestrischen Arten können Bestandteile des Bodens, z.B. Rohhumuspartikel oder Steinchen eingeschlossen sein. Sie werden dann auch als Pseu-dosclerotien bezeichnet. Typische und oft recht große Pseudosclerotien bilden z.B. *Polyporus tuberaster* (Sclerotienporling) oder *Polyporus umbellatus* (Eichhase). Diese Gebilde wurden früher als „Pilzsteine" bezeichnet und waren sogar ein Handelsartikel, da aus ihnen essbare >Basidiomata hervorwachsen.

Bei manchen hemiparasitischen Ascomyceten, deren Anamorphen parasitisch leben (Mykoparasitismus), kommen neben definiert geformten Sclerotien auch sclerotienähnliche, mumifizierte (sclerifizierte) Früchte der Wirtspflanzen vor, bei den *Cordyceps*-Arten (Kern-keulen) auch mumifizierte Tiere. Sie sind besser als >Stromata bzw. Pseudostromata zu be-zeichnen, werden aber auch Sclerotien genannt.

Der Name *Sclerotium* wurde ursprünglich als Gattungsbezeichnung geprägt und wird in der Systematik noch immer für Anamorphen benutzt, deren Teleomorphen zu ganz verschie-denen Ascomyceten oder Basidiomyceten gehören. Die Bezeichnung ist besonders dann er-forderlich, wenn die zugehörige Teleomorphe nicht sicher bekannt ist (>Pleomorphie).

Abb. 1–3: *Polyporus tuberaster* (Sclerotienporling).
Abb. 1: Basidioma mit einem Sclerotium (Pseudosclerotium) mit fest anhaftenden, z. Teil eingewachsenen Bodenpartikeln.
Abb. 2: Oberfläche des gesäuberten Sclerotiums.
Abb. 3: Schnittfläche; Plectenchym des Sclerotiums mit einigen eingewachsenen Boden-partikeln.

Abb. 4: *Claviceps purpurea* (Mutterkornpilz); Sclerotium im Blütenstand von *Calamagrostis epigejos* (Landreitgras).

Abb. 5: *Dumontinia tuberosa* (Anemonenbecherling); Sclerotium mit einem langgestielten Apothecium.

Abb. 6 und 7: *Sclerotium compactum*, die Anamorphe von *Sclerotinia sclerotiorum* (Gemeiner Sclerotienbecherling); Sclerotien von abgestorbenen *Brassica-napus*-Sprossachsen (Raps); der polyphage Pilz ist ein weit verbreiteter Schädling an verschiedenen Nutz- und Wildpflanzen; er verursacht Wurzelhals- und Stängelfäule, Blattwelke, Myzelbeläge und bildet im Mark aber auch außen an den befallenen Sprossachsen die 2-30 mm großen Sclerotien, aus denen nach Überwinterung lang gestielte Apothecien hervorgehen.
Abb. 6: eine Anzahl der in Form und Größe sehr variablen Sclerotien.
Abb. 7: ein angeschnittenes und ein unbeschädigtes Sclerotium.

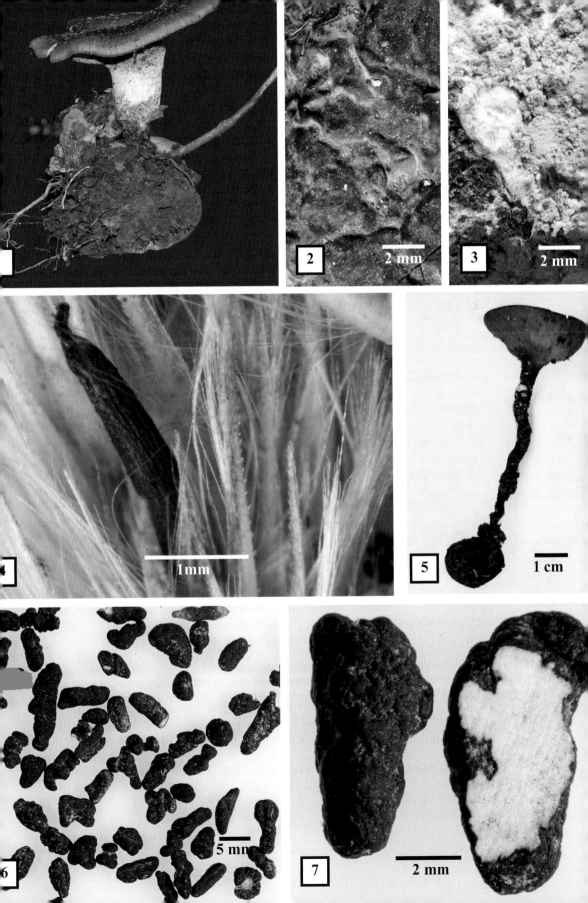

Septenporus (Pl. Septenpori) auch Septenpore (Pl. Septenporen)

Die Septen (Querwände) in den >Hyphen (Pilzfäden) der meisten Echten Pilze besitzen einen zentralen Porus. Bei den Ascomyceten sind z.B. in typischen Fällen irisblendenartige Septenporen vorhanden, bei den Basidiomyceten kommen oft charakteristische, tonnenförmig verdickte Poren (Dolipori) vor. Die Feinstrukturen sind lichtmikroskopisch nicht zu erfassen.

Elektronenoptisch findet man an den Septenpori verschieden geformte, plasmatische Strukturen. Es können z.B. Plasmapfropfen (plugs), membranumschlossene Vesikel, Membrankappen oder Röhrchen (Tubuli) vorhanden sein. Die plugs bestehen aus elektronenoptisch dichtem Plasma. Sie sind im Porus zentral oder – bei den Dolipori – an den Rändern des Doliums (der Tonne) angeordnet.

Besonders komplex sind die Dolipori der Septen in den Hyphen der meisten Fruchtkörper bildenden Basidiomyceten gebaut. Eine aus dem endoplasmatischen Reticulum hervorgehende Membran bildet beiderseits des Porus eine Porenkappe, das Parenthosom. Der komplette Doliporus besteht bei diesen Pilzen aus dem Dolium, das zur Zellwand gehört und beiderseits mit plugs versehen ist, und ebenfalls beiderseits aus einem membranösen, meist perforierten Parenthosom. Dieser Porentyp wird als d/p-Porus (**D**olium/**P**arenthosom-Porus) bezeichnet und gilt als Merkmal für die am höchsten entwickelten Basidiomyceten.

Die Septen der <u>dikaryotischen</u> Hyphen von Basidiomyceten, die einen d/p-Porus besitzen, sind zudem häufig mit einer Hyphenbrücke versehen, die während des Wachstums der Hyphenspitze als Kernschleuse dient und danach ihrerseits mit einer Querwand verschlossen wird, die einen zentralen d/p-Porus ausbildet . Diese Brücken heißen Schnallen.

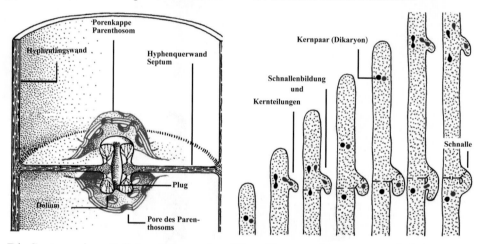

Die Septenpori ermöglichen bei manchen Pilzen Kernwanderungen, z.B. bei den Rostpilzen nach der Spermatiogamie.

Abb. 1: irisblendenartiger Porus in der Querwand einer Hyphe des Mehltaupilzes *Podosphaera fusca*; a – Septum; b – Plug im Septenporus; c – membranumschlossenes Vesikel; d – Cytoplasma.

Abb. 2: d/p-Porus von *Xerula radicata* (Schleimiger Wurzelrübling) im Längsschnitt der Hyphe; a – Septum mit Dolium (b); c – Parenthosom mit Poren (d); e – Plug; f – Plug.

Abb. 3 u. 4: Schnallensepten an Hyphen von *Xerula pudens* (Braunhaariger Wurzelrübling); Pfeile – Wachstumsrichtungen der Hyphen (lang); der Schnallen (kurz); a – d/p-Pori; b,c – Septen zwischen Schnalle und Hyphe (b); zwischen Hyphenzellen (c); d – Zellwand der Hyphe; e – Vakuolen; f – Cytoplasma; g – Zellkern in der Schnalle..

180

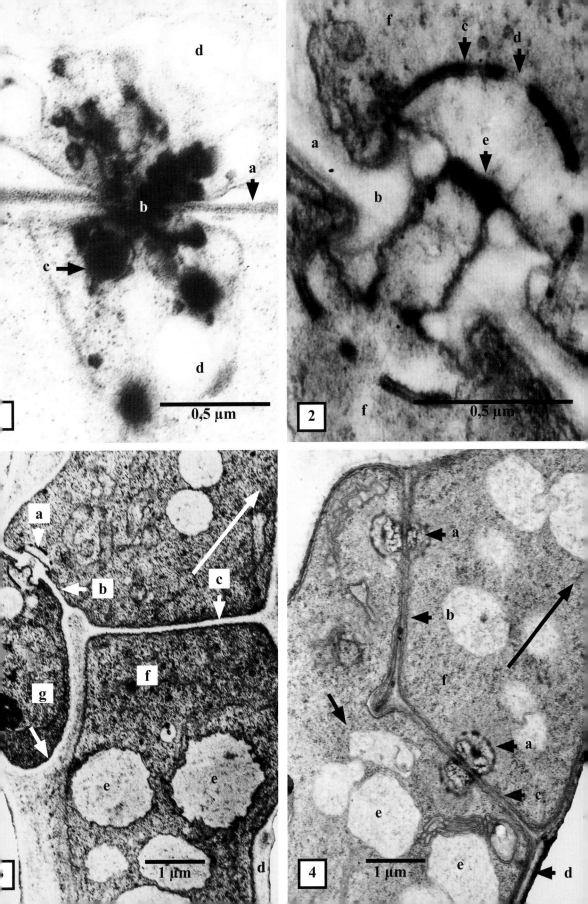

Seta (Pl. Setae), auch **Spinula** (Pl. Spinulae)

Als Setae oder Spinulae bezeichnet man apikal zugespitzte, derbwandige, meist pigmentierte Hyphenenden, die z.B. im >Hymenium, in der >Trama oder im >Cortex von >Basidiomata, am Excipulum von Apothecien, an Wänden von >Perithecien oder Conidiomata, sogar im Myzel vorkommen können. Ihre anatomische Herkunft und ihre Funktion sind verschiedenartig. Der Begriff umfasst keine homologen Strukturen. Setae treten z.B. als zugespitzte, derbe Haare, als stachelartige Anhänge im Corticalgeflecht, als derbwandige, spitze >Cystiden oder >Paraphysen in Erscheinung. Bei vielen Basidiomata der Ordnung *Hymenochaetales* sind die Setae spitz zulaufende Endzellen von Skeletthyphen. Sie können wie manche Cystidentypen exkretorische oder sekretorische Funktion haben (>Guttation), diskutiert wird auch der Schutz vor Fraß, z.B. Schutz der Basidien in der Gattung *Hymenochaete*.

Nach der anatomischen Topographie oder der morphologischen Beschreibung werden verschiedene Seta-Typen unterschieden, häufig benutzt werden die Begriffe:

Ankersetae sind ankerförmig verzweigt, z.B. im >Tomentum mancher *Inonotus*-Arten (Schillerporlinge).
Asterosetae sind sternförmig verzweigt, z.B. im Myzelfilz in der Gattung *Asterostroma* (Sternsetenpilze).
Hymenialsetae sind im Hymenium von Basidiomata in der Ebene der Basidien inseriert, z.B. bei den meisten *Phellinus*- und *Inonotus*-Arten (Feuerschwämme, Schillerporlinge); von ihnen werden Pseudosetae unterschieden, die aus tieferen Schichten ins Hymenium ragen.
Makrosetae sind spießförmige Haare, die bis mehrere Millimeter lang werden, z.B. in den Gattungen *Scutellinia* (Schildbecherlinge) oder *Xerula* (Wurzelrüblinge).
Myzelialsetae bilden sich auf dem myzeldurchwachsenen Substrat, meist nahe oder unter einem Fruchtkörper, z.B. bei verschiedenen *Phellinus*-Arten (Feuerschwämme)
Tramasetae sind in der Trama eingebettet und erscheinen nicht an der Oberfläche der Fruchtkörper, z.B. bei *Inonotus hastifer.*

einige ausgewählte Seta-Typen:

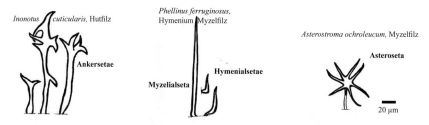

Abb. 1 und 2: Substratsetae von *Phellinus ferruginosus* (Rostbrauner Feuerschwamm).

Abb. 3: Ankerseta aus dem Filz der Hutoberseite (>Tomentum) von *Inonotus cuticularis* (Flacher Schillerporling).

Abb. 4 u. 5: Makrosetae im Marginalbereich des Ektalexcipulums (Pfeile) von *Scutellinia scutellata* (Holz-Schildbecherling).

Abb. 6: Septierte Makroseta am Ektalexcipulum von *Humaria hemisphaerica* (Halbkugeliger Borstling).

Abb. 7 u. 8: Makrosetae von *Xerula pudens* (Braunhaariger Wurzelrübling). Abb. 7: am Hutrand eines jungen Fruchtkörpers mit einem Hutdurchmesser von ca. 4 mm; durch die Präparation z.T. abgebrochen. Abb. 8: Teil der Basis einer lebenden Seta im Längsschnitt an der Hutanlage eines Primordiums von ca. 1 mm Durchmesser; a – Exkretionskapillaren (>Guttation Abb.6); b – Wand der Seta; c – aufgefaltetes Plasmalemma; elektronendichte Proteinstrukturen am inneren Porus der Kapillarröhre und die deutlich hervortretenden Ribosomen (schwarze Pünktchen) weisen auf eine hohe physiologische Aktivität hin.

182

500 μm

50 μm

20 μm

100 μm

500 μm

250 nm

Spore (Pl. Sporen)

Eine Spore ist eine einzellige oder sekundär mehrzellige, frei werdende Fortpflanzungseinheit (Propagulum) und gleichzeitig eine Verbreitungseinheit (>Diaspore), die nicht aus einer sexuellen Zellfusion hervorgegangen ist und ohne eine solche zu einem neuen Organismus heranwachsen kann – unabhängig von Homologie und Genese. Bei den Pilzen kommt eine Vielzahl verschiedener Sporentypen vor. Einige von ihnen gehen aus Meiosen (Meiosporen), andere aus Mitosen (Mitosporen) hervor. Wichtige Meiosporen von Pilzen sind die in den >Asci gebildeten >Ascosporen und die an >Basidien heranwachsenden >Basidiosporen.

Zu den Mitosporen gehören u.a. die exogen an Trägern reifenden oder aus Hyphenteilen entstehenden Conidien (Conidiosporen) und die im Inneren von >Sporocyten reifenden Sporen der Zygomyceten. Meiosporen sind regulär haploid, Mitosporen können haploid (z.B. bei den Zygomyceten), dikaryotisch (z.B. bei den Rostpilzen) oder diploid (z.B. bei den Oomyceten) sein.

Nach dem Ort der Sporenreifung unterscheidet man im Inneren von Zellen oder äußerlich reifende Sporen als Endo- oder Exosporen. Bei den Pilzen sind die Ascosporen und die in Sporocyten gebildeten Sporen der Zygomyceten typische Endosporen, die Basidiosporen und alle Conidien sind Exosporen.

Sporen können sofort keimfähig sein oder als Dauersporen (Hypnosporen) ungünstige Lebensbedingungen nach einer Ruhephase (Dormanz) überdauern, sie können durch Geißeln mobil (Plano- oder Zoosporen) oder nur passiv beweglich sein (Aplanosporen). Begeißelte Sporen kommen z.B. bei den Chytridiomyceten (Flagellatenpilzen) und bei den Oomyceten (Eipilzen) vor, während die meisten Echten Pilze, die Glomeromyceten, Zygomyceten, Ascomyceten und Basidiomyceten keinerlei aktiv bewegliche Stadien besitzen.

Der Sporenbegriff wird vielseitig angewendet: für ganz unterschiedliche, frei werdende Verbreitungseinheiten, für verschiedene Überdauerungseinheiten oder auch für Strukturen, die manchen Sporen homolg sind, aber weder der Verbreitung noch der Überdauerung dienen. Problematisch ist z.B. die Anwendung des Sporenbegriffes für einige Formen von Probasidien, die nicht frei werden, wie manche Teliosporen (>Telien) der Rostpilze, oder für Aggregate von Probasidien mancher Brandpilze (Sporenballen).

Für einige, manchen Sporentypen homologe Strukturen, die nicht mehr frei werden, wie der Embryosack der Samenpflanzen, der den Magasporen heterosporer Farne entspricht, wird der Sporenbegriff mitunter beibehalten, um die Homologie zum Ausdruck zu bringen. Auch frei werdende Zygoten, die als Überdauerungseinheiten (Hypnozygoten) fungieren, werden als Sporen bezeichnet, z.B. die Zygoten der Zygomyceten als Zygosporen, die der Oomyceten als Oosporen.

Gameten und funktionell vergleichbare Zellen können erst nach sexueller Zellfusion einen neuen Organismus bilden und werden vom Sporenbegriff ausgeschlossen, jedoch gibt es Keimzellen, die fakultativ als Sporen oder als Gameten fungieren können. In anderen Fällen ist unklar, ob freiwerdende Zellen – z.B. aus Pycnien (vgl. >Conidioma) – als Spermatien oder Conidien fungieren.

Abb. 1: netzartig ornamentierte Brandspore von *Microbotryum scabiosae*; in der zunächst dikaryotischen Spore finden Karyogamie und Meiose statt; die Brandsporen sind Probasidien (>Basidie).

Abb. 2: dikaryotische Uredosporen von *Milesina polypodii*, einem Rostpilz auf *Polypodium vulgare* (Tüpfelfarn); das Sporenlager (Uredium) befindet sich unter der Epidermis, die an einer zerstörten Spaltöffnung durchdrungen wird.

Abb. 3: ornamentierte Basidiospore von *Bovista plumbea* (Bleigrauer Bovist); der Spore haftet das Sterigma an; sie wird daher als pedicellat (gestielt) bezeichnet.

Abb. 4: stark ornamentierte Ascosporen von *Tuber aestivum* (Sommertrüffel).

Abb. 5: mehrzellige Conidie (Conidiospore) von *Alternaria tenuissima*.

Abb. 6: haploide Endosporen von *Mucor spinosus*, die durch freie Zellbildung (Gonitogonie) in einer Sporocyte gebildet wurden.

184

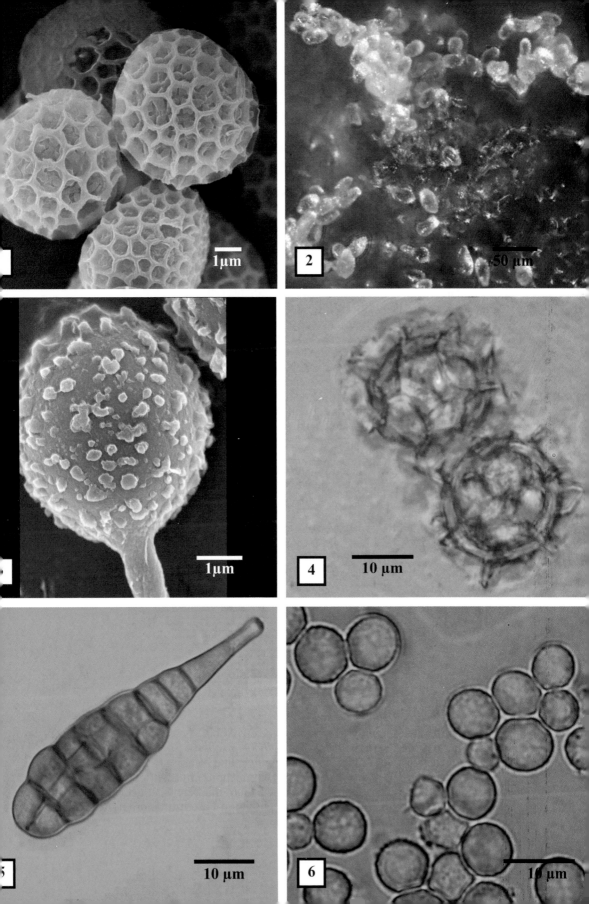

Sporocarpium (Pl. Sporocarpia oder Sporocarpien)

Der Begriff Sporocarpium (Sporenfrucht) wird für verschiedene, nicht homologe Strukturen verwendet, in der Botanik für die Sporangienbehälter heterosporer Farne, in der Mykologie für die unterirdischen, trüffelähnlichen Körper der Mykorrhiza bildenden *Endogonales* und *Glomerales*, in denen die Keimzellen eingeschlossen sind, und insbesondere für die Fruktifikationen von Echten Schleimpilzen.

Schleimpilze sind tierische Organismen. Sie werden den Protozoen zugeordnet. In ihrem Entwicklungszyklus kommen jedoch pilzähnliche, sporenbildende Stadien vor, weswegen sie früher als Pilze angesehen wurden und noch heute in der mykologischen Literatur behandelt werden. Die Sporocarpien der Schleimpilze entstehen aus Plasmodien, das sind vielkernige, aber nicht zellulär gegliederte (polyenergide), zellwandlose, meist verzweigte, aktiv bewegliche Protoplasmastrukturen. Ein Plasmodium zergliedert sich bei der Bildung der Sporocarpien in viele kleine Plasmaportionen, die sich mit einer nicht zellulär gegliederten Hülle, einer >Peridie, umgeben und oft ein Stielchen bilden. Im Inneren befindet sich Protoplasma mit vielen, zunächst diploiden Kernen, die sich unter Meiose teilen und haploide Meiosporen bilden. So entwickeln sich aus dem schleimigen Plasmodium viele kleine, nach der Sporenbildung trockene Sporocarpien, die einzeln bis sehr eng gedrängt beieinander stehen können. Ihre Größe liegt oft im Millimeter-Bereich. Wenn während der Sporenbildung die Portionierung des Protoplasmas und die Bildung ihrer Peridien unvollkommen bleibt und die Sporocarpien miteinander verschmolzen sind, entstehen größere Fruktifikationen mit einer gesamten Hülle, die mehrere Zentimeter im Durchmesser erreichen können, sie werden Aethalien genannt. Die Peridien der Aethalien sind derber als die der Sporocarpien und werden von manchen Autoren als >Cortex bezeichnet. Dicht gedrängte, sich berührende Sporocarpien, die äußerlich einem Aethalium ähneln, heißen Pseudoaethalien. Eine Fruktifikation, die direkt aus Teilen des Plasmodiums entsteht, wobei Peridie und Sporen, aber keine regulären geformten Sporocarpien oder Aethalien gebildet werden, nennt man Plasmodiocarpium. Alle Schleimpilze, die umhüllte Sporenbehälter bilden, werden auch als Myxogasteromyceten (Schleimbauchpilze) zusammengefasst.

Den Myxogasteromyceten stehen einige wenige Schleimpilze mit exogener (äußerer) Sporenbildung gegenüber. Ihre Plasmodien bilden stift- oder netzförmig angeordnete Sporophore (Sporenträger); das sind Plasmaportionen, die schleimig bleiben und an der Oberfläche Sporen abschnüren.

Die zellulären Schleimpilze besitzen Plasmodien, die durch Membranen in Zellen gegliedert sind. Ihre Fruktifikationen sind oft nur einfache Sori (Sporenhäufchen, Sgl. Sorus) und werden Sorocarpien genannt. Dieser Begriff wird auch für die kompliziert gebauten, gestielten Fruktifikationen dieser Pilze benutzt, die äußerlich kleinen Sporocarpien der Echten Schleimpilze ähneln, aber zellulär gegliedert sind, wie das weithin bekannte *Dictyostelium discoideum*, das als Objekt physiologischer Experimente gut untersucht ist.

Abb. 1: stiftförmige, z.T. verzweigte (Pfeil) Sporophore von *Ceratiomyxa fruticulosa*, die in Vielzahl aus einem einzigen Plasmodium hervorgegangen sind und an ihrer Oberfläche Sporen abschnüren.

Abb. 2–6: Fruktifikationen von Myxogasteromyceten; Abb. 2 *Leocarpus fragilis* (Löwenfrüchtchen); kurz gestielte Sporocarpien; Abb. 3 *Trichia scabra*; Sporocarpien mit aufplatzender Peridie, an den Rissen (Pfeile) sind Sporenpulver und >Capillitium zu erkennen; Abb. 4 unreife Aethalien von *Lycogala epidendrum* (Blutmilchpilz) mit fein schuppiger Peridie; Abb. 5 *Reticularia lycoperdon*; sporulierendes Aethalium mit bereits aufgeplatzter, hinfälliger Peridie; die Fasern im Inneren durch Pseudocapillitium-Fasern strukturiert; Abb. 6: Plasmodiocarpium einer *Physarum*-Art.

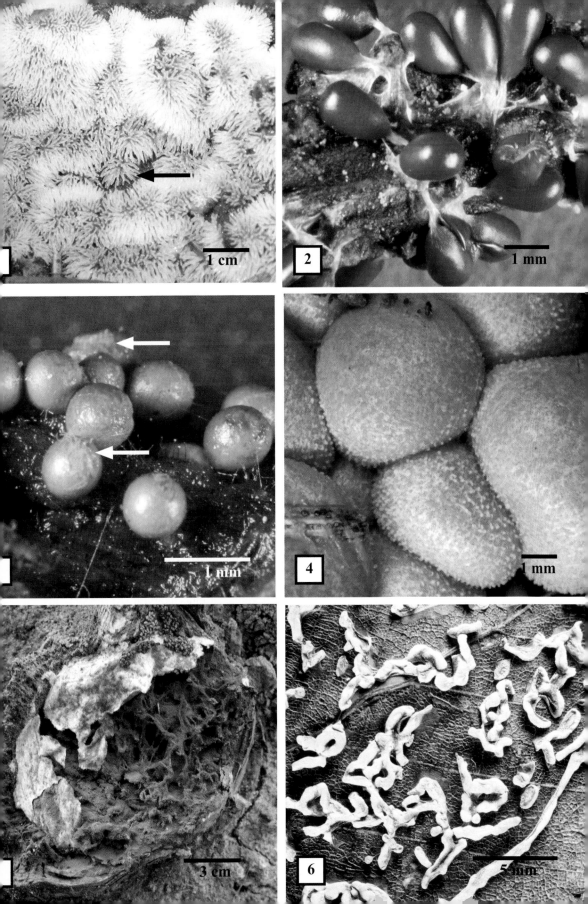

Sporocyte (Pl. Sporocyten); auch Sporocyste (Pl. Sporocysten)

Sporocyten sind Zellen (Cyten), in denen durch freie Zellbildung Sporen entstehen. Zusammenfassend werden alle Zellen, die in ihrem Inneren nach Kernteilungen Keimzellen (Gonite) bilden, als Gonitocyten (Keimzellen bildende Zellen) bezeichnet und den Gonitangien, den mehrzelligen Keimzellenbehältern, gegenübergestellt. Letztere besitzen zelluläre, sterile Wände und in ihrem Inneren ein Keimzellen bildendes, z.B. ein sporogenes oder spermatogenes Gewebe. Derartige Gonitangien kommen bei den Farnpflanzen und Moosen vor. Die Keimzellen können entweder Sporen oder Gameten sein. Danach werden die Gonitocyten in Sporocyten und Gametocyten, die Gonitangien in Sporangien und Gametangien untergliedert. In der Literatur wird diese Terminologie allerdings nicht einheitlich benutzt, und die Begriffe Sporangium oder Gametangium werden häufig auch auf einzellige Keimzellenbehälter übertragen. Da jedoch jede Zelle der fertilen Gewebe in den Gonitangien einer Sporocyte entspricht – z.B. ist jede sporogene Zelle in den Sporangien von Farnpflanzen einer Sporocyte von Grünalgen homolog – gibt es seit langem das Bemühen, Sporocyten und Sporangien terminologisch zu unterscheiden.

Für die einzelligen Behälter von Keimzellen wird auch der Begriff Cyste (z.B. Sporocysten, Gametocyste) benutzt. Da der Terminus Cyste jedoch für derbwandige Dauerstadien von Bakterien, Algen, Pilzen und Schleimpilzen geprägt wurde und auch in der Zoologie und Medizin für eingekapselte Stadien benutzt wird, ist die Bezeichnung Cyte besser geeignet, diese Behälter zu charakterisieren.

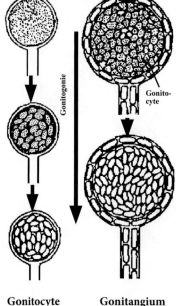

Bei der Sporenbildung in den Sporocyten gehen die Zellkerne der Sporen aus Mitosen oder Meiosen hervor. Man kann daher Mito- und Meiosporocyten unterscheiden. Beide Typen kommen bei Pilzen vor. Mitosporocyten sind z.B. im Entwicklungszyklus der Zygomyceten (Jochpilze) weit verbreitet (>Columella, Abb. 4 u. 5; >Peridie, Abb. 4). Die Meiosporocyten der fruchtkörperbildenden Pilze haben spezielle Namen. Sie heißen >Asci (Sporenschläuche), wenn die Sporen endogen reifen, und sie werden >Basidien (Sporenständer) genannt, wenn die Sporen exogen reifen. Die Sporenbildung ist bei den Basidien gegenüber einer normalen Gonitogonie stark abgewandelt. Asci und Basidien sind dennoch homologe Meiosporocyten und nur durch den Ort der Sporenreifung zu unterscheiden. In beiden Typen befindet sich in der Regel zunächst ein Dikaryon (Kernpaar), aus dem nach Karyogamie (Kernverschmelzung) ein diploider Kern hervorgeht, der stets nach Meiose die haploiden Kerne der Meiosporen bildet.

Abb. 1: Mitosporocyten des Jochpilzes *Mucor spinosus* (Dorniger Köpfchenschimmel) in einer Kultur auf Malzagar; Größe und Form der Sporocyten sind sehr variabel; sie entstehen apikal an Sporocytenträgern, selten auch interkalar, ihre Zellwand wird auch als >Peridie bezeichnet; sie zerfällt oder verschleimt bei Sporenreife; a – cönocytische Hyphen; b – reife Sporocyten; c – Sporocytenträger.

Abb. 2: Sporangien von *Polypodium vulgare* (Gewöhnlicher Tüpfelfarn) – eine Gefäßpflanze; die Sporocyten waren als Zellen des sporogenen Gewebes im Inneren des Sporangiums lokalisiert und haben nach Meiose die Sporen gebildet; a – zelluläre gegliederte Sporangienwand; b – Anulus der Sporangienwand; c – Sporen.

188

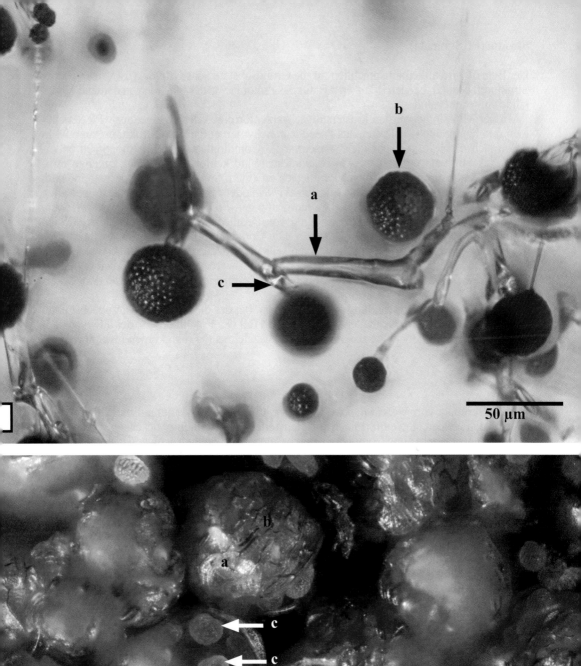

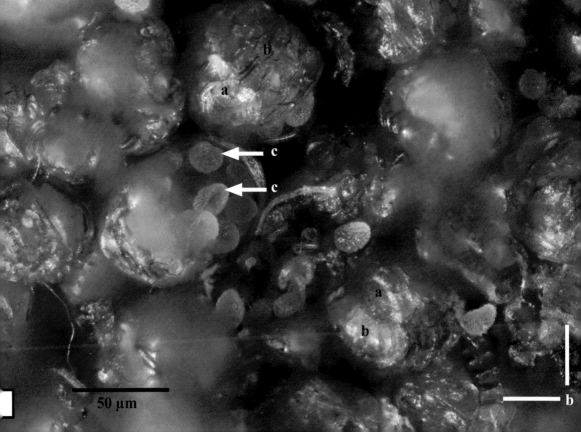

Stroma (Pl. Stromata)

Der Begriff wird allgemeinsprachlich für die Grundsubstanz, das Grundgerüst verschiedener Strukturen benutzt, bei den Pflanzen z.B. für das Protoplasma der Plastiden, in dem die <u>Thylakoide</u> eingebettet sind.

In der Mykologie werden krustenartige, warzenförmige oder keulige, aus >Plectenchymen und häufig auch zusätzlich aus Pseudoparenchymen aufgebaute Strukturen, an oder in denen sich mehrere, oft sehr viele >Ascomata, >Conidiomata oder <u>Spermogonien</u> entwickeln, als Stromata bezeichnet. Am bekanntesten sind keulenförmige oder kugelige Stromata, an denen eine Vielzahl von >Perithecien zu einem <u>Sammelfruchtkörper</u> vereint sind, z.B. in den Gattungen *Cordyceps, Claviceps, Xylaria* oder *Hypoxylon*. Aber es kommen auch auffallende, flächige Stromata, z.B. bei den Gattungen *Epichloë* oder *Hypocrea* vor. Viele dieser Stromata entwickeln vor der Bildung von Perithecien auf ihrer Oberfläche oder an besonderen Abschnitten Conidien (>Spore). Die Conidienstadien sind mitunter morphologisch von den reifen Stadien mit Perithecien sehr verschieden, so dass sie als Anamorphen (imperfekte Formen) behandelt und gesondert benannt werden, z.B. die Conidien bildenden *Tubercularia-vulgaris*-Sporodochien, zu denen die Perithecien von *Nectria cinnabarina* als Teleomorphe gehören (>Pleomorphie).

Bei der locularen Entwicklung von >Ascomata, bei der die Fruchtkörper zunächst noch keine ascogenen Hyphen enthalten, wird auch der Teil des Fruchtkörpers, der allein aus haploiden Hyphen aufgebaut ist, als „Ascostroma" bezeichnet (>Fruchtkörperentwicklung).

Abb. 1: Stromata von *Xylaria hypoxylon* (Geweihförmige Holzkeule) auf morschem Laubholz; an den weißen, geweihförmigen apikalen Teilen (a) der mitunter büschelig wachsenden Stromata entstehen hyaline Conidien. In den basalen, oberflächlich schwarzen Teilen (b) entwickeln sich die Perithecien.

Abb. 2: Stromata von *Poronia punctata* (Porenscheibe) auf Pferdemist; die kurz gestielten, apikal scheibenförmigen Stromata werden von den oberen Teilen der schwarzen Perithecien mit deren Öffnung durchbrochen (>Perithecium, Abb. 3, 4) und erscheinen dadurch schwarz punktiert.

Abb. 3: nahezu halbkugelförmige Stromata von *Hypoxylon fuscum* (Rotbraune Kohlenbeere) auf einem Laubholzast; durch die apikalen, die Oberfläche des Stromas durchbrechenden Teile der Perithecien ist die Oberfläche rau.

Abb. 4: scheibenförmige Stromata von *Diatrype disciformis* (Eckenscheibe) auf totem Buchenästchen; die Stromata sind oberseits schwarz und durch die apikalen Teile der Perithecien mit deren Öffnung warzig rau; randlich sind sie vom Periderm des Buchenastes, das sie durchbrochen haben, oftmals etwas eckig umsäumt (a); das Stroma unten rechts (b) ist angeschnitten und lässt das innere, weiße Plectenchym erkennen, in das die schwarzen Perithecien eingebettet sind.

Abb. 5: längs geschnittener, apikaler Teil eines keulenförmigen Stromas von *Cordyceps ophioglossoides* (Zungenförmige Kernkeule); der Pilz parasitiert auf *Elaphomyces granulatus* (Warzige Hirschtrüffel); der zentrale Teil des Stromas (a) besteht aus sehr lockerem Plectenchym, in den derberen, peripheren Teil sind die Perithecien eingesenkt (b).

Abb. 6: Querschnitt eines Stromas von *Xylaria polymorpha* (Vielgestaltige Holzkeule); in das derbe, weiße, innere Plectenchym (a) sind peripher die schwarzen Perithecien eingesenkt (b); ihre Wände sind nahe der Öffnungen mit der schwarzen Oberfläche des Stromas verwachsen.

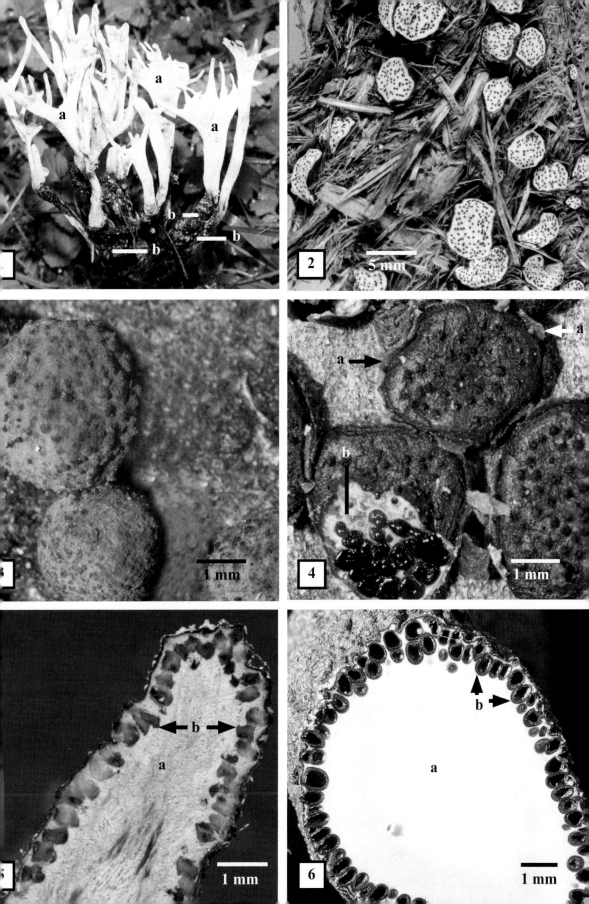

Figs 1–6.

Symbiose (Pl. Symbiosen)

Unter einer Symbiose versteht man in der Botanik und Mykologie das Zusammenleben zweier oder mehrerer Organismen in körperlichem Kontakt, das mit einem Austausch oder der Übernahme von Nährstoffen verbunden ist. Im ursprünglichen Sinne schließt der Begriff sowohl parasitische als auch ausgeglichene mutualistische Verhältnisse ein. Gegenwärtig wird er auf mutualistisches Zusammenleben („zum gegenseitigen Nutzen") beschränkt, ist jedoch nicht eindeutig von manchen Formen parasitischer Lebensweisen zu trennen und geht mitunter fließend in Parasitismus über (>Mykoparasitismus). Der Begriff Symbiose wird in der Zoologie und allgemeinsprachlich für viele kooperative Verhältnisse zwischen Organismen und sogar für anderweitige Harmonieeffekte („Symbiose von Text und Musik") benutzt.

Viele Pilze leben in mannigfaltigen Symbiosen mit anderen Organismen, hauptsächlich mit autotrophen Pflanzen, den Primärproduzenten organischer Stoffe, aber auch mit Tieren u.a. heterotrophen Organismen zusammen. Von großer ökologischer Bedeutung sind die vielfältigen Formen der >Mykorrhiza-Symbiosen. Mit der Mykorrhiza vergleichbare Verhältnisse kommen auch bei autotrophen Pflanzen vor, die keine echten Wurzeln besitzen, z.B. bei Moosen und Pteridophyten (Farnpflanzen). Die Ernährungsweise mit Hilfe von Pilzen wird daher allgemein als Mykotrophie bezeichnet.

Als >Flechten bezeichnet man Pilze, die mit autotrophen Grünalgen oder Cyanobakterien (Blaualgen) in Symbiose leben und deren Fotosyntheseleistung als Nahrungsgrundlage nutzen. Sie sind, wie die Mykorrhiza-Formen, mehrfach zwischen Symbionten verschiedener Verwandtschaftskreise entstanden. Koevolution der Symbionten ist in manchen Gruppen nachweisbar, führte aber noch nicht zu so engen Abhängigkeitsverältnissen wie bei manchen Endosymbionten, z.B. den Mitochondrien aller eukaryotischer Organismen oder den Plastiden der Pflanzen.

Die Bindung symbiontischer Pilze an ihre Partner kann obligater oder fakultativer Natur sein. Viele Pilze sind eng an Symbiosen gebunden. Während z.B. die autotrophen Partner (Fotobionten) der Flechten nahezu alle auch freilebend vorkommen, sind die beteiligen Pilze (Mykobionten) in der Natur obligat lichenisiert (als Flechte lebend) und lassen sich nur experimentell in Reinkulturen züchten. Viele Mykorrhizapilze können ohne ihren pflanzlichen Partner (Phytobionten) ihren Lebenszyklus nicht vollständig durchleben, sie sind z.B. nur bei symbiontischer Lebensweise in der Lage, ihre Fruchtkörper zu bilden.

Für den Stoffaustausch sind die Kontaktstellen zwischen den Symbionten von Bedeutung. Es kann sich um Kontakte der äußeren plasmatischen Membranen der Protoplasten und um osmotischen Stoffaustausch handeln, aber auch direkter intrazellulärer Plasmakontakt kommt vor. Wenn es zu intrazellulären Kontakten und zur Resorption von Biomasse eines Symbionten durch den anderen kommt, kann sich das Verhältnis der Partner in Richtung parasitischer Verhältnisse verschieben. Die Übergänge sind fließend, so dass die Symbiosen auch als wechselseitiger, ausgeglichener Parasitismus verstanden werden können.

Abb. 1: *Cryptothallus mirabilis*, ein mykotrophes, nicht ergrünendes, diözisches Lebermoos, weiblicher Thallus; a – bleicher Thallus, der unterseits intrazelluläre Pilze beherbergt; b – Hüllen, in denen sich Sporogone entwickeln.
Abb. 2: *Monotropa hipopithys* (Fichtenspargel); durch Mykorrhiza entstandene, chloroplastenfreie Pflanzen; die organischen Bausteine der Pflanze werden vom Mykorrhizapilz geliefert, der gleichzeitig mit Fichten in Mykorrhiza lebt.
Abb. 3 *Peltigera canina* (Hundsflechte); der heteromere Thallus ist beiderseits berindet, a – Oberseite, durch die unter der Rinde lebenden symbiontischen Cyanobakterien blau gefärbt, b – mit wurzelähnlichen, aus Hyphen bestehenden Rhizinen; c – flächig ausgebildete, braune >Apothecien an hochgebogenen Thallusrändern; sie enthalten die >Asci und die Paraphysen.
Abb. 4 *Multiclavula mucida* (Schmieriges Holzkeulchen), ein lichenisierter Basidiomycet; a – krustenartiger, homöomerer Thallus auf einem morschen Stamm von *Abies alba* (Tanne); b – keulenförmige >Holothecien.
Abb. 5: *Xanthoria parietina* (Wandflechte); Algenschicht (Pfeile, >Apothecium Abb. 2).

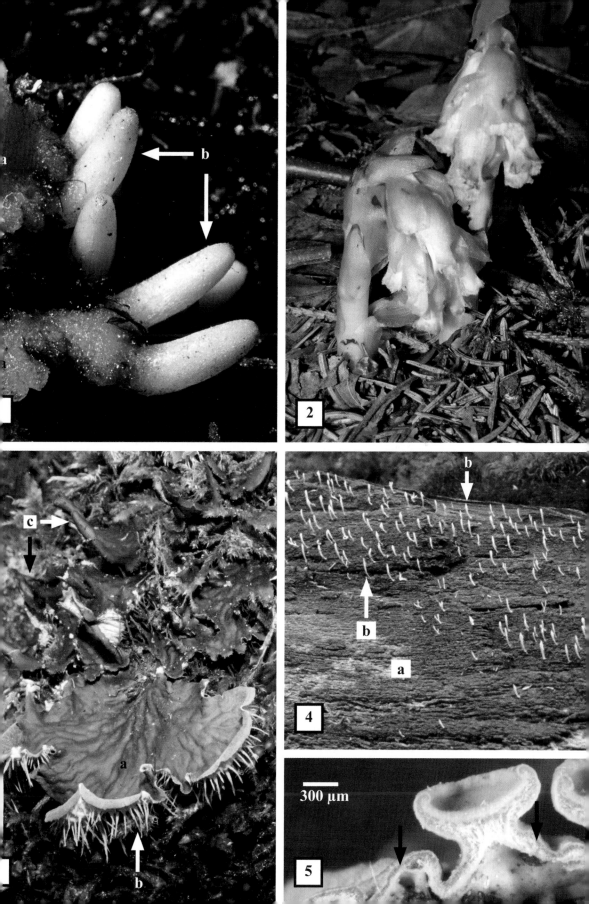

Telium (Pl. Telia, auch Telien), auch Teliosporenlager, Teleutosporenlager

Die Teliosporenlager der obligat phytoparasitischen Rostpilzen werden in der aktuellen Rostpilzliteratur als Telien bezeichnet. Es sind in der Regel offene, stäubende oder krustige, mitunter auch von der Epidermis der Wirtspflanzen bedeckte Sporenlager des <u>Dikaryonten</u> dieser Pilze. Die Telien der Rostpilzgattung *Gymnosporangium* weichen von diesen normalen Ausbildungsformen ab. Sie werden bei Reife gallertartig und bilden bis zu mehrere Zentimeter große, den >Fruchtkörpern der >Gallertpilze äußerlich ähnliche Gebilde.

Die *Gymnosporangium*-Telien wachsen auf verholzten Zweigen, Ästen oder auch auf Stämmen von *Juniperus*-Arten (Wachholder). Die zunächst flachen und durch die pigmentierten, meist zweizelligen Sporen nahezu schwarzen Lager quellen bei Reife und genügend Regen horn- oder klumpenförmig auf und nehmen eine gelbe bis goldgelbe Farbe an. Quellfähig sind die zunächst fädigen bis einige mm langen Sporenstiele. Nach der Quellung können sie eine Länge von mehreren cm erreichen.

Die Telien der *Gymnosporangium*-Arten sind komplexe Funktionseinheiten im Entwicklungszyklus dieser Pilze. Jede Zelle der zweizelligen Teliosporen keimt an der Oberfläche gequollener Lager nach <u>Karyogamie</u> und <u>Meiose</u> mit einer Phragmobasidie (>Basidie, Abb. 1, 2), an der Sterigmata und >Basidiosporen gebildet werden. Damit entspricht ein Telium der Definition eines >Fruchtkörpers von Großpilzen.

Die Basidiosporen werden aktiv von den <u>Sterigmata</u> abgeschleudert und gelangen in die Atmosphäre. Sie keimen mit Hyphen aus, sind aber auch zur Bildung von Sekundärsporen befähigt. Die im Inneren der Telien zwischen den verschleimenden Stielen eingebetteten Teliosporen keimen nach Meiose der kurzzeitig diploiden Kerne mit haploiden Hyphen. Auch manche der massenhaft gebildeten Basidiosporen, die in das Innere des Schleimes geraten, vermögen im Schleim haploide Hyphen zu bilden. In der Gallertmasse entstehen komplexe Geflechte (>Anastomosen, Abb. 5) haploider Myzelien, an denen es zur <u>Dikaryotisierung</u> durch <u>Somatogamie</u> kommen kann. Damit werden im Schleim dikaryotische Hyphen gebildet, die andere Teile des Dikaryontenwirtes befallen können, z.B. tiefer liegende Äste beim Abtropfen des Schleimes. Dies ist für den Pilz von Bedeutung, da der Befallsherd lokal begrenzt ist, infizierte Teile der Wirtspflanze absterben können und die Neuinfektion durch Aeciosporen langwierig und problematisch ist.

Die frei werdenden Basidiosporen infizieren den Haplontenwirt, z.B. befällt *Gymnosporangium sabinae* verschiedene *Pyrus*-Arten (Birnen) und erregt den Birnengitterrost.

Abb. 1–6: *Gymnosporangium sabinae* (Birnengitterrost); Telien auf *Juniperus sabina* (Sadebaum, Stinkwachholder).
Abb. 1: junge, noch krustenförmige, schwarzbraune Telien (Pfeile a); das Myzel parasitiert und überwintert im Bast; es verursacht Deformationen, die sich mit dem Wachstum der Zweige in Richtung des Vegetionskegels (Pfeil b, Wachstumsrichtung) ausdehnen; stark befallene Äste sterben ab.
Abb. 2: gallertiges Telium während der Sporulationsphase der Basidien.
Abb. 3: zerfließendes Telium; der goldgelbe, staubige Belag (Pfeile) wird von Basidiosporen gebildet, die hier häufig Sekundärsporen bilden.
Abb. 4: zerfließendes Telium; die abtropfende Gallertmasse gelangt auf tiefer liegende Äste (Pfeile); Hyphen von gekeimten Telio- und Basidiosporen sind in diesem Stadium regelmäßig anzutreffen.
Abb. 5: befallener Zweig mit nahezu völlig abgetropfter Gallertmasse; die Insertionsflächen der Telien liegen frei (Pfeile), sie bestehen aus myzeldurchwachsenem, hypertrophiertem Wirtspflanzen-Gewebe in der Region des Bastes.
Abb. 6: Myzelbildung in der Gallerte; möglicherweise ein Stadium der Somatogamie.

Abb. 7: Telien von *Gymnosporangium clavariiforme* auf *Juniperus communis*; als Haplontenwirte werden meist *Sorbus*-Arten (Vogelbeere, Elsbeere etc.) befallen.

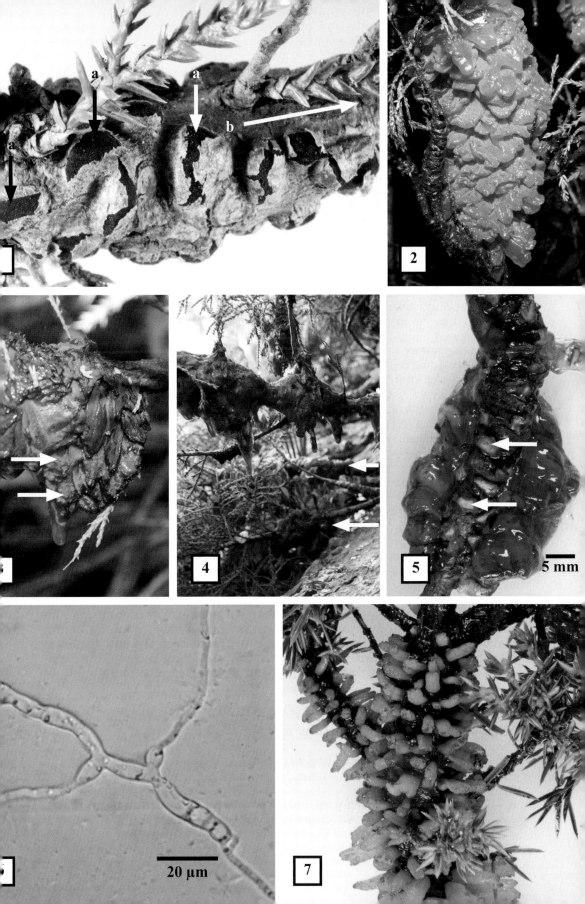

Teratum (Pl. Terata)

Terata sind durch Entwicklungsstörungen bedingte, stark vom Normalen abweichende Monstrositäten (Missbildungen, Bildungsabweichungen) von Organismen oder Organismenteilen. Die Teratologie beschäftigt sich mit der Untersuchung solcher Erscheinungen. Der Begriff stammt aus der Zoologie und wurde auf die Botanik und Mykologie übertragen.

Bei Pilzen sind Bildungsabweichungen vor allem an Fruchtkörpern von Großpilzen bekannt, zu ihnen gehören z.B. Riesenwuchs, Zwergwuchs, Verwachsung von Fruchtkörpern, Zwillingsfruchtkörper innerhalb einer gemeinsamen Hülle oder Formveränderung wie das Missverhältnis von Hut und Stiel, abweichender Stielansatz, abweichender Bau des >Hymenophors von >Pilothecien, abweichende geotropische Orientierung, übereinander gebildete Doppel- oder Mehrfachfruchtkörper, völlige Deformation von Fruchtkörpern bis hin zu gekröseähnlicher Ausbildung, spontane Gasteromycetation (>Morphogenesis) von Pilothecien, Diplo- oder Polystomasie bei angiocarpen >Gasterothecien usw. Der Übergang von der normalen Variabilität zu den Monstrositäten ist fließend, und bei Bildungsabweichungen wie Riesenwuchs, Zwergwuchs, Auffaltung des Hutrandes usw. sind keine scharfen Granzen möglich.

Die Ursachen der Terata können bei mechanischen Verletzungen während des Wachstums der Fruchtkörper, bei abnormen abiotischen Umweltfaktoren wie Lichtintensität, Temperaturspektrum, beim Feuchtigkeits- oder Nährstoffhaushalt am Standort oder bei Schadstoffeinträgen liegen, sie können aber auch durch Mutationen genetisch bedingt sein oder durch parasitische Organismen (>Mykoparasitismus, >Cecidium) verursacht werden.

In der Botanik werden manche Terata, insbesondere durchwachsene Blütenachsen, als Prolifikationen oder Proliferationen (Flores proliferi „Nachkommen" tragende Blüten) genannt. Da diese Erscheinung auch manchen vom Normalen abweichenden Ausbildungen bei Pilzen äußerlich ähnlich ist, wird der Begriff auch in der Mykologie verwendet. Insbesondere werden Terata wie Doppelfruchtkörper, exzessive Bildungen von lappig aufgezweigten Huträndern mit Hymenophoren oder Überwachsung von Hutoberseiten mit abweichend ausgebildeten Hymenophoren als Prolifikationen bezeichnet. Für die Neubildung von Sporocyten mancher Oomyceten innerhalb einer alten Sporocyte wird der Begriff „intrasporangiale" Proliferation benutzt; sukzessiv nachwachsende Conidiophore oder conidiogene Zellen werden als proliferierend charakterisiert.

Abb. 1: *Lycoperdon excipuliforme* (Beutel-Stäubling); Missbildung durch mechanische Zerstörung des apikalen Teiles eines Gasterotheciums (nach Splittaufschlag vom Straßenrand); a – die Peridienreste werden nicht mehr versorgt, sterben ab und sind durch >Autolyseprozesse in der >Gleba durchfeuchtet und dunkelbraun verfärbt; b – die Gleba verfärbt sich im Autolyseprozess goldbraun; c – der basale Teil des Gasterotheciums mit der Subgleba und der basalen Peridie entwickelt sich normal.

Abb. 2–4: *Geastrum pectinatum* (Kamm-Erdstern) mit missgebildeter Endoperidie; a – Endoperidie mit einem missgebildeten, crenostomatischen (spaltförmig) und einem zweiten, kleineren Peristom, b – starre, nicht elastische Schwielenbildungen und abnorme Falten; >Collarbildung durch Reste der Pseudoparenchymschicht; d – normal entwickelte Exoperidie; e – entsprechend der missgebildeten Peristome abnormal abgeflachte Columella, ein auszweigender Teil (f) ist zum kleinen Peristom hin ausgerichtet.

Abb. 5: *Laccaria proxima* (Braunroter Lacktrichterling) mit deformiertem Hut und geotropisch orientierungslosem Hymenophor ohne reguläre Lamellen.

Abb. 6: *Laccaria laccata* (Rötlicher Lacktrichterling); Lamellen-Missbildung auf der Hutoberseite.

Abb. 7 u. 8: Lamellen-Missbildungen auf der Hutoberseite bei *Lactarius deterrimus* (Fichten-Blutreizker, Abb. 7) und *Rhodocollybia butyracea* (Butterrübling, Abb. 8).

Textura (Pl. Texturae)

Die aus >Hyphen zusammengefügten >Plectenchyme und Pseudoparenchyme bilden bei der Entwicklung von >Fruchtkörpern, >Sclerotien, >Rizomorphen, >Stromata etc. vielfältige anatomische Strukturen, die für verwandte Gruppen von Pilzen oder auch einzelne Arten charakteristisch sein können. Es gibt viele Versuche, diese Flechtgewebe typologisch zu charakterisieren, z.B. durch die Hyphensysteme der >Trama der >Basidiomata oder durch die Typen der Textura von Ascomata.

Der Textura-Begriff wurde für die Hyphenstruktur der >Excipula von >Apothecien geschaffen und wird nahezu ausschließlich für >Ascomata benutzt. Da die Geflechte der Ascomata neben den dikaryotischen, ascogenen Hyphen aus haploiden Hyphen bestehen, sind die unterschiedlichen Bezeichnungen für die Strukturen der Ascomata und Basidiomata auch theoretisch zu begründen, weil die Typen der ausschließlich dikaryotischen Hyphen der >Basidiomata weitaus differenzierter sind. Bei den Basidomata haben sich Bezeichnungen für Hyphensysteme durchgesetzt (>Trama), die vor allem die sehr unterschiedlichen Hyphentypen, wie die Skeletthyphen, Bindehyphen, generativen Hyphen etc. berücksichtigen.

Die Textura-Typen bezeichnen die Ausbildungsform und die Orientierung der Hyphen im Inneren und an der sterilen Oberfläche der Ascomata. Die Schnitte sollen radial von der Mitte des Apotheciums in Richtung des Marginalbereiches und senkrecht zur Oberfläche des Hymeniums geführt werden. Es gibt deutlich plectenchymatische Formen mit filamentösem Bau und pseudoparenchymatische, zellulär erscheinende Formen ohne erkennbare Filamente.

Es werden folgende Ausbildungsformen unterschieden:

Textura prismatica: pseudoparenchymatisch; Zellen nahezu rechteckig.
Textura epidermoidea: pseudoparenchymatisch; Zellen gewunden; äußerlich der Epidermis vieler Pflanzen ähnlich.
Textura angularis: pseudoparenchymatisch; Zellen polyedrisch.
Textura globulosa: pseudoparenchymatisch; Zellen nahezu rund.
Textura inflata: plectenchymatisch; Hyphen locker verflochten, mit runden Zellen.
Textura intricate: plectenchymatisch; Hyphen locker irregulär verflochten; dünnwandig.
Textura oblita: plectenchymatisch; Hyphen wenig verflochten, weitgehend parallel, verklebt, Wände verdickt.
Textura porrecta: plectenchymatisch; Hyphen weitgehend parallel, Wände nicht verdickt, nicht verklebt.

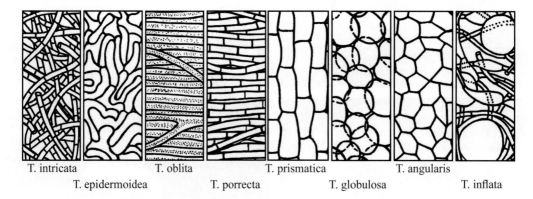

T. intricata   T. oblita   T. prismatica   T. angularis
    T. epidermoidea   T. porrecta   T. globulosa   T. inflata

Abb. 1: Textura intricata des Entalexcipulums von *Sarcoscypha coccinea*.
Abb. 2: Textura porrecta des Entalexcipulums von *Microstoma protactum*.
Abb. 3: Textura globulosa von *Mollisia elegantior*.
Abb. 4 – 7: Texturae des Excipulums von *Peziza arvernensis* Abb. 4: Textura inflata des inneren Excipulums nahe dem Subhymenium. Abb. 5 – 7: von Plectenchymen der Textura inflata umgebene innere, als Mediostratum bezeichnete Schicht aus radialen Hyphen der Textura porrecta.

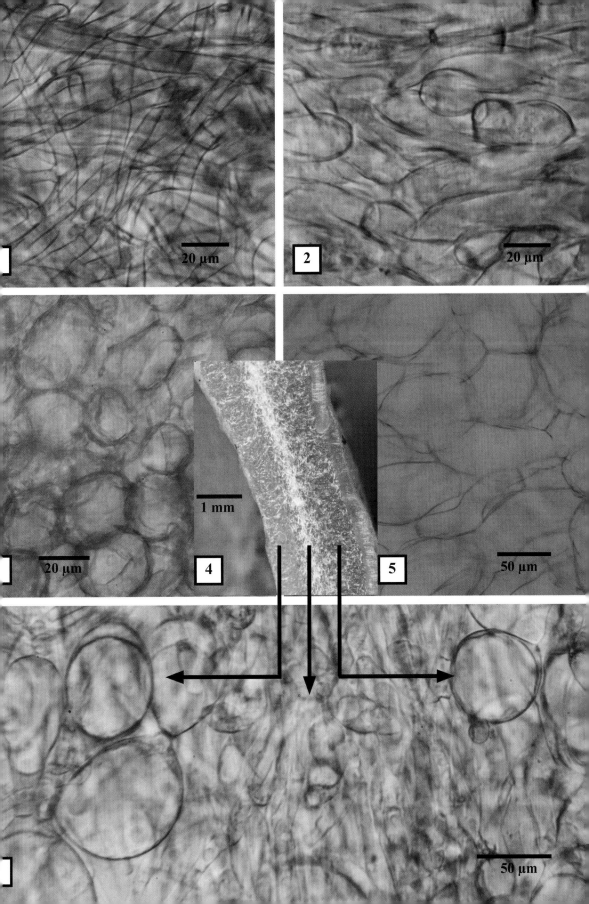

Tomentum (Pl. Tomenta)

Das lateinische Wort „tomentum" wurde für das filzig-haarige Stopfwerk, die weiche Polsterung von Gebrauchsgegenständen benutzt. In der Botanik und Mykologie charakterisiert man filzige bis weichhaarige Oberflächen als tomentos (auch tomentös) und die Gesamtheit solch einer Überkleidung als Tomentum. In Gattungsnamen wie *Tomentella, Tomentellina, Tomentellopsis* oder *Pseudotomentella* kommt die oft filzig-haarige Struktur der gesamten >effusen Basidiomata dieser Gattungen zum Ausdruck. Sie werden auch mit dem deutschen Namen „Filzgewebe" belegt.

In der anatomischen Terminologie der Basidiomata wird der Begriff für die Abschlussgeflechte (>Cortex) aus locker und wirr verflochtenen Hyphen benutzt, wie sie bei vielen Röhrlingen und Blätterpilzen, z.B. in der Gattung *Xerocomus* (Filzröhrlinge) vorkommt. Eine gelatinöse Oberfläche, die aus derartigen Geflechten hervorgeht, nennt man Ixotomentum.

Die haarigen Strukturen, die auf der Oberseite >dimitater Crustothecien vorkommen, werden ebenfalls als Tomentum bezeichnet. Nach der anatomischen Terminologie entsprechen diese Oberflächen einem stark entwickelten Trichoderm (>Tomentum), einem Abschlussgewebe aus antiklinen (senkrecht zur Oberfläche stehenden) Haaren. Es kommt besonders bei anuellen, pileaten Porlingen und Schichtpilzen vor, ist für einzelne Arten charakteristisch strukturiert und daher wichtig für die Bestimmung; z.B. sind die winkelig verzweigten, mitunter ankerförmigen >Setae im Tomentum von *Inonotus cuticularis* (Flacher Schillerporling) ein markantes, mikroskopisches Merkmal. Viele dieser Fruchtkörper weisen konzentrische Zonen auf, die durch unterschiedliche Ausbildung des Tomentums, aber auch durch die Rindenschicht (>Cortex) unter dem Tomentum geprägt sind. Die farbigen Zonen der Hutoberseiten von *Trametes versicolor* (Schmetterlingsporling) sind durch unterschiedliche Pigmentierung der Cortex, aber auch durch unterschiedliche Ausbildung des Tomentums bzw. durch Verkahlung geprägt. Bei besonders stark entwickelten, langhaarig-filzigen Oberseiten einiger Arten ist das Tomentum aufgrund der Feuchtigkeitsverhältnisse als Lebensraum kleiner, autotropher Algen prädestiniert, z.B. sind die Oberseiten von *Trametes hirsuta* (Striegelige Tramete) und *Trametes gibbosa* (Buckelige Tramete) oftmals durch einzellige Algen auffallend grün gefärbt.

Abb. 1: Aufsicht auf das Tomentum von *Trametes hirsuta* (Striegelige Tramete); die Haare können bis zu 3 mm Länge erreichen und sind im Alter zottig verflochten.

Abb. 2: Fruchtkörper von *Trametes hirsuta* (Striegelige Tramete) im Schnitt nahe des Hutrandes; die dunklere Linie unter dem Tomentum (a) ist eine verdichtete Schicht der >Trama aus verfilzten Bindehyphen; die grünliche Farbe im unteren Teil des Tomentums (b) wird durch lebende Algen verursacht.

Abb. 3: Tomentum am Hutrand eines ausgereiften Fruchtkörpers von *Inonotus hispidus* (Zottiger Schillerporling oder Pelzporling), das anfangs aus gelblichem, dann rostbraunem, wolligem, später zu Zotten verklebtem Filz besteht, im Alter brüchig wird und teilweise verschwindet.

Abb. 4: Aufsicht auf das feinsamtige, seidenhaarig glänzende Tomentum von *Trametes versicolor* (Schmetterlings-Tramete); oben rechts grenzt eine verkahlte Zone mit schwarzrötlicher Cortex an die haarige Zone des Hutrandes.

Abb. 5: Tomentum der Hutoberseite von *Boletinus asiaticus* (Sibirien, Baikalgebiet), einem Begleiter Sibirischer Lärchen.

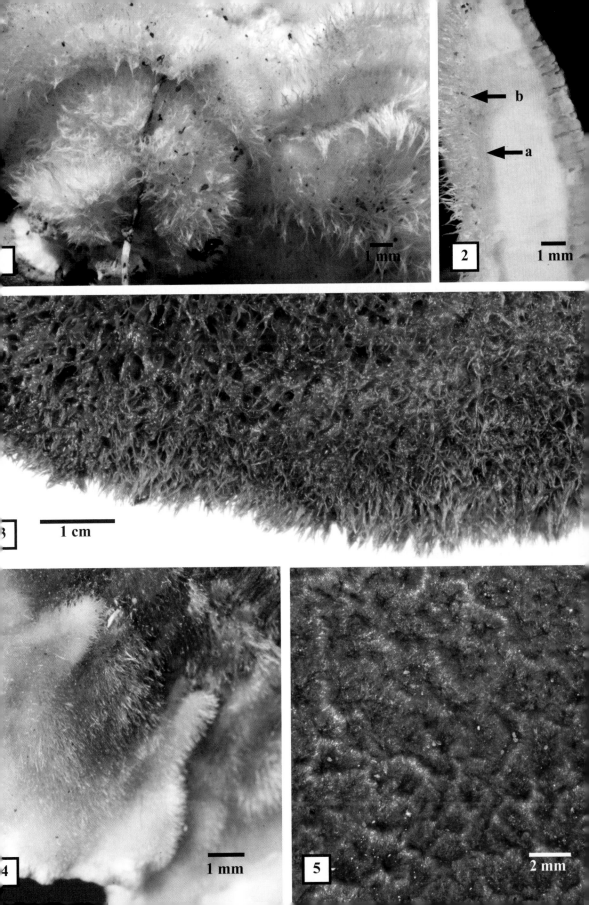

Trama (Pl. Tramae)

Die >Plectenchyme zwischen den Oberflächen der >Basidiomata werden als Trama bezeichnet, in der populären Literatur auch als „Pilzfleisch". Bei den >Ascomata wird der Begriff nicht verwendet. Die Trama ist homomer, wenn sie aus einem einzigen Plectenchym-Typ besteht, oder heteromer, wenn zwei oder mehr Plectenchym-Typen beteiligt sind. Nach der Topographie kann sie untergliedert werden, z.B. bei gestielten >Pilothecien in Hut-, Stiel- und Hymenophoraltrama. Letztere wird oft nach dem Typ des >Hymenophors benannt, z.B. die Lamellentrama der Blätterpilze und die Röhrentrama der Röhrlinge oder Porlinge.

Von manchen Autoren wird der Begriff Trama ausschließlich auf die Hymenophoraltrama beschränkt, die übrigen inneren Plectenchyme werden dann Context genannt. Die häufig vorkommende, verdichtete Hyphenstruktur unmittelbar unter dem >Hymenium nennt man Subhymenium. Bei >effusen Crustothecien findet man für die Trama auch den Begriff Subiculum, wodurch diese Plectenchyme als die Basis des Hymeniums charakterisiert werden. Bei den meisten >Gasterothecien sind die mit Hymenium ausgekleideten Kammern der >Gleba dem Hymenophor der >Hymenothecien homolog. Die plectenchymatischen Kammerwände werden daher Tramaplatten genannt.

Das Plectenchym der Trama kann nur aus einem Hyphentyp bestehen oder von verschiedenen Hyphentypen aufgebaut sein. Die Hyphen, die im Hymenium enden und die Basidien hervorbringen, werden als generative Hyphen bezeichnet. Aus ihnen können zusätzlich derbwandige, nahezu unseptierte Skeletthyphen und knorrig verzweigte Bindehyphen entspringen (>Hyphe). Die Trama wird dann als monomitisch, dimitisch, trimitisch oder amphimitisch charakterisiert:

Typ des Hyphensystems der Trama	beteiligte Hyphentypen
monomitisch	ausschließlich generative Hyphen
dimitisch	generative Hyphen, Skeletthyphen
trimitisch	generative Hyphen, Skeletthyphen, Bindehyphen
amphimitisch	generative Hyphen, Bindehyphen

Es gibt zahlreiche weitere Bezeichnungen für spezielle Hyphensysteme der Trama, wenn z.B. flüssigkeitsführende Laticiferen (Safthyphen), Hyphen mit öligem Inhalt (Gloeopleren) oder sekundär wandverdickte, generative Hyphen vorkommen. Die derbe, z.T. holzartige Konsistenz der Trama vieler >dimitater Crustothecien, z.B. mehrjähriger Porlinge, ist meist durch das Vorkommen von Skeletthyphen bedingt.

Abb. 1: *Lactarius rufus* (Rotbrauner Milchling); die Trama besteht u.a. aus Laticiferen (lactifere Hyphen), die schon bei geringer Verletzung Milchsaft (Latex) absondern (Pfeile).

Abb. 2 u. 3: Huttrama von *Fomes fomentarius* (Zunderschwamm). Abb. 2: Hyphenverlauf dicht unter der Kruste der Oberseite; a – Wachstumsrichtung; b – Zonierung der Trama. Abb. 3: Hyphen an einer Bruchstelle der Trama.

Abb. 4 u. 5: Hut- und Stieltrama von *Tricholoma terreum* (Erdritterling). Abb. 4: Plectenchym der Stieltrama aus regulär längsparallel verlaufenden, relativ gleichförmigen Hyphen. Abb. 5: Hyphen des Plectenchyms der Huttrama aus irregulär locker verflochtenen, ungleich dicken und reich verzweigten Hyphen.

Abb. 6: monomitische Huttrama eines noch unreifen Fruchtkörpers von *Xerula melanotricha* (Schwarzhaariger Wurzelrübling).

Abb. 7: Lamellentrama von *Marasmius oreades* (Nelkenschwindling); a – reguläre Lamellentrama; b – Hymenium mit Basidien.

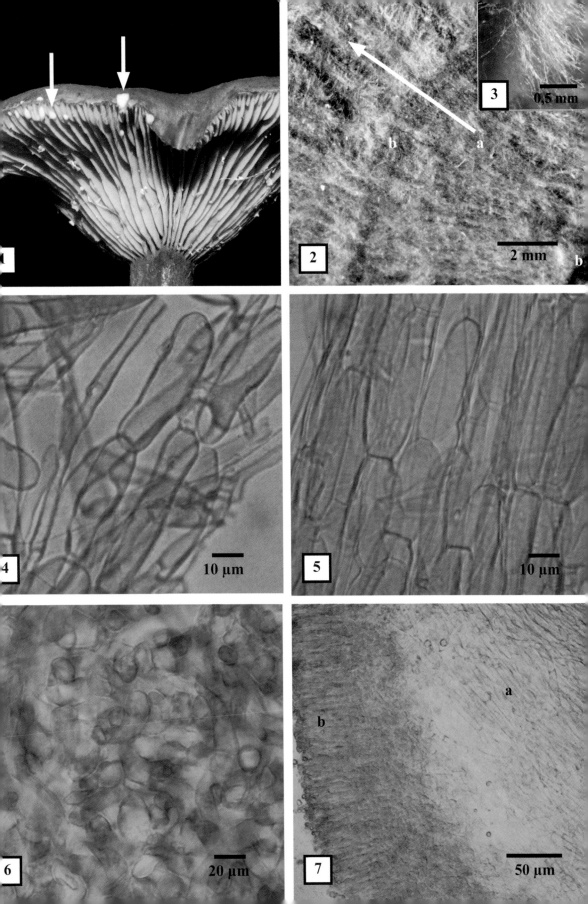

0,5 mm

2 mm

10 µm

10 µm

20 µm

50 µm

Tuberothecium (Pl. Tuberothecia)

Tuberothecien sind cleistocarpe, hypogäische >Ascomata, die sich ascohymenial entwickeln (>Fruchtkörperentwicklung). Die Sporenfreisetzung erfolgt in der Regel endozoochor. Sie sind rund oder unregelmäßig knollenförmig. Ihre Durchmesser reichen von einigen mm bis über 10 cm. Es ist meist eine Hülle ausgebildet, die man in Analogie zu den >Gasterothecien auch als >Peridie bezeichnet. Die Asci sind entweder in >Hymenien auf inneren, stark aufgefalteten Oberflächen oder nesterweise in Gruppen angeordnet. Zwischen ihnen kommen stets >Paraphysen vor, woraus die Ableitung von >Hymenien hervorgeht. Morphogenetisch sind Tuberothecien von >Apothecien abgeleitet. Bei manchen von ihnen, z.B. in den Gattungen *Hydnotrya* (Rasentrüffeln) oder *Pachyophloeus* sind die hymenial ausgekleideten, inneren Oberflächen erhalten geblieben. Bei *Pachyophloeus* erkennt man zudem noch Strukturen des Marginalbereiches der Apothecien.

Typische Tuberothecien werden vor allem von den Arten der Familie *Tuberaceae* gebildet. Sie besitzen derbe, mitunter warzig skulpturierte Peridien. In ihrem Inneren sind helle Adern mit lockerem Hyphengeflecht (Venae externae) und dunklere, oft stark gefaltete Tramaplatten (Venae internae) enthalten. Die unitunicaten >Asci sind in Nestern angeordnet und abgerundet. Ein Operculum ist angelegt, bleibt aber funktionslos. Die Sporenanzahl in den Asci ist meist reduziert. Es kommen auffallend komplizierte Sporenornamente vor, was mit der endozoochoren Sporenausbreitung in Zusammenhang steht. Die Tuberothecien werden in der populären Literatur als Trüffeln bezeichnet.

Aufgrund äußerlicher Ähnlichkeiten mit großen Cleistothecien und mit hypogäischen Basidiomata wird der Trüffelbegriff auch auf diese Fruchtkörper übertragen. Die hypogäischen Ascomata der Gattung *Elaphomyces* werden Hirschtrüffeln genannt. Es sind >Cleistothecien, die nicht von Apothecien abgeleitet sind. Bei den hypogäischen Gasterothecien spricht man z.B. von Wurzeltrüffeln (*Rhizopogon* spp.), Schleimtrüffeln (*Melanogaster* spp.), Steppentrüffeln (*Gastrosporium* spp.), Schwanztrüffeln (*Hysterangium* spp.), Morcheltrüffeln (*Gautieria* spp.). Auch einige Vertreter der Zygomyceten (Jochpilze), Ordnung *Endogonales*, bilden hypogäische >Fruchtkörper (Zygomata, Zygomyceten-Trüffeln). Eine häufige Art ist z.B. *Endogone pisiformis*. Im Inneren sind die Zygoten dieser Pilze enthalten, die direkt aus der Verschmelzung der Geschlechtszellen (Gamocyten oft „Gametangien" genannt) hervorgehen und unter Meiose auskeimen.

Die Arten der Gattung *Tuber* werden als „Echte Trüffeln" seit der Antike als Delikatesse hoch geschätzt und zu kommerziellen Zwecken gesammelt. In Cokultur mit ihren Mykorrhizapartnern werden sie in Trüffelwäldern (>Kulturpilze) kultiviert. *Tuber melanospermum*, die Périgord-Trüffel, gilt als eines der teuersten Lebensmittel der Welt. Neben dieser Art wurden auch *Tuber brumale* (Wintertrüffel), *Tuber aestivum* (Sommertrüffel), *Tuber magnatum* (Piemont-Trüffel) und *Tuber uncinatum* (Burgunder-Trüffel) in Kultur genommen. Beim Sammeln bedient man sich speziell abgerichteter Hunde und Schweine, die durch ihr Geruchsvermögen die unterirdischen Fruchtkörper aufspüren. Als Touristenattraktionen werden mancherorts Trüffelsafaris mit Hunden angeboten.

Abb. 1–3: *Tuber aestivum* (Sommertrüffel).
Abb. 1: gesamtes Tuberothecium.
Abb. 2: Detail der grobstacheligen Peridie.
Abb. 3: Detail eines aufgeschnittenen Tuberotheciums mit den inneren, in sich verschlungenen Venae und den Asci bzw. Ascusnestern, die als braune Pünktchen zu erkennen sind.
Abb. 4–5: *Tuber excavatum* (Olivbraune Trüffel).
Abb. 4: gesamtes Tuberothecium in Seitenlage, die jung ockergelbe, später olivbraune Peridie ist anfangs kleiig und wird später hart.
Abb. 5: Das gleiche Tuberothecium im Schnitt; die Peridie der Unterseite (rechts) kleidet auch die charakteristischen Hohlräume im Inneren aus; die Venae sind von der Fruchtkörpermitte zum Rand hin orientiert.

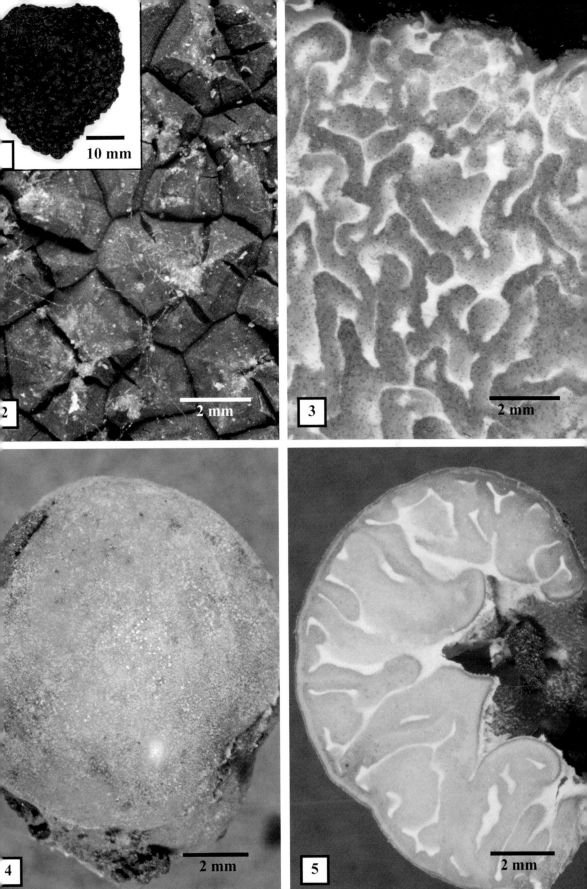

Velum (Pl. Vela)

Bei der >Primordialentwicklung der >Basidiomata vieler <u>Blätterpilze</u> und <u>Röhrlinge</u> wird das >Hymenophor zunächst im Inneren des Primordiums angelegt und ist durch plectenchymatische Hüllen geschützt. Am reifen Fruchtkörper befindet es sich in der Regel an der freien Unterseite des Hutes (>Pileus), so dass die Sporen in die Atmosphäre gelangen können. Man bezeichnet dies als hemiangiocarpe >Fruchtkörperentwicklung. Den Hüllschichten wird seit der Mitte des 19. Jh. besondere Aufmerksamkeit geschenkt, da man nach der Entdeckung der fundamentalen Unterschiede zwischen nackt- und bedecktsamigen Pflanzen für die Pilze eine ähnliche grundlegende Bedeutung der Hüllen für die Systematik erwartet hatte.

Die Hüllen, die das Hymenophor bedecken, werden traditionell als Velum bezeichnet. Dieser Begriff wird in der Botanik auch für andere Hüllen, z.B. für die Schutzhüllen von Sporangien oder Sori bei den Farnpflanzen benutzt, für die sich jedoch der Begriff <u>Indusium</u> durchgesetzt hat.

Anatomisch haben die Hüllen verschiedenen Ursprung. Die Untersuchungen der Primordialentwicklung führten zu Einblicken in eine enorme Vielfalt, für die man um eine verbindliche Typologie bemüht ist. In der Literatur herrscht jedoch bis heute keine Übereinstimmung der Terminologie. Aus anatomischer Sicht wird der Begriff „Velum" von manchen Autoren deshalb völlig vermieden. Er ist jedoch in der volkstümlichen Pilzliteratur und in den Bestimmungsbüchern tief verankert.

Als >Velum universale bezeichnet man traditionell eine Hülle, die einen Fruchtkörper vollkommen bedeckt und die bei der Stielstreckung wie eine Schale aufreißt. Im Gegensatz dazu werden Hüllen, die nicht den gesamten Fruchtkörper, sondern nur das Hymenophor vor der Sporenreife einhüllen, >Velum partiale (partielle Hülle, Teilhülle) genannt.

Studien zur >Primordialenwicklung haben gezeigt, dass solche Hüllen im Fruchtkörperprimordium angelegt werden und dann verschwinden können, so dass sie am reifen Fruchtkörper nicht mehr nachzuweisen sind. Mitunter bleiben jedoch Reste vorhanden und liefern wichtige Bestimmungsmerkmale. Solche Hüllen können sehr verschiedenen Ursprung haben. Der primäre plectenchymatische Knoten (Nodulus), der einer Fruchtkörperentwicklung voraus geht, kann ein epinoduläres, dem Knoten aufsitzendes Plectenchym bilden, in dessen Innerem sich das Primordium entwickelt, das Primordium kann aber auch direkt im Nodulus entstehen. Die Vela haben dann einen völlig anderen Ursprung.

Wenn in der primordialen Entwicklung nur ein Velum, also entweder ein Velum universale oder ein Velum partiale vorkommt, wird die Fruchtkörperentwicklung „monovel-hemiangiocarp" genannt, wenn neben einem Velum universale auch ein Velum partiale vorkommt, bezeichnet man sie als „bivel-hemiangiocarp". Diese Bezeichnungen nehmen jedoch keine Rücksicht auf die Herkunft der Vela und werden deshalb von manchen Autoren zugunsten einer detaillierten Terminologie nicht benutzt.

Ganz allgemein kann davon ausgegangen werden, dass es bei der Bildung der >Ascomata, >Basidiomata und auch der >Conidiomata eine Tendenz gibt, die sporenbildenden Strukturen vor der Sporulationsphase schützend einzuhüllen. Auch bei anderen Pilzen, z.B. den Rostpilzen, insbesondere bei den >Aecien oder bei den hypogäischen >Sporocarpien mancher Zygomyceten und Glomeromyceten finden wir die Tendenz zur Ausbildung von Hüllen.

Die Vela der Basidiomata sind in vielen Fällen äußerlich gut nachweisbare Strukturen, die diese Tendenz belegen. Da aber bei ihrer Fruchtkörperentwicklung in weitaus geringerem Maße eindeutige Homologien gefunden werden, bleibt ihre Bedeutung für die Systematik geringer, als dies bei Hüllbildungen von Pflanzen der Fall ist.

Bei der >Morphogenese, die von >Hymenothecien zu >Gasterothecien führte, sind Homologien von universellen Hüllen und >Peridien in einigen Fällen unstrittig (>Morphogenese, >secotioides Gasterothecium). Vor allem bei >bovistoiden Gasterothecien der Familie *Agaricaceae* gibt es aber beträchtliche Unsicherheiten der Zusammenhänge zwischen Hutstrukturen oder Vela der Hymenothecien und den Peridien der Gasterothecien. Dagegen ist der gemeinsame Ursprung von >Hymenophor und >Gleba bei Gasterothecien, deren Glebakammern von Hymenien ausgekleidet sind, eindeutig.

206

Die Vela von *Amanita phalloides* (Grüner Knollenblätterpilz); die >Basidiomata entwickeln
sich bivel-hemiangiocarp; beide Vela sind, wie bei den meisten *Amanita*-Arten, am entfalteten Fruchtkörper nachweisbar; das >Velum universale verbleibt als Volva an der Stielbasis
(a), das Velum partiale (b), das aus einem primordial angelegten Plectenchym, dem soge-
nannten Lipsanenchym, entsteht, umhüllt das Hymenophor bis kurz vor dem Einsetzen der
Sporulation und bleibt nach dem Aufschirmen des Hutes als Manschette am Stiel zurück.

Der Grüne Knollenblätterpilz gehört zu den gefährlichsten Giftpilzen und verursacht
noch immer alljährlich tödliche Vergiftungen. Die Knollenblätterpilzgifte sind zyklische
Peptide aus Aminosäuren. Sie wurden nach ihrer Grundstruktur als Phallotoxine, Virotoxine
und Amatoxine beschrieben. Es sind Zellgifte, die vorrangig Leberzellen schädigen. Krank-
heitssymptome treten erst nach einer Latenzzeit von 6 bis 24 Stunden auf. Es kommt zu
Brechdurchfällen und Bauchkoliken, Blutdruckabfall, Wadenkrämpfen, Schockzuständen
und schließlich zum Tod durch Leberversagen unter furchtbaren Qualen nach 4 bis 7 Tagen.

Die Merkmale der Vela gehören neben dem süßlichen Geruch und den Farben zu den
wichtigsten Erkennungsmerkmalen der Art.

Velum partiale

Als Velum partiale bezeichnet man eine Hülle (>Velum), die nicht den gesamten Frucht-körper, sondern nur das >Hymenophor bedeckt. Der Ursprung kann sehr verschieden sein. Primordiale Geflechte zwischen den Hymenophoralinitialen und dem Stiel (Lipsanenchym oder Lipsanoblem) bei epinodulärer Primordialentwicklung oder Mesobleme bei nodulärer Entwicklung können zwischen Hymenophor, z.B. den Lamellenschneiden von Blätterpilzen und dem Stiel, ein Häutchen bilden, das bei Reife manschettenartig am Stiel hängt. Aber es können auch Oberflächenstrukturen der Primordien, die sich von der Hutoberseite zur Stiel-oberfläche erstrecken, bei der Entfaltung des Hutes gedehnt werden und häutige oder spinn-webartige Hüllen bilden. Wenn diese schließlich zerreißen, kann am Stiel ein Ring entstehen, oder es können Reste am Hutrand hängen bleiben. Die Huthaut kann bei der >Fruchtkörper-entwicklung mit dem Stiel verwachsen, so dass sekundär eine Hülle entsteht, obgleich die Fruchtkörperentwicklung ursprünglich gymnocarp war. Man bezeichnet diese Entwicklung auch als pseudohemiangiocarpe Fruchtkörperentwicklung. Der frei bewegliche Ring, z.B. in der Gattung *Macrolepiota* (Riesenschirmlinge), ist eine Bildung der Huthaut, die sich der Stieloberfläche angeschmiegt hat, aber nicht mit ihr verwachsen, sondern bei der Entfaltung des Hutes als Ring zurückgeblieben ist.

Alle diese nach ihrem anatomischen Ursprung sehr verschiedenen Hüllen werden als Velum partiale zusammengefasst und als Manschette, Ring, Schleier (Cortina) oder als frei beweglicher Ring bezeichnet. Diese Namen für die verschiedenen Ausbildungsformen des Velum partiale sind aufgrund der Verhälnisse an den sporulierenden Fruchtkörpern entstan-den und spiegeln die komplizierten anatomischen Strukturen der Fruchtkörperentwicklung nicht exakt wieder.

Abb. 1: *Amanita rubescens* (Perlpilz); das manschettenförmige Velum partiale (Pfeil) ist aus einem primordial angelegten >Plectenchym (Mesoblem) zwischen der Anlage des Hymeno-phors und der Stieloberfläche hervorgegangen. Die Oberseite der Manschette ist durch die Lamellenschneiden gerieft.

Abb. 2: *Agaricus arvensis* (Feld- oder Schafchampignon); aufgeschnittener, junger Frucht-körper während der Hutentfaltung; das Velum partiale ist aus einem primordial angelegten Plectenchym (Mesoblem) zwischen der Anlage des Hymenophors und der Stieloberfläche hervorgegangen; es liegt dem Stiel an (a), hat sich von den Lamellen gelöst, ist noch mit dem Hutrand verbunden (b) und wird sich bei der weiteren Entfaltung des Hutes vom Hutrand lösen und den Ring des Stieles bilden.

Abb. 3: *Boletinus asiaticus* (Asiatischer Hohlfußröhrling; in einem *Larix sibirica*-Wald in Zentralsibirien); die äußeren Schichten des primordialen Hutes (Pileoblem) und des Stieles (Cauloblem) sind miteinander verwachsen und bilden ein sekundäres Velum partiale, das am aufgeschirmten Fruchtkörper häutige Hüllreste am Hutrand und eine Ringzone am Stiel hinterlässt.

Abb. 4: *Macrolepiota procera* (Riesenschirmpilz); der frei bewegliche Ring ist ein Teil der Hutoberhaut, die sich am jungen Fruchtkörper dem Stiel angeschmiegt und beim Aufschir-men vom Hutrand getrennt hat.

Abb. 5: *Cortinarius varius* (Messingfarbener Schleimkopf); Mitte: junger Fruchtkörper mit weißer Cortina, einem spinnwebartig faserigen Velum partiale, das aus oberflächlichen Plect-enchymen des Primordiums hervorgegangen ist; die Lamellen sind hell violett; rechts aufge-schirmter Fruchtkörper, die Cortina verbleibt als Rest am Stiel und ist durch die Sporen braun gefärbt, die violetten Lamellen sind durch die reifen Sporen braun überhaucht; links alter Fruchtkörper, Lamellen und Cortina-Reste sind durch die Sporen braun gefärbt.

Velum universale

Eine häutige Hülle reifer >Basidiomata, die den gesamten >Fruchtkörper umgibt und nicht mit der Huthaut verwachsen ist, wird traditionell als Velum universale (universelle Hülle, Gesamthülle, >Velum) bezeichnet. Die Reste derartiger häutiger Strukturen sind am sporulierenden Fruchtkörper auf ganz unterschiedliche Art und Weise nachweisbar und sind oft wichtige Merkmale für die Bestimmung der Pilze. Am bekanntesten sind scheidenartige Reste an der Stielbasis und die bei vielen Arten vorkommenden Flocken oder häutigen Fetzen auf der Hutoberseite. *Amanita muscaria* (Fliegenpilz) gehört weltweit zu den bekanntesten Pilzen. Aufgrund seiner auffallend roten Hutoberseite und der weißen Flocken des Velum universale wurde er zum Symbol des Pilzbegriffes. Die häutigen Reste an der Stielbasis werden als „Scheide" oder als Volva bezeichnet. Der Begriff „Scheide" bezeichnet das geplatzte Velum universale, wenn häutige Teile an der Stielbasis des Fruchtkörpers verbleiben. Der Begriff „Volva" (Gebärmutter, Embryonalhülle) steht eigentlich für die gesamte Hülle, wird aber in der Pilzliteratur nahezu ausschließlich ebenfalls nur für die häutigen Hüllreste an der Stielbasis benutzt, auch für die basalen Reste der >Peridien von >Gasterothecien, die durch Streckung eines Stieles oder eines >Receptaculums die Peridien gesprengt haben, z.B. bei den Gattungen *Tulostoma* (Stielboviste), *Battarraea* (Stelzenstäublinge), *Phallus* (Stinkmorcheln) oder *Clathrus* (Gitterlinge, Tintenfischpilz). Daraus darf aber nicht geschlossen werden, dass die Peridien von Gasterothecien generell dem Velum universale von Hymenothecien homolog sind, die entwicklungsgeschichtlichen Zusammenhänge sind bei den verschiedenen Gruppen von Gasterothecien weitaus komplizierter.

Die als Velum universale bezeichneten Hüllen entstehen anatomisch aus verschiedenen >Plectenchymen der Fruchtkörperanlagen. Bei den hier dargestellen Gattungen *Volvariella* und *Amanita* werden die Primordien im Inneren eines Bulbus oder Nodulus gebildet, dessen äußere Schicht (das Bulboblem) allein zur häutigen Hülle heranwächst oder doch an ihr beteiligt ist. Während bei *Volvariella* nur ein Velum universale vorkommt, ist bei der Gattung *Amanita* zusätzlich stets ein zweites Velum, ein >Velum partiale, ausgebildet oder wenigstens primordial angelegt. Die Reste des Velum universale an den entfalteten Fruchtkörpern können für die Bestimmung wichtig sein, sie können an der Stielbasis eine Wulst, feine Schuppen oder eine häutige Volva bilden, auf dem Hut können die Hüllreste als Flocken, Schuppen, Fransen oder grobe Fetzen verbleiben.

Abb. 1 u. 2: Velum universale von *Amanita fulva* (= *Amanita vaginata* var. *fulva*; Fuchsiger Scheidenstreifling). Abb. 1: von Velum universale noch vollkommen bedeckter, junger Fruchtkörper. Abb. 2: durch die Stielstreckung geplatztes Velum universale, das an der Basis als Volva („häutige Scheide") verbleibt; der volkstümliche Name „Scheidenstreifling" nimmt auf das Merkmal der Volva und der charakteristischen Riefung des Hutrandes Bezug.

Abb. 3 u. 4: Reste des Velum universale auf der Hutoberseite. Abb. 3: Hutoberseite von *Amanita echinocephala* (Igel-Wulstling); die Hüllreste sind charakteristisch spitzkegelig, was zu dem Namen (echinocephala – stachelkopfig) führte. Abb. 4: Hutoberseite von *Amanita rubescens* (Perlpilz); die kleinflockigen Hüllreste sind von unbestimmter Form und können mitunter abgeschwemmt werden.

Abb. 5 u. 6: häutige Reste des Velum universale als Volva an der Stielbasis. Abb. 5: Stielbasis von *Volvariella bombycina* (Wolliger Scheidling) in einer Stammwunde von *Juglans regia* (Walnussbaum); der Gattungsname *Volvariella* nimmt auf das Merkmal der Basis entfalteter Fruchtkörper Bezug. Abb. 6: häutige Reste des Velum universale an der Stielbasis von *Amanita phalloides* (Grüner Knollenblätterpilz); es ist ein wichtiges Bestimmungsmerkmal für diese Art.

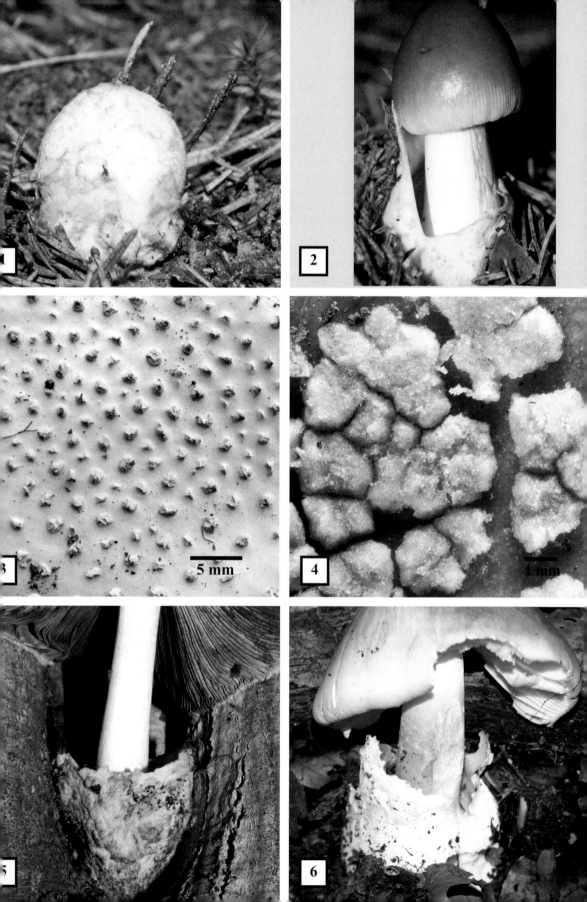

Weißfäule (Korrosionsfäule)

Der Begriff Weißfäule wird in der Mykologie für einen speziellen Typ der Holzzerstörung durch lignicole Pilze benutzt, wobei sich das Holz in der Regel zunehmend weiß verfärbt. Es werden die wichtigsten Bestandteile des Holzes - sowohl Polysaccharide (Zellulose, Hemizellulosen) als auch das Lignin - nahezu vollständig abgebaut. Das Holz verliert 80 bis fast 100% des Trockengewichtes. Man bezeichnet deswegen die Weißfäule auch als Korrosionsfäule. Weißfäulepilze sind in der Natur die wichtigsten Organismen, die das Lignin effektiv abzubauen vermögen. Sie sind dadurch für den Stoffhaushalt in allen Lebensräumen der Erde, in denen Holz gebildet wird, von essentieller Bedeutung.

Der Abbau der dreidimensional verketteten Makromoleküle des Lignins wird durch das Enzym Lignin-Peroxydase, auch Ligninase genannt, eingeleitet. Es spaltet die Seitenketten und die Bindungen zwischen den Seitenketten und Ringen. Am Abbau des Lignins sind danach weitere Peroxydasen beteiligt.

Die meisten Weißfäule-Pilze bauen zunächst ausschließlich oder doch verstärkt Lignin ab, dadurch entsteht die typisch weißfaserige Struktur des Holzes, die in der Bezeichnung Weißfäule zum Ausdruck kommt. Manche Arten bauen auch anfangs verstärkt Zellulose ab, wieder andere beide Stoffe nahezu gleichzeitig (Simultanfäule). Es kann daher zu Braunfärbung des Holzes durch Lignin kommen, obgleich der enzymatische Abbauweg einer Weißfäule entspricht (>Braunfäule, >Moderfäule).

Eine besondere Form der Weißfäule ist die Lochfäule, die auch Weißlochfäule oder Wabenfäule genannt wird. Durch kleinräumigen, lokal raschen Ligninabbau entstehen dichtstehende, wabenförmige kleine Hohlräume, die zunächst mit weißen Zellulosefasern durchzogen sind und am braunen, in Zersetzung befindlichen Holz ein charakteristisches, kontrastreiches Muster verursachen. Lochfäulepilze sind z.B. *Xylobolus frustulatus* und *Hymenochaete rubiginosa* an Eichenholz, *Phellinus pini* an Kiefernholz.

Als Stockfäule bezeichnet man eine weitere besondere Form der Weißfäule, die im unteren Stammbereich von Laub- und Nadelhölzern, insbesondere von Fichten, lokalisiert ist und durch *Heterobasidion annosum* (Wurzelschwamm) verursacht wird. Der Befall des Holzes geschieht in der Regel vom Wurzelbereich her. Das befallene Kernholz des unteren Stammbereiches verfärbt sich rotbraun, weswegen auch der Begriff „Rotfäule" verwendet wird, den jedoch manche Autoren als Synonym für Braunfäule benutzen.

Durch Weißfäulepilze wird besonders Laubholz, seltener Nadelholz, abgebaut. Wichtige Weißfäulepilze sind z.B. *Fomes fomentarius* (Zunderschwamm) und die Arten der Gattungen *Trametes* (Trameten), *Funalia* (Borstentrameten), *Ganoderma* (Lackporlinge), *Spongipellis* (Schwammporlinge), *Polyporus* (Stielporlinge), *Pleurotus* (Seitlinge), *Inonotus* (Schillerporlinge), *Phellinus* (Falsche Zunderschwämme), *Pycnoporus* (Zinnoberporlinge), *Merulius* (Gallertfältling) und *Ischnoderma* (Harzporlinge).

Abb. 1–3: durch *Fomes fomentarius* (Zunderschwamm) verursachte Weißfäule. Abb 1, 2: an Stämmen von *Betula pubescens* (Moorbirke). Abb. 1 Bruchstelle eines gestürzten Stammes; a – abgestorbenes Basidioma; b – weißfaules Holz der Stammbasis. Abb. 2: Stammbruchstück mit letzten Holzresten, die Borke wurde nicht abgebaut. Abb. 3: an einem gestürzten Buchenstamm.

Abb. 4: Basidiomata von *Polyporus squamosus* (Schuppiger Porling) auf freigelegtem, myzeldurchwachsenem, weißfaulem Wurzelholz.

Abb. 5: durch *Heterobasidion annosum* (Wurzelschwamm) verursachte Stockfäule, einer Sonderform der Weißfäule, im unteren Stammbereich von *Picea abies* (Fichte).

Abb. 6: durch *Phellinus igniarius* (Falscher Zunderschwamm) verursachte Weißfäule im Holz eines Weidenstammes.

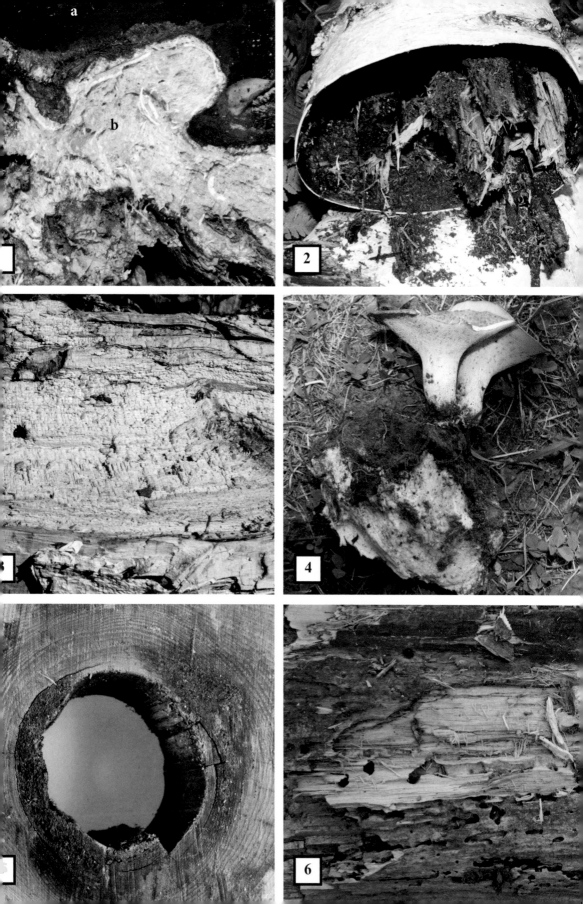

Erläuterungen zu den Tafeln polyporoider Hymenophore

Die Mannigfaltigkeit und Varialbilität morphologischer Strukturen wird am Beispiel des >polyporoiden Hymenophors bei den >effusen, >effusoreflexen und >dimitaten Crustothecien vorgestellt. Bei den <u>pileaten</u> Porlingen kommen z.B. beträchtliche Unterschiede zwischen der Ausbildung des Hymenophors vom Hutrand zur Hutmitte und zum Ansatz des Hutes vor. Ebenso kann sich die Form der Poren des juvenilen (jungen) und des adulten (gealterten) Hymenophors in charakteristischer Weise verändern. Das in der Bestimmungsliteratur oft benutzte Merkmal „Anzahl der Poren pro mm Oberfläche des Hymenophors" ist daher auf seine Tauglichkeit kritisch zu hinterfragen.

Von 70 Porlingsarten sind die polyporoiden Hymenophore auf 10 Tafeln mit 1 oder 2 Fotos je Art bei gleichem Abbildungsmaßstab dargestellt. Es wird bei den Arten mit zwei Aufnahmen auf Unterschiede zwischen der Topographie der Poren am Fruchtkörper oder auf Unterschiede, die auf verschiedene Formen durch den Alterungsprozess des Hymenophors zurückzuführen sind, aufmerksam gemacht. Zudem wird durch Fotos von lebendem und trockenem Material auf Veränderung hingewiesen, die durch den Trocknungsprozess bei herbarisierten Belegen bedingt sein können. Die Tafeln sollen aber auch zeigen, welche große Bedeutung vergleichbare Fotos als Anschauungsmaterial für die Bestimmung liefern können.

Im Anschluss an die Tafeln ist beispielhaft deren Auswertbarkeit für statistische Erhebungen bzgl. der Variabilität dargestellt.

Die Topographie des Hymenophor-Ausschnittes an den Basidiomata ist in der folgenden Tabelle durch die Bezeichnung Hutrand, Hutmitte, bzw. bei effusen Crustothecien durch die Angabe Fruchtkörperrand, Fruchtkörpermitte dokumentiert. Alle Fotos sind bei gleicher Ausschnittvergrößerung dargestellt; der Maßstab ist auf jeder Tafel unten rechts angebracht. Der Zustand des Materials für die Fotos ist in der Tabelle durch folgende Angaben gekennzeichnet:

<u>lebend</u> – frisch gesammeltes und in frischem Zustand fotografiertes Material

<u>trocken</u> – frisch gesammeltes, aber in getrocknetem Zustand fotografiertes Material oder am Standort trocken vorgefundenes Material

<u>Herbarmaterial</u> – aus Herbarien entnommenes Material, das längere Zeit, d.h. mehrere Jahre oder Jahrzehnte durch Konservierungsmaßnahmen (Vergiftung oder Fortkonservierung gegen Insektenbefall) erhalten wurde

<u>juvenil</u> – das Hymenophor ist im Zustand des Heranwachsens aufgenommen, bzw. vor der Aufnahme getrocknet worden

<u>adult</u> – das Hymenophor befindet sich in einem gealterten Zustand nach der Sporulationsphase

Tafeln zum polyporoiden Hymenophor-alphabetisch, S. 217-226

Antrodia serialis (= *Coriolellus serialis*; Reihige Tramete); Herbarmaterial; 1 – Hutrand; 2 – Hutmitte
Antrodiella hoehnelii (=*Trametes hoehnelii*; Spitzwarzige Tramete); Herbarmaterial
Bjerkandera adusta (Rauchgrauer Porling, Angebrannter Porling); lebend; 1 – adult, Hutmitte 2 – juvenil, Hutrand
Bjerkandera fumosa (Graugelber Rauchporling); Herbarlmaterial; 1 – Hutrand; 2 – Hutmitte
Bondarzewia mesenterica (= *Bondarzewia montana*; Bergporling); Herbarmaterial, Hutrand
Ceriporia purpurea (Purpurfarbener Wachsporling); Herbarmaterial; 1 – Fruchtkörperrand; 2 – Fruchtkörpermitte
Coltricia perennis (Brauner Dauerporling, Gebänderter Dauerporling); trocken;

214

1 – Hutrand; 2 – Hutmitte

Daedalea quercina (Eichenwirrling); 1 – lebend; 2 – trocken, poroide Form

Daedaleopsis confragosa (Rötende Tramete, Rötender Blätterwirrling); 1 – lebend, Hutmitte; 2 – trocken, Hutrand

Daedaleopsis tricolor (*Daedaleopsis confragosa* var. *tricolor*, Dreifarbene Tramete); Hutränder; 1 – trocken; 2 – lebend

Datronia mollis (Weicher Resupinatporling); lebend; 1 – Hutrand bis effus; 2 – effus

Fomes fomentarius (Echter Zunderschwamm); lebend; 1 – Hutmitte; 2 – Hutrand

Fomitopsis pinicola (Rotrandiger Baumschwamm, Fichtenporling); 1 – Hutmitte, adult; 2 – Hutrand, juvenil

Fomitopsis rosea (Rosaporiger Baumschwamm); Herbarmaterial; 1 – Hutmitte; 2 – Hutrand

Funalia gallica (*Coriolopsis gallica*, *Trametella extenuata*; Braune Borstentramete); trocken, adult; 1 – Hutmitte; 2 – Hutrand

Funalia trogii (*Trametes trogii*; Trog'sche Tramete), trocken, juvenil

Ganoderma adspersum (*Ganoderma europaeum*; Wulstiger Lackporling); juvenil, Hutmitte

Ganoderma applanatum (Flacher Lackporling); juvenil; 1 – Hutrand; 2 – Hutmittte

Ganoderma lucidum (Glänzender Lackporling): Herbarmaterial; 1 – Hutmitte; 2 – Hutrand

Ganoderma pfeifferi (Kupferroter Lackporling); Herbarmaterial, juvenil

Gloeophyllum odoratum (*Osmoporus odoratus*; Fencheltramete); Hutmitte; 1 – trocken; 2 – lebend

Gloeophyllum sepiarium (Zaunblättling); lebend; 1 – Hutmitte; 2 – Hutrand

Gloeophyllum trabeum (Balkenblättling); trocken, Hutrand

Hapalopilus nidulans (Zimtfarbiger Weichporling); Hutmitte; 1 – trocken; 2 – lebend

Heterobasidion annosum (*Fomitopsis annosus*; Wurzelschwamm); Hutränder, lebend; 1 – juvenil; 2 – adult

Inonotus dryadeus (Tropfender Schillerporling, Tränender Schillerporling); lebend, juvenil; 1 – Hutmitte; 2 – Hutrand

Inonotus hispidus (Zottiger Schillerporling); 1 – trocken, Hutmitte, adult; 2 – lebend, Hutrand, juvenil

Inonotus nodulosus (Knotiger Schillerporling); Hutränder; 1 – Herbarmaterial; 2 – lebend

Inonotus radiatus (Erlen-Schillerporling, Strahliger Schillerporling); Herbarmaterial, adult

Ischnoderma benzoinum (Schwarzgebänderter Harzporling, Nadelholz-Harzporling); lebend, Hutmitte

Ischnoderma resinosum (Laubholz-Harzporling); lebend, Hutmitte, juvenil

Junghuhnia luteoalba (Gelbweißer Resupinatporling); lebend, Fruchtkörperrand

Junghuhnia nitida (Schönfarbiger Resupinatporling); lebend; 1 – Fruchtkörperrand; 2 – Fruchtkörpermitte

Laetiporus sulphureus (Schwefelporling); lebend, Hutmitte; 1 – juvenil; 2 – adult

Laricifomes officinalis (*Fomitopsis officinalis*, Apothekerschwamm, Lärchenporling, Sibirien); lebend; 1– Hutmitte; 2 – Hutrand

Meripilus giganteus (Riesenporling); lebend; 1 – Hutmitte, juvenil; 2 – Hutrand, adult

Osteina obducta (*Polyporus obductus*; Knochenharter Porling, Sibirien); lebend, juvenil; 1 – Hutmitte; 2 – Hutrand

Oxyporus populinus (Treppenförmiger Schafporling); lebend, adult

Phellinus chrysoloma (Fichten-Feuerschwamm); trocken; 1 – Hutmitte; 2 – Hutrand

Phellinus conchatus (Muschelförmiger Feuerschwamm); Herbarmaterial; 1 – Hutmitte, 2 – Hutrand

Phellinus contiguus (Großporiger Feuerschwamm); Herbarmaterial; Fruchtkörperrand, adult

Phellinus ferruginosus (Rostbrauner Feuerschwamm); trocken, Fruchtkörpermitte

Phellinus igniarius (Falscher Zunderschwamm); lebend; 1 – Hutmitte; 2 – Hutrand

Phellinus laevigatus (Birken-Feuerschwamm); trocken, Fruchtkörpermitte

Phellinus pomaceus (Pflaumen-Feuerschwamm); Fruchtkörperränder; 1 – trocken, 2 – lebend

Phellinus punctatus (Polsterförmiger Feuerschwamm); trocken, Fruchtkörpermitte

Phellinus ribis (Stachelbeer-Feuerschwamm, Stachelbeer-Strauchporling); 1 – Hutmitte, lebend; 2 – Hutrand, trocken

Piptoporus betulinus (Birkenporling); lebend; 1 – Hutmitte; 2 – Hutrand, juvenil

Polyporus arcularius (Weitlöchriger Porling); lebend; 1 – Hutmitte bis Stielansatz;
    2 – Hutrand

Polyporus badius (Schwarzroter Porling); lebend, Hutmitte

Polyporus brumalis (Winterporling); lebend; 1 – Hutmitte; 2 – Hutrand, adult

Polyporus ciliatus (Maiporling); lebend, Hutrand bis Hutmitte

Polyporus rhizophilus (Steppenporling, Steppengrasporling; Sibirien); lebend; 1 – Hutmitte;
    2 – Hutrand

Polyporus squamosus (Schuppiger Porling); lebend; 1 – Hutmitte; 2 – Hutrand

Polyporus tuberaster (Sklerotienporling, Klumpen-Porling); lebend; 1 – Hutmitte;
    2 – Hutrand, adult

Polyporus varius (Löwengelber Porling); lebend; Hutrand bis Hutmitte

Postia caesia (Blauer Saftporling, Blauender Saftporling); lebend, Hutmitte

Postia guttulata (Getropfter Saftporling), lebend; 1 – Hutmitte; 2 – Hutrand

Postia stiptica (Bitterer Saftporling, Herber Saftporling); lebend; 1 – Hutmitte / Hutrand;
    2 – Hutrand bis Hutmitte, juvenil

Pycnoporus cinnabarinus (Zinnoberrote Tramete, Nördlicher Zinnoberschwamm); lebend;
    1 – Hutmitte; 2 – Hutrand

Skeletocutis nivea (Halbresupinater Weichporling); Herbarmaterial, Fruchtkörperrand bis
    Fruchtkörpermitte

Trametes gibbosa (Buckeltramete); lebend; 1 – Hutmitte; 2 – Hutrand

Trametes hirsuta (Striegelige Tramete); Hutränder; 1 – lebend, juvenil, 2 – trocken

Trametes ochracea (*Trametes zonata*) (Ockerfarbene Tramete, Gezonte Tramete);
    1 – Hutansatz an effusem Fruchtkörperteil, 2 – Hutrand, juvenil

Trametes suaveolens (Anistramete); 1 – lebend, Hutmitte; 2 – trocken, Hutrand, adult

Trametes versicolor (*Coriolus versicolor*; Schmetterlingstramete, Bunte Tramete);
    Hutränder; 1 – trocken: 2 – lebend, juvenil

Trichaptum abietinum (Tannentramete, Gemeiner Violettporling); Hutränder bis Hutmitten;
    1 – trocken; 2 – lebend

Trichaptum fusco-violaceum (Kiefern-Violettporling; Sibirien); lebend; 1 – effuser Teil
    (unten) bis Hutansatz; 2 – Hutrand

Trichaptum laricinum (Lärchen-Violettporling; Sibirien); lebend; 1 – Hutmitte; 2 – Hutrand

Tyromyces kmetii (Orangegelber Saftporling); Herbarmaterial; 1 – Hutmitte; 2 – Hutrand

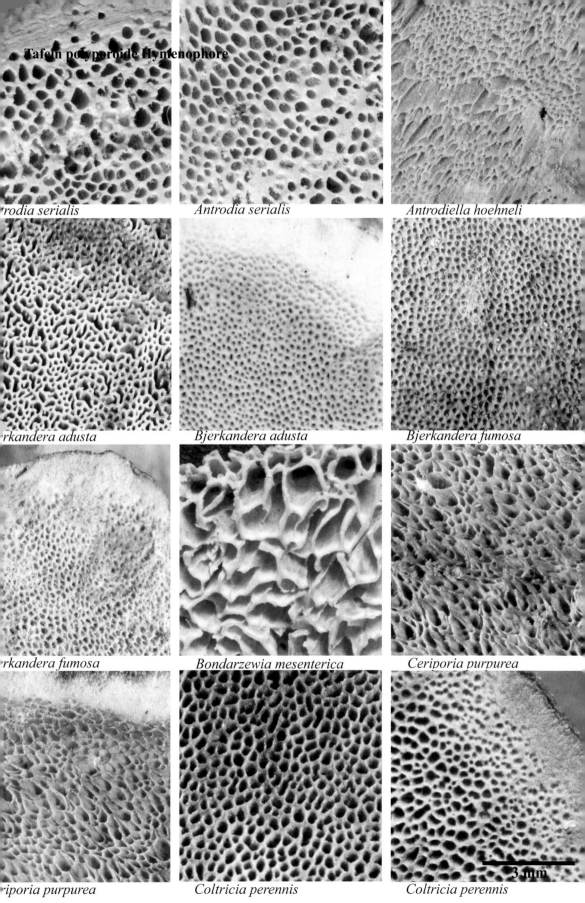

Tafeln polyporoide Hymenophore

rodia serialis

Antrodia serialis

Antrodiella hoehneli

rkandera adusta

Bjerkandera adusta

Bjerkandera fumosa

rkandera fumosa

Bondarzewia mesenterica

Ceriporia purpurea

riporia purpurea

Coltricia perennis

Coltricia perennis

3 mm

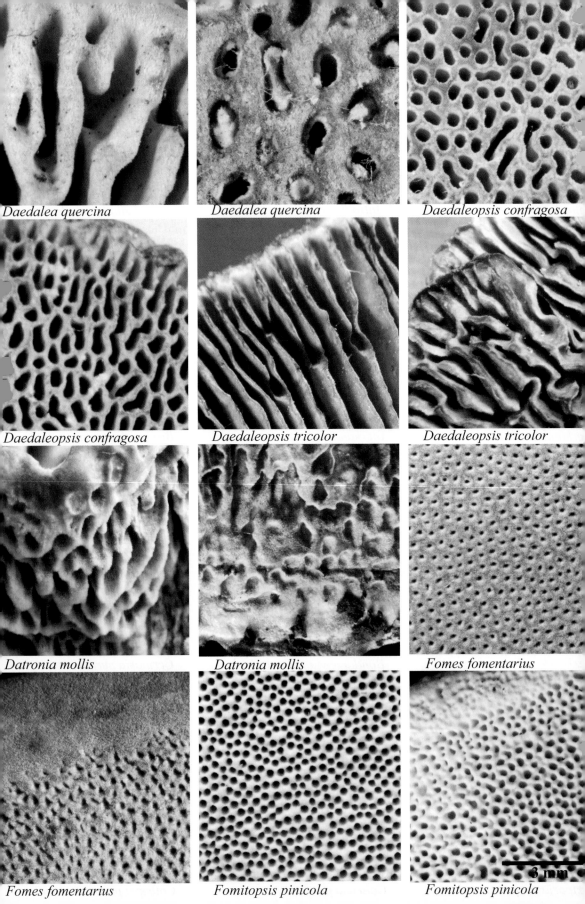

Daedalea quercina

Daedalea quercina

Daedaleopsis confragosa

Daedaleopsis confragosa

Daedaleopsis tricolor

Daedaleopsis tricolor

Datronia mollis

Datronia mollis

Fomes fomentarius

Fomes fomentarius

Fomitopsis pinicola

Fomitopsis pinicola

3 mm

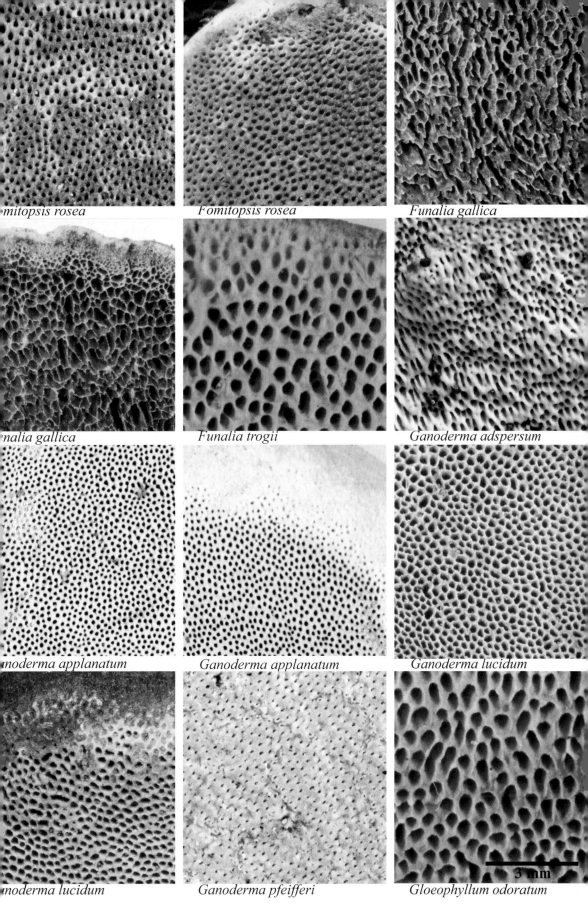

mitopsis rosea

Fomitopsis rosea

Funalia gallica

nalia gallica

Funalia trogii

Ganoderma adspersum

noderma applanatum

Ganoderma applanatum

Ganoderma lucidum

noderma lucidum

Ganoderma pfeifferi

Gloeophyllum odoratum

3 mm

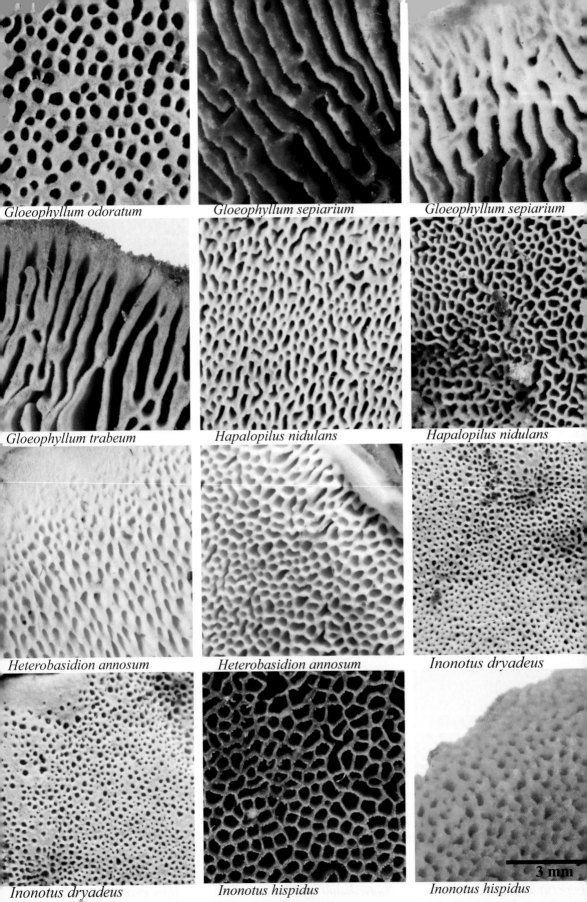

Gloeophyllum odoratum

Gloeophyllum sepiarium

Gloeophyllum sepiarium

Gloeophyllum trabeum

Hapalopilus nidulans

Hapalopilus nidulans

Heterobasidion annosum

Heterobasidion annosum

Inonotus dryadeus

Inonotus dryadeus

Inonotus hispidus

Inonotus hispidus

3 mm

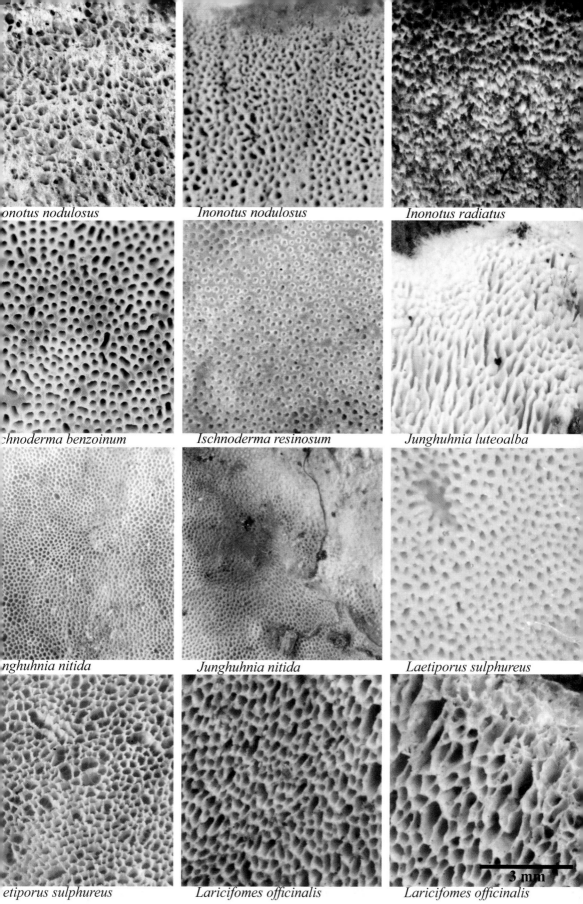

Inonotus nodulosus   *Inonotus nodulosus*   *Inonotus radiatus*

Ischnoderma benzoinum   *Ischnoderma resinosum*   *Junghuhnia luteoalba*

Junghuhnia nitida   *Junghuhnia nitida*   *Laetiporus sulphureus*

Laetiporus sulphureus   *Laricifomes officinalis*   *Laricifomes officinalis*

3 mm

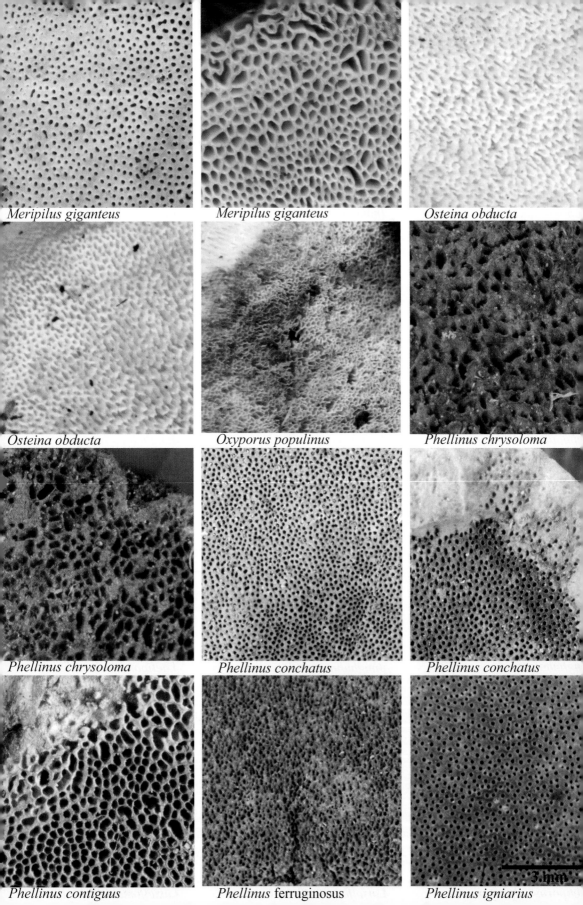

Meripilus giganteus

Meripilus giganteus

Osteina obducta

Osteina obducta

Oxyporus populinus

Phellinus chrysoloma

Phellinus chrysoloma

Phellinus conchatus

Phellinus conchatus

Phellinus contiguus

Phellinus ferruginosus

Phellinus igniarius

3 mm

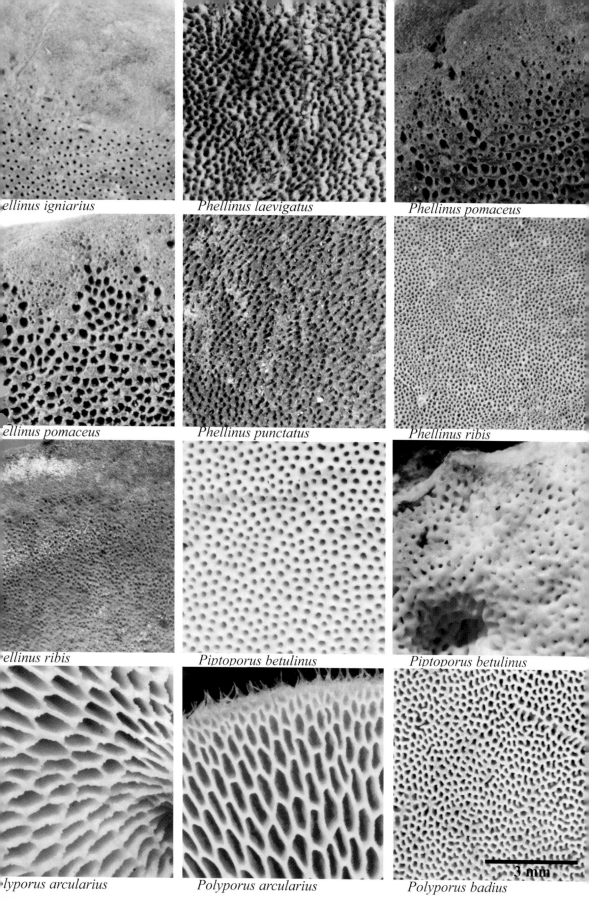

ellinus igniarius

Phellinus laevigatus

Phellinus pomaceus

ellinus pomaceus

Phellinus punctatus

Phellinus ribis

ellinus ribis

Piptoporus betulinus

Piptoporus betulinus

lyporus arcularius

Polyporus arcularius

Polyporus badius

3 mm

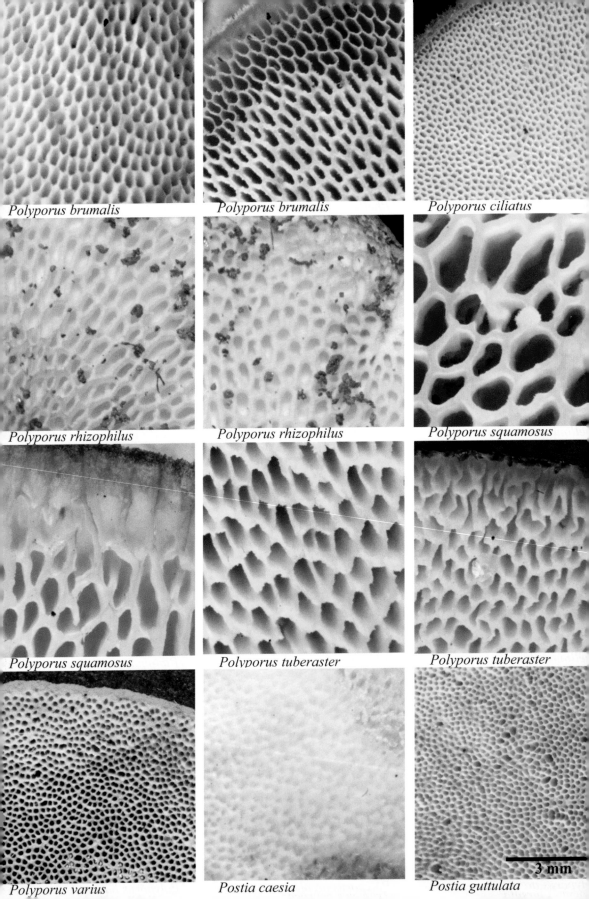

Polyporus brumalis

Polyporus brumalis

Polyporus ciliatus

Polyporus rhizophilus

Polyporus rhizophilus

Polyporus squamosus

Polyporus squamosus

Polyporus tuberaster

Polyporus tuberaster

Polyporus varius

Postia caesia

Postia guttulata

3 mm

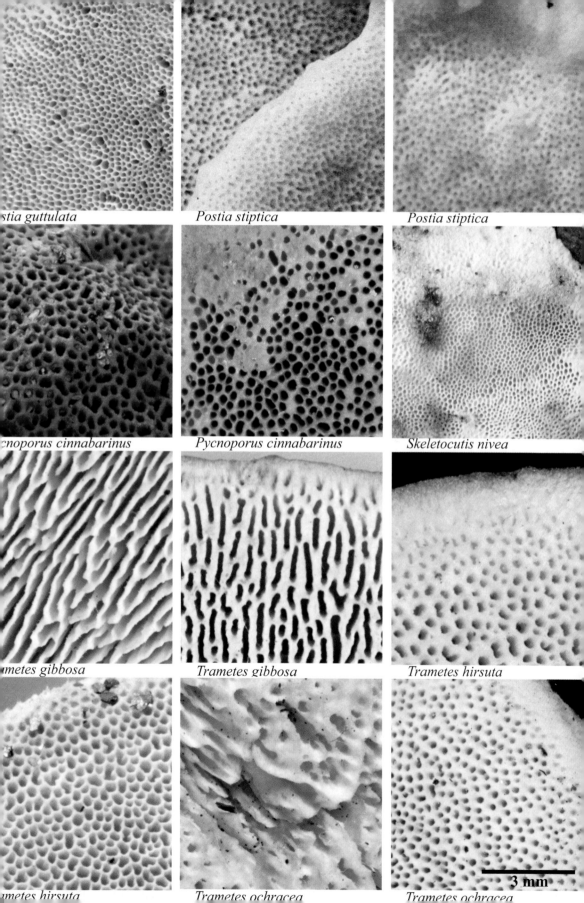

stia guttulata

Postia stiptica

Postia stiptica

cnoporus cinnabarinus

Pycnoporus cinnabarinus

Skeletocutis nivea

metes gibbosa

Trametes gibbosa

Trametes hirsuta

metes hirsuta

Trametes ochracea

Trametes ochracea

3 mm

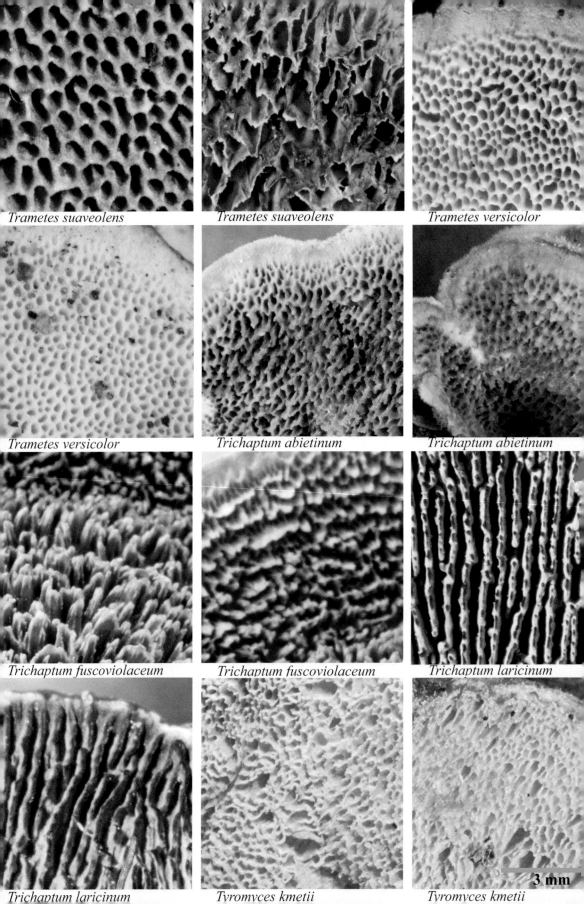

Trametes suaveolens

Trametes suaveolens

Trametes versicolor

Trametes versicolor

Trichaptum abietinum

Trichaptum abietinum

Trichaptum fuscoviolaceum

Trichaptum fuscoviolaceum

Trichaptum laricinum

3 mm

Trichaptum laricinum

Tyromyces kmetii

Tyromyces kmetii

Möglichkeiten computergestützter Auswertung

Die Merkmale des polyporoiden Hymenophors sind sowohl für die Systematik als auch für die Bestimmung von Porlingen von Bedeutung. Farbe, Größe und Form der Poren können zwischen verschiedenen Arten oft beträchtliche Unterschiede aufweisen. In der Bestimmungsliteratur wird z.B. die „Anzahl der Poren per mm" oder die Form der Poren (rund, gestreckt, eckig) häufig als Schlüsselmerkmal angegeben. Obwohl derartige Angaben für eine grobe Orientierung wertvoll sein können, sind sie dennoch aufgrund der Variabilität und der Methode der Erhebung ungenau, teilweise subjektiv und dadurch mitunter Quellen für Fehlinterpretetionen.

Bei pileaten Porlingen kann z.B das Hymenophor von Fruchtkörperrand in Richtung der Insertion am Holz oder zum Stielansatz hin deutlich verschieden sein. Ebenso kommen Unterschiede beim Altern der Fruchtkörper vor. Auch bei verschiedenen Exemplaren einer Art können die Merkmale des Hymenophores aufgrund von Umweltbedingungen oder von genetisch bedingter Vielfalt variieren. Einige derartiger Beispiele sind den vorangestellten Tafeln der polyporoiden Hymenophore zu entnehmen (vgl. auch S. 120, Abb. 5).

Fotografie und computergestützte Auswertung der Bilder ermöglichen eine höhere Qualität der Darstellung derartiger Merkmale und können in vielerlei Hinsicht, z.B. für Bestimmungsschlüssel oder für systematische Studien angwendet werden Das Merkmal der Porenzahl pro Längeneinheit kann z.B. besser durch die Porenzahl pro Fläche ersetzt werden. Da die Zählung entlang einer Linie aufgrund angeschnittener und nur berührter Poren stets fehlerbehaftet ist. Die Porenzählung auf einer notwendigerweise nicht allzu kleinen Fläche ist visuell schwer realisierbar, lässt sich aber mit Hilfe optischer Bildbearbeitungsmethoden relativ einfach bewerkstelligen. Man fotografiert sowohl die Porenoberfläche als auch einen bekannten Maßstab. Damit hat man ein kalibriertes Bild vorliegen. Dieses Bild oder ein Teilbild öffnet man mit einem Bildverarbeitungsprogramm (z.B. image tool), und führt anschließend eine Segmentierung durch. Dabei wird das Bild in Schwarz-Weiß-Bereiche geteilt. Mit einem Nachbearbeitungstool lassen sich fehlerhafte Segmentierungen bereinigen, auch kann man z.B. angeschnittene Poren am Bildrand eliminieren Mit einer Analysefunktion zählt man die erhaltenen Flächen des segmentierten Bildes automatisch. Lässt sich die Segmentierung aufgrund schlechten Kontrastes oder vorhandener Schmutzpartikel auf dem Hymenophor unzureichend oder gar nicht durchführen, kann man mit Hilfe einer Markierungsfunktion die Poren auch manuell markieren, wobei jede ausgeführte Markierung gezählt wird, Fehler durch doppelte Zählung sind dabei ausgeschlossen. Auch in diesem Fall erhält man die Porenanzahl pro Flächeneinheit. Zieht man die Wurzel aus diesem Wert, erhält man die Porenanzahl pro Längeneinheit, wie man es aus der Porlingsliteratur gewohnt ist.

Man kann das Verfahren weiter qualifizieren: es lassen sich Porenflächen, Durchmesser des flächengleichen Kreises der Porenfläche, Umfang der Poren oder deren Länge und Breite ermitteln. Besonders für die Darstellung der Variabilität des Hymenophors und der Veränderungen der Oberflächenstruktur während des Wachstums, des Wachstums erscheint diese Methode interessant. Sie kann nicht nur für das polyporoide Hymenophor eingesetzt werden. Auch beim boletoidem Hymenophor, bei dem sich die Röhren oft aus ursprünglichen Labyrithen entwickeln (vgl. S. 115, Abb. 1, 2) können Entwicklungsstadien instruktiv dokumentiert werden.

Auf der folgenden Seite sind zwei Beispiele dargestellt. Im ersten Beispiel (*Bjerkandera adusta*) sind Länge und Breite der Poren etwa gleich, Poren/mm^2 und Poren/mm wurden wie beschrieben ermittelt, außerdem das Verhältnis der Porenfläche aller Poren zur Oberfläche der Dissepimente. Das Beispiel *Trametes gibbosa* verdeutlicht den Vorteil der Zählung Poren/Fläche: die Porenlänge ist deutlich größer als die Porenbreite, daher ist die Angabe Poren/Längeneinheit richtungsabhängig. Die Angabe durch Berechnung aus der Fläche ist in diesem Falle nicht sinnvoll, es sei denn, man führt einen Wichtungsfaktor ein, der das Verhältnis Porenlänge/Porenbreite berücksichtigt. Dadurch erhält man zwei unterschiedliche Angaben für die Anzahl der Poren/Längeneinheit wobei die Richtung der Zählung (radial, tangential) berücksichtigt wird.

Darstellung des Alterungsprozesses des Hymenophors von
Bjerkandera adusta (Rauchgrauer Porling)

Originalaufnahmen (Fruchtkörpermitte) Ausschnitt 5x5 mm²	nach Segmentierung	computerberechnete Parameter:

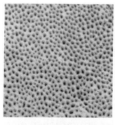 

juveniles Hymenophor

Poren*/mm²:	26,1
Poren/mm:	5,1
Verhältnis Poren/Dissepimente:	36%:64%

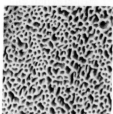 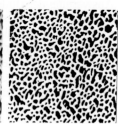

adultes Hymenophor

Poren*/mm²:	15,2
Poren/mm:	3,9
Verhältnis Poren/Dissepimente:	43%:57%

Darstellung des Alterungsprozesses des Hymenophors von
Trametes gibbosa (Buckeltramete)

Originalaufnahmen (Fruchtkörpermitte) Ausschnitt 5x5 mm²	nach Segmentierung	computerberechnete Parameter:

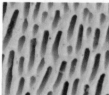 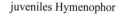

juveniles Hymenophor

Poren*/mm²	1,4
Verhältnis Poren/Dissepimente:	14%:86%

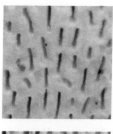  

adultes Hymenophor

Poren*/mm²:	1,6
Verhältnis Poren/Dissepimente:	41%:58%

* nach Eliminierung der angeschnittenen
Poren auf 2 Seiten des Quadrates

Zur Problematik der morphologischen Terminologie bei Großpilzen

Die äußere Gestalt der Großpilze ist der Ursprung jeder Betrachtungsweise über Pilze. Mit dem Bemühen, die Mannigfaltigkeit der Formen von Großpilzen zu erfassen, begann die Systematik der Pilze, die sich von den frühen Beschreibungen ansehnlicher Formen in der Antike fortsetzt bis zu dem aktuellen Bemühen, über die molekulare Basis des Genoms die phylogenetischen Zusammenhänge zu ergründen.

Während die Systematik der Pilze bis ins 19. Jh. hinein nahezu ausschließlich auf der Morphologie beruhte, hat sich mit den Erkenntnissen entwicklungsgeschichtlicher Zusammenhänge im 19. Jh. eine gewaltige Neuorientierung vollzogen, die ebenfalls bis in die Gegenwart andauert. Während dieses Prozesses vollzieht sich eine stete Neubewertung morphologischer Merkmale. Was zum Teil über Jahrhunderte als gesichertes Wissen galt, muss überdacht, neu bewertet und in neuen Zusammenhängen gesehen werden.

Großpilze gehören wie Pflanzen und Tiere zu den Organismen, die den Menschen augenscheinlich entgegen treten und nicht wie Bakterien oder einzellige Urtierchen im Verborgenen leben. Damit ist die Notwendigkeit geboten, sich mit Hilfe von Bezeichnungen für die sichtbaren, ins Auge fallenden Formen, zu verständigen. Weil diese morphologischen Merkmale jedoch die stammesgeschichtlichen Verwandtschaftsverhältnisse nur teilweise oder gar nicht widerspiegeln, ist eine morphologische Terminologie zur Verständigung notwendig, die sich nicht zwangsläufig an den Verwandtschaftsverhältnissen orientieren muss. In der gleichen Weise, wie in der Allgemeinsprache Bäume, Sträucher, Kräuter, Gräser als morphologische Gruppen unterschieden werden, ohne deren Abstammung und Verwandtschaft zu berücksichtigen, benötigen wir auch für die Großpilze ein Begriffssystem, eine Terminologie, die unabhängig von phylogenetischen Beziehungen primär die offensichtlichen Formen berücksichtigt.

Diese Forderung ist jedoch mit Problemen verbunden, weil viele zusammenfassende Bezeichnungen, die auf Formen beruhen, ursprünglich allein für die Systematik geprägt wurden, weil die Morphologie die wichtigste Quelle der Systematik war. Zum Beispiel sind seit der wirksamen Wiederentdeckung der Sporen im 18. Jh. Angio- und Gymnocarpie der Fruchtkörper grundlegende Merkmale der Systematik der Großpilze, die sich in den bis in die Gegenwart bedeutsamen Standardwerken des 19. Jahrhunderts von Persoon (1801) und Fries (1821) widerspiegeln. Der Begriff Hymenomyceten bezeichnete Pilze, deren sporenbildende Zellen zu Hymenien vereint sind, die sich bei Sporenreife an der gesamten Oberfläche von Fruchtkörpern oder an der Oberfläche differenzierter Teile von Fruchtkörpern befinden und deren Sporen unmittelbar von den sporogenen Zellen in die Atmosphäre gelangen. Das Merkmal der Sporenbildung an freien (nackten) Oberflächen wird als „Gymnocarpie" (Nacktfrüchtigkeit) dem Merkmal „Angiocarpie" (Gefäßfrüchtigkeit), wobei die Sporen im Inneren der Fruchtkörper gebildet werden und dort bis zur Sporenreife verbleiben, als fundamental alternativ gegenüber gestellt. Die gymnocarpen Hymenomyceten (Hymenienpilze) stehen den angiocarpen Gasteromyceten (Bauchpilze) als grundlegend alternativ gegenüber. Diese Gliederung war in seiner Zeit ein bedeutsamer Fortschritt der Mykologie.

Nach der Entdeckung des nur mikroskopisch nachvollziehbaren, aber grundlegenden Unterschiedes der sporenbildenden Zellen mit innerer oder äußerer Sporenbildung, den Asci (Sporenschläuchen) und den Basidien (Sporenständern), wurden die Hymenium bildenden Ascomyceten fortan nicht mehr zu den Hymenomyceten gestellt und die Perithecien bildenden Ascomyceten nicht mehr zu den Gasteromyceten, wo sie noch im systematischen Werk von Fries (1821) untergebracht waren. Der Unterschied zwischen Ascomyceten und Basidiomyceten wurde folgerichtig als Gliederungsprizip höher bewertet, als der Ort der Sporenreifung. Die Begriffe „Hymenomyceten" und „Gasteromyceten" blieben jedoch als Alternative erhalten, wurden aber nur noch für die Basidiomyceten benutzt. Für die gymnocarpen Ascomyceten-Fruchtkörper mit Hymenien hat sich das aus der Lichenologie stammende Apothecien-Begriff durchgesetzt, für die angiocarpen Formen der Perithecienbegriff. Für Pilze mit diesen Fruchtkörpertypen prägte man die Namen Discomyceten (Scheibenfrüchtige Pilze) und Pyrenomyceten (Birnenfrüchtige Pilze).

Die offensichtlichen verwandtschaftlichen Beziehungen zwischen bestimmten Gruppen der Hymenomyceten und manchen Gasteromyceten der Klasse *Basidiomycetes* war im gesamten 20. Jh. Gegenstand vieler entwicklungsgeschichtlicher Spekulationen, Diskussionen und Forschungen. Nachdem man erkannt hatte, dass auch bei den meisten Gasteromyceten die sporenbildenden Zellen im Inneren zunächst zu Hymenien vereint sind, wurde es offensichtlich, dass es keinen grundlegenden Unterschied zwischen den beiden Gruppen gibt und beide nur morphologisch, nicht systematisch zu verstehen sind. Dies hatte zur Folge, dass man die Begriffe im phylogenetischen Sinn nicht mehr als Abstammungsgemeinschaften definieren konnte.

Die tiefe Verwurzelung des Hymenomyceten- und Gasteromyceten-Begriffes in der mykologischen Allgemeinsprache, in den Lehrbüchern, auf eigens für die Lehre gestalteten Anschauungsmaterial und die Bewertung der Gruppen als systematische Kategorien führt bis in die Gegenwart zu Konfusionen. So werden z.B. in der aktuellen Auflage des führenden Hochschullehrbuches der Botanik (STRASBURGER 2008) in die Unterklasse *Hymenomycetidae* der Klasse *Basidiomycetes* die Gasteromyceten einbezogen und im Text stets in Anführungszeichen als Gruppe erwähnt, die es im System eigentlich gar nicht gibt. CLÉMENÇON (1997) definiert hingegen die Hymenomyceten im Prinzip anatomisch-morphologisch und hilft sich bei der Frage nach der systematischen Stellung mit einer Aufzählung höherer Taxa, die untereinander keine monophyletische Abstammungsgemeinschaften sind.

Aus diesen Bespielen wird ersichtlich, dass auch in der Gegenwart die Begriffe Hymenomyceten und Gasteromyceten als morphologische Kategorien notwendig sind, auch wenn die zugehörigen Pilze in aktuellen Systemen nicht mehr als höhere Taxa geführt werden können. Dass Namen wie die Hymenomyceten, also Basidiomyceten mit morphologisch definierten Fruchtkörpern, für die schon PERSOON (1801) den Hymenothecien-Begriff einführte, weiterhin im systematischen Sinne mitunter in veränderter Umgrenzung benutzt werden, hängt auch mit dem Umstand zusammen, dass neue, den internationalen Regeln der Nomenklatur entsprechende Namen für die tatsächlichen stammesgeschichtlichen Abstammungsgemeinschaften entweder noch fehlen oder in kürzesten Zeiträumen aufgrund neuer, z.T. ungefestigter molekulargenetischer Erkenntnisse in einschlägigen Publikationen so rasch verändert werden, dass für eine zeitnahe Einbeziehung in das Lehrbuchwissen keine Möglichkeit besteht, wodurch behelfsmäßige Konstruktionen, wie die geschilderte Stellung der Gasteromyceten als Teil der *Hymenomycetidae* bei STRASBURGER entstehen, wobei die Namen nicht eindeutig als morphologische bzw. taxonomische Kategorien definiert werden.

Wie im erwähnten Beispiel finden wir auch in vielen anderen Fällen der Systematik, dass Namen, die für vermeintliche Verwandtschaftskreise geprägt wurden, sich als polyphyletisch erwiesen, aber im morphologischen Sinne weiterhin Bestand haben, z.B. trifft das für Pilze mit gut definierbaren Fruchtkörpertypen zu, wie Porlinge, Blätterpilze oder Röhrlinge, aber auch für Gruppen höherer Kategorien wie Discomyceten und Pyrenomyceten, letztere sind dem Beispiel der Hymenomyceten und Gasteromyceten ähnlich.

Die dadurch entstehenden Konfusion zwischen morphologisch definierten und in oft abgewandeltem Sinne noch immer für systematische Gruppen benutzten Namen erschwert das Verständnis mancher mykologischer Sachverhalte. Die Ursachen der Konfusionen liegt aber weder bei den Mykologen, die Altes so lange wie möglich erhalten möchten, noch bei denen, die Neues rasch einführen möchten, sondern prinzipiell an der Komplexität der Sachverhalte und des Sprachgebrauches. Sie zeigen aber auch, dass ein morphologisches Begriffssystem unabhängig von systematischen Zusammenhängen notwendig ist.

In der morphologischen Terminologie sollte klar zum Ausdruck kommen, ob ein Begriff für analoge oder homologe Strukturen verwendet wird. Als z.B. zu Beginn des 19. Jahrhunderts der Sporenbegriff als Gegensatz zum Samenbegriff in der Botanik wirksam wurde, dauerte es bei den Pilzen nahezu 50 Jahre, bis sich durchgesetzt hatte, dass man den Begriff „Samen" in der Botanik nur noch für die homologen Fortpflanzungseinheiten benutzt, die einen aus einer befruchteten Eizelle entstandenen Embryo einschließen, und nicht mehr für die meist einzelligen Sporen von Moosen, Farnen, Algen und Pilzen verwendet. Es wäre durchaus möglich, Samen so allgemein zu definieren, dass er die Sporen einschließt. Aber es wurde unter den Wissenschaftlern des beginnenden 19. Jh. zum Konsens, dass die Unterscheidung der Verständigung und damit dem Fortschritt der Wissenschaft dienlich ist. Typische Begriffe, die für konvergente, nicht homologe Strukturen benutzt werden, sind z..B. Capillitium, Columella oder Peridie. Die Columella der Laubmooskapseln, für die der Begriff zuerst verwendet wurde, besitzt eine zelluläre Gewebestruktur, die der Gasteromyceten eine plectenchymatische Hyphenstruktur während die Columellae der Zygomyceten Teile einer Trägerhyphe sind, und die der Myxomyceten überhaupt keine zelluläre Struktur aufweisen, sondern aus dem Plasma des Plasmodiums entstehen. Wollte man diesen Begriff nur für die homologen Mittelsäulchen der Mooskapseln benutzen, müssten zwangsläufig neue Begriffe für die anderen Columellae geprägt werden. Ähnlich verhält es sich beim Capillitium, wo versucht wird, die Capillitien der Sporocarpien der Myxomyceten von denen der Gasterothecien zu unterscheiden, oder bei den Peridien, wo man z.B. die Hüllen der Aecien der Rostpilze als Pseudoperidien bezeichnet, um sie von den Peridien der Gasterothecien abzugrenzen. Ob derartige Begriffsbildungen notwendig und durchsetzbar sind, richtet sich im Prinzip allein danach, ob sie, wie beim Beispiel Samen / Sporen, einer besseren Verständigung dienen können, oder ob sie als überflüssige Neuschöpfungen lediglich die Fachsprache komplizierter machen. Bezeichnungen wie Aecium, Ascoma, Basidioma sind hingegen als Überbegriffe für homologe Strukturen geschaffen worden, die hierarchisch weiter gegliedert werden können.

Dem Beispiel der Unterscheidung von Samen und Sporen ähnlich ist das gegenwärtige Bemühen, die Begriffe Gametangium, Archegonium, Antheridium, Sporangium auf die komplexen Organe der Moose und Farnpflanzen, in denen Meiosporen bzw. Gameten gebildet werden, zu beschränken und nicht mehr, wie in vielen Lehrbüchern, auf Gameten oder Sporen bildende Zellen von Schleimpilzen, Pilzen oder Algen auszudehnen. Auch hier erhebt sich die Frage, ob die Notwendigkeit besteht, die damit verbundene Veränderung der Fachsprache vorzunehmen. Die Neuorientierung oder Abwandlung einer Begriffsanwendung oder die Schöpfung neuer Begriffe setzt Einblicke in die Historie, die Entwicklung und eine Vorstellung über die Weiterentwicklung der Fachsprache unter dem aktuellen Wissensstand voraus. Dies kann nicht allein auf der Basis eines einzigen Fachgebietes geschehen. Erst durch eine Sicht auf verschiedene Disziplinen werden mitunter tiefgreifende, problematische Anwendungen von Begriffen ersichtlich, die zu Konfusionen führen können. Zum Beispiel sind die als „Sporangien" bezeichneten sporenbildenden Zellen (Sporocyten) der Grünalgen den Zellen des sporogenen Gewebes in den Sporangien der Farnpflanzen homolog. Bei einer entwicklungsgeschichtlichen Darstellung befinden sich demnach dichtgedrängte „Sporangien" (als sporogene Zellen) in einem Sporangium mit steriler zellulärer Hülle. Das ist im Hochschulunterricht nicht leicht zu vermitteln.

Eine sinnvolle Weiterentwicklung der Terminologie sollte derartige Notwendigkeiten aufgreifen und die allgemein akzeptierte Begriffsanwendung gebührend berücksichtigen. Dies ist nicht ohne historische Studien der Begriffsbildung und Anwendung möglich. Hilfsmittel zur Orientierung sind u.a. historisch ausgerichtete Übersichten, wie sie z.B. mit den Werken von WAGENITZ (2003), GENAUST (2005) oder ULLOA & HANLIN (2012) vorliegen.

Während bis in die Mitte des 19. Jh. die Morphologie im Wesentlichen der Systematisierung der Pilze diente, wurde sie mit den revolutionierenden Arbeiten von Forschern wie L. R. TULASNE, A. DE BARY, O. BREFELD, E. FISCHER, R. BULLER, F. ATKINSON, A. F. M. REIJNDERS und vielen anderen die Basis für die Forschungen über entwicklungsgeschichtliche Vorgänge. LOHWAG (1940) schuf schließlich, aufbauend auf diesen Forschungsergebnissen, eine erste grundlegende zusammenfassende Darstellung anatomischer und morphologischer Fakten der Asco- und Basidiomyceten, die allein den pilzlichen Strukturen und ihren Funktionen gewidmet ist. Viele seiner Darstellungen sind in die Lehrbücher eingegangen und noch heute wirksam. Erst nahezu 60 Jahre später publizierte CLÉMENÇON (1997, 2004) eine neue kompilatorische Übersicht, die jedoch ausschließlich die morphologisch definierten Hymenomyceten berücksichtigt.

All diese Hintergründe machen deutlich, dass die Morphologie der Großpilze eine Basis für die Studien zur Entwicklungsgeschichte, zur Ökologie aber auch für die Systematik der Pilze, einschließlich der molekularbiologischen Studien, bildet. Ein bedeutender Schwerpunkt der Pilzmorphologie liegt bei den Typen der Fruchtkörper, die im vorliegenden Buch im Sinne von KREISEL (1969) auf Basidiomata und Ascomata beschränkt sind, während die Conidiomata nicht als Fruchtkörper definiert werden. Bei den Ascomata haben sich mehrere Bezeichnungen für Fruchtkörpertypen durchgesetzt. Begriffe wie Cleistothecien, Perithecien, Apothecien sind verständliches Allgemeingut der mykologischen Fachsprache. Auch die mit diesen Fruchtkörpertypen verbundenen Namen für die Pilzgruppen, die Plectomyceten, Pyrenomyceten und Discomyceten sind fest verankert. Obgleich sie ihre ursprünglich systematische Bedeutung verloren haben, blieben sie als Bezeichnungen für morphologisch definierte Gruppen erhalten.

Bei den Basidiomyceten fehlen vergleichbare, allgemeingültige Begriffe. Ähnlich wie bei den Pyrenomyceten und Discomyceten bleiben derzeit die ehemals systematisch definierten Hymenomyceten und Gasteromyceten als morphologische Termini für Basidiomyceten mit gymno- und hemiangiocarpen, bzw. mit angio- und cleistocarpen Basidiomata erhalten. In verschiedenen Publikationen wurden die damit verbundenen Bezeichnungen Hymenothecien und Gasterothecien als morphologische Überbegriffe für die Fruchtkörpertypen vorgeschlagen, werden auch mitunter benutzt, sind jedoch noch nicht Allgemeingut der morphologischen Terminologie und fehlen in vielen einschlägigen Wörterbüchern und Lexika, so bei KIRK et al (2008) oder ULLOA & HANLIN (2012).

Noch komplexer ist die Unterteilung der Fruchtkörpertypen der Basidiomyceten. In diesem Buch wird, wie bereits bei DÖRFELT (1989) und DÖRFELT & JETSCHKE (2001), der Vorgehensweise von KREISEL (1969) und KREISEL in WEBER (1993) gefolgt, wo eine morphologische Einteilung der Hymenothecien in Crustothecien, Holothecien und Pilothecien vorgenommen wurde, obgleich auch diese Terminologie in vielen Wörterbüchern und Lexika bisher nicht berücksichtigt ist.

Der Großpilz-Begriff beschränkt sich aber nicht auf die Ascomata und Basidiomata. Auch aus dem Bereich der Anamorphen verursacht vieles auffallende Erscheinungen: Rhizomorphen, sterile Myzelmatten, Sclerotien, Stromata und dergleichen, deren pilzliche Natur nicht immer offensichtlich ist. In Bereichen, in denen durch Parasitismus oder Symbiosen heterogenetische Organismen zu neuen Lebensformen verschmelzen, sind sehr oft Pilze beteiligt. Ihre „Lebensstrategien" können zum Ausgangspunkt neuer Lebensformen werden, z.B. bei der Lichenisierung oder der Mykorrhizierung, die zu morphologischen Eigenheiten führen. Durch Umweltbedingungen und damit verbundene Lenbesweisen können konvergente Formen durch genetisch völlig verschiedene Organismengruppen gebildet werden. Mykorrhizaformen, Fangschlingen nematodenfangender Pilze, hypogäische Fruchtkörpertypen von Asco- oder Basidiomyceten sind Beispiele dafür, die sich beliebig erweitern lassen.

Die vorliegende illustrierte Morphologie kann nicht eine wissenschaftliche Darstellung der Großpilze auf entwicklungsgeschichtlicher Basis mit all ihren strukturellen Details ersetzen. Vielmehr soll mit Hilfe der bildlichen Dokumentation die Mannigfaltigkeit anschaulich erklärt werden. Damit erhalten nicht nur Mykologen und Studenten, sondern auch interessierte Pilz- oder Naturfreunden ein Material, das zwischen der Natur und dem System der wissenschaftlichen Fakten, Theorien und Terminologie vermitteln will. Die Darstellung der faszinierenden strukturellen Vielfalt soll anregen, Liebe zum Detail zu entwickeln, bei Exkursionen und Pilzwanderungen eine Lupe zu benutzen oder das eine oder andere zu Hause mikroskopisch zu betrachten und schließlich auch eine Vorstellung zu entwickeln, was sich im ultrastrukturellen Bereich ereignet, was z.B. einem Sporenprint oder einer Sporenwolke bei der Abschleuderung oder dem Ausstoß der Sporen vorausgeht. Dabei ist es gleichgültig, ob man sich die Details als „Wunder", als „Schöpfung" oder als Ergebnis der natürlichen Evolution erklärt – sie sind in jedem Falle faszinierend.

Die Auswahl der vorgestellten Details richtete sich in erster Linie nach dem, was Naturfreunde oder Studenten bei eigenen Kontakten zu den Pilzen nachvollziehen können. Anregend für die vorliegende Darstellung zur bebilderten Morphologie der Großpilze waren unter anderem die „Morphologisch-Anatomischen Bildtafeln für die praktische Pilzkunde" (BIRKFELD & HERSCHEL 1961-1968), deren Bilder mit einer außerordentlichen Faszination für strukturelle Details noch mit der Plattenkamera von Kurt Herschel in hoher Qualität angeferigt wurden. Auch das Werk von Breitenbach & Kränzlin (1981-2005), unter anderem deren Übersicht der polyporoiden Hymenophore waren eine Anregung, zumal bei Bestimmungskursen mit Studenten der Blick auf diese Bilder nicht selten ausschlaggebend für korrekte Bestimmungsergebnisse sind. Dieses und viele andere mykologische Werke der zweiten Hälfte des 20. Jh. veranschaulichen die Bedeutung der gereiften chemischen Farbfotografie und der hohen Druckqualität für die Darstellung der Großpilze, die gewissermaßen Natururkunden darstellen. Die Digitalfotografie verbunden mit computergestützter Bildbearbeitung und Auswertung eröffnet in der Gegenwart auch für morphologische Studien wiederum neue Perspektiven.

Nicht vergessen werden soll bei all diesen Fortschritten der Darstellungsweise, dass die Drucke gezeichneter Pilze nicht nur für die populäre Morphologie, sondern auch für die Systematik und Morphologie noch immer einen hohen Stellenwert besitzen. Bereits am Ende des 18. Jh. gibt es Bemühungen, Zeichnungen von Pilzen zunächst in handcolorierten Form, später im Farbduck darzustellen. Eine Fülle von stattlichen Tafelwerken hatte großen Einfluss auf die Fortschritte der Mykologie im Allgemeinen und speziell auf die Kenntnisse zur Morphologie der Großpilze. Diese Epoche ist mit den Namen bedeutender Forscher wie J. Ch. Schaeffer, J. B. F. Bulliard, A. Batsch, J. Sowerby, R. K. Greville u.a. verbunden. Die Zeichnungen sind z.T. nahezu naturalistisch, aber durch die Auswahl typischer Fruchtkörper und die Betonung charakteristischer morphologischer Merkmale stets auch eine Verallgemeinerung. Trotz der Farbfotografie, die seit der ersten Hälfte des 20. Jh. auch in der Mykologie an Bedeutung gewann, bleibt die zeichnerische Darstellung von Pilzen bis in die Gegenwart, z.B. in den Werken von Ludwig (2001, 2007, 2011), eine wichtige Methode der Morphologie der Großpilze. Zeichnungen können nicht durch Fotos ersetzt werden, auch nicht durch kombinierte Bildstapel oder Fotomontagen. Die abstrahierenden Darstellungen struktureller Details werden stets eine unerlässliche Basis für das Verständnis anatomischer und morphologischer Zusammenhänge bleiben. Fotos sind Natururkunden, Zeichnungen repräsentieren stets auch abstrakte Elemente. Beide Darstellungsformen sind für das Verständnis der natürlichen Gegebenheiten erforderlich.

Literaturverzeichnis

[1] ABATE, D. (1998): Mushrooms cultivation: a practical approach. – Addis Ababa / Aethiopia

[2] AGERER, R. (1985 – 2002): Colour Atlas of Ectomycorrhizae. – 12 Teillieferungen. – Schwäbisch Gmünd

[3] ALEXOPOULOS, C. J., MIMS, C. W. (1979): Introductory Mycology. – New York, Chichester, Brisbane […]

[4] ALEXOPOULOS, C. J. (1966): Einführung in die Mykologie. – Jena

[5] ANDERSON, G. O., DENNIS E. D., BRIAN A. P., CASSIUS V. S. (2012): Evidence that a single bioluminescent system is shared by all known bioluminescent fungal lineages. – Photochemical and Photobiological Sciences 11 848-852

[6] ARNOLD, N. (1993): Morphologisch-anatomische und chemische Untersuchungen an der Untergattung Telamonia (Cortinarius, Agaricales). – Eching

[7] ARX, J. A. VON: Pilzkunde. – ed. 3, Vaduz 1976

[8] BARTHLOTT, W., NEINHUIS, C. (1997): Purity of the sacred lotus, or escape from contamination in biological surfaces. – Planta 202 1-8

[9] BEVAN, R. J., GREENHALGH, G. N. (1976): *Rhytisma acerinum* as a biological indicator of
pollution. – Environmental pollution 10 271-285

[10] BIRKFELD, A., HERSCHEL, K. [EDS.] (1961-1968): Morphologisch-anatomische Bildtafeln für die praktische Pilzkunde. – 13 Lieferungen, Wittenberg Lutherstadt

[11] BLUMER, S. (1967): Echte Mehltaupilze (Erysiphaceae). – Jena

[12] BRANDENBURGER, W. (1985): Parasitische Pilze an Gefäßpflanzen in Europa. – Stuttgart, New York

[13] BRAUN, U., COOKE, R. T. A. (2011): Taxonomic manual of the Erysiphales (Powdery Mildews). – CBS Biodiversity Series, Utrecht

[14] BREITENBACH, J., KRÄNZLIN, F. (1981 – 2005): Pilze der Schweiz. – Bd. 1 (Ascomyceten), 1981; Bd. 2 (Aphyllophorales),1986; Bd. 3 (Röhrlinge und Blätterpilze 1. Teil), 1991; Bd. 4 (Blätterpilze 2. Teil), 1995; Bd. 5 (Blätterpilze 3. Teil), 2000; Bd. 6 (Russulaceae) 2005; Luzern

[15] BRESINSKY, A. (2008): Die Gattungen Hydropus bis Hypsizygus. – Regensburger Mykologische Schriften 15 1-304

[16] BRESINSKY, A., WITTMANN-MEIXNER, B., WEBER, E., FISCHER, M. (1987): Karyologische Untersuchungen an Pilzen mittels Fluoreszenzmikroskopie. – Zeitschrift für Mykologie 53 (2) 303-318

[17] BRODIE, H. J. (1951): The splash-cup dispersal mechanism in plants. – Canadian Journal of Botany 29 (3) 224-234

[18] BULLER, A. H. R. (1909): Researches on fungi. – Vol. 1 Bd. 1, London, 113-119

[19] BULLER, A. H. R. (1942): The splash cups of the bird's nest fungi, liverworts and mosses. – Proceedings of the Royal Society of Canada, III. Serie, 36 (5) 1-159

[20] BUTIN, H. (2010): Krankheiten der Wald- und Parkbäume. – ed. 4, Stuttgart

[21] CALONGE F. D. (1998): Flora Micológica Ibérica. Vol. 3. Gasteromycetes I. Lycoperdales, Nidulariales, Phallales, Sclerodermatales, Tulostomatales. – Stuttgart

[22] CERMAN, Z. (2007): Superhydrophobie und Selbstreinigung; Wirkungsweise, Effizienz und Grenzen der Abwehr von Mikroorganismen. – Dissertation, Universität Bonn

[23] CLÉMENÇON, H. (1997): Anatomie der Hymenomyceten. – Lausanne

[24] CLÉMENÇON, H. (2004): Cytology and plectology of the Hymenomycetes. – Biblio-

theca Mycologica, Vol. 199, Berlin, Stuttgart   Berlin

[25] CLÉMENÇON, H. (2005): Rhizomorph anatomy of *Ossicaulis lignatilis* (Tricholomatales), with special attention to its haustoria-like intrahyphal hyphae. – Mycological Progress 4(2): 167–173

[26] CLÉMENÇON, H. (2012): Großpilze im Mikroskop. – Beiheft zur Zeitschrift für Mykologie, Band 12, Eching

[27] CORNER, E. J. H. (1983-1987): Ad Polyporaceas I / II & III / IV. – Beihefte zur Nova Hedwigia 75 (1983), Vaduz; 78 (1984), Vaduz; 86 (1987), Berlin, Stuttgart

[28] DÖRFELT, H. (1980): Taxonomische Studien in der Gattung *Xerula* R. MRE. (III). – Feddes Repertorium 91 (7-8) 415-438

[29] DÖRFELT, H. (1982): Die Fruchtkörperentwicklung von *Xerula radicata* (Basidiomycetes / Agaricales). - Flora 172 533-561

[30] DÖRFELT, H. (1987): Zur Morphogenese und Phylogenie von Basidiocarpien unter besonderer Berücksichtigung der Gattungen *Xerula* und *Oudemansiella* (Basidiomycetes / Agaricales). – Flora 179 193-214

[31] DÖRFELT, H. (1989): Erdsterne. – Die neue Brehm-Bücherei Bd. 573, ed. 2, – Wittenberg Lutherstadt

[32] DÖRFELT, H. [ed.] (1989): Lexikon der Mykologie. – Stuttgart, New York

[33] DÖRFELT, H., ALI, N. (1996): Untersuchungen zur Sexualität und Fruchtkörperentwicklung der Echten Mehltaupilze (Erysiphales). – Flora 191 201-220

[34] DÖRFELT, H., ALI, N., SCHRÖDER, M.-B. (1989): Studien zur Fruchtkörperentwicklung und Ultrastruktur von *Sphaerotheca fusca* (Ascomycetes / Erysiphales). – Flora 183 39-55

[35] DÖRFELT, H., GÖRNER, H. (1989): Die Welt der Pilze. – Leipzig, Jena, Berlin

[36] DÖRFELT, H., JETSCHKE, G. [eds.] (2001): Wörterbuch der Mykologie. – Heidelberg,

[37] DÖRFELT, H., MARX, H. (1991): Zur Terminologie der sporenbildenden Stadien der Myxomyceten. – Beiträge zur Kenntnis der Pilze Mitteleuropas 6 („1990") 5-14

[38] DÖRFELT, H., RUSKE, E. (2008): Die Welt der Pilze. – ed. 2, Jena

[39] DÖRFELT, H., RUSKE, E. (2010): Hydrophobie von Basidiosporen als Merkmal der Gasteromycetation. – Zeitschrift für Mykologie 76 (2) 153-170

[40] DÖRFELT, H., RUSKE, E. (2011): Basidiospore germination by repetition and saprotrophic mycelia in the gelatinous telial horns of *Gymnosporangium sabinae*. – Feddes Repertorium 122 (3-4) 305-308

[41] DÖRFELT, H., SCHRÖDER, M. (1981): Untersuchungen zur submikroskopischen Struktur von *Xerula melanotricha*. – Nova Hedwigia 35 435-452

[42] DÖRFELT, H., SCHRÖDER, M.-B. (1985): Untersuchungen zur Fruchtkörperentwicklung und zur submikroskopischen Struktur von *Xerula pudens*. – Nova Hedwigia 40 („1984") 207-240

[43] DUNCAN, C. G., ESLYN, W. E.: (1966): Wood-decaying Ascomycetes and fungi imperfecti. – Mycologia 58 (4) 642-645

[44] ECKBLAD, F. E. (1968): The genera of the operculate Discomycetes. – Nytt. Mag. Bot. 15 1-191

[45] ERB, B., MATHEIS, W. (1983): Pilzmikroskopie / Präparation und Untersuchung von Pilzen. – Stuttgart

[46] ESSER, K. (1986): Kryptogamen / Cyanobakterien Algen Pilze Flechten / Praktikum und Lehrbuch. – ed. 2, Berlin, Heidelberg, New York […]

[47] ESSIG, F. M. (1922): The Morphology, development, and economic aspects of *Schizophyllum commune* Fr. – University of California Publications in Botany 7 447-498

[48] EUGSTER, C. H. (1973): Pilzfarbstoffe, ein Überblick aus chemischer Sicht mit besonderer Berücksichtigung der *Russulae*. – Zeitschr. für Pilzkunde 39 45-96

[49] FISCHER, E., GÄUMANN, E. (1929): Biologie der pflanzenbewohnenden parasitischen Pilze. – Jena

[50] FIUSSON, J.-L., GLUCHOFF-FIASSON. K., STEGLICH, W. (1977): Über die Farb- und Fluoreszenzstoffe des Grünblättrigen Schwefelkopfes (*Hypholoma fasciculare*, Agaricales). – Chemische Berichte 110 1047- 1057

[51] FRIES, E. M. (1821-1832) Systema Mycologicum. – Vol. 1, Lundae [Lund]

[52] GÄUMANN, E. (1951): Pflanzliche Infektionslehre. – Basel

[53] GÄUMANN, E. (1959): Die Rostpilze Mitteleuropas mit besonderer Berücksichtigung der Schweiz. – Beiträge zur Kryptogamenflora der Schweiz, Bd. 12, Bern

[54] GÄUMANN, E. (1964): Die Pilze, Grundzüge ihrer Entwicklungsgeschichte und Morphologie. – Basel, Stuttgart

[55] GENAUST, H. (2005): Etymologisches Wörterbuch der botanischen Pflanzennamen. – ed. 3, Hamburg

[56] GIRBARDT , M. (1956): Eine Methode zum Vergleich lebender mit fixierten Strukturen bei Pilzen. – Zeitschr. wiss. Mikrosk. 63 16-21

[57] GIRBARDT , M. (1968): Ultrastructure and dynamics of the moving nucleus. – Symp. Soc. exp. Biol. 22 249-259

[58] GIRBARDT , M. (1969): Die Ultrastruktur der Apikalregion von Pilzhyphen. – Protoplasma 67 413-441

[59] GIRBARDT , M. (1973): Die Pilzzelle. – In: HIRSCH, G. C., RUSKA, H., SITTE, P., Grundlagen der Zytologie, Jena, 441-460

[60] GRÖGER, F. (2006): Bestimmungsschlüssel für Blätterpilze und Röhrlinge in Europa, Teil 1. – Regensburger Mykologische Schrif-

ten 13 1-638

[61] GUBE, M., DÖRFELT, H. (2011): Gasteromycetation in Agaricaceae s.l. (Basidiomycetes): Morphological and ecological implementations. – Feddes Repertorium 122 (5-6) 367-390

[62] HÄFFNER, J. (1987): Die Gattung *Helvella*, Morphologie und Taxonomie. – Beihefte zur Zeitschrift für Mykologie 7, 1-165

[63] HANELT, P. [ed.] (2001): Mansfeld´s encyclopedia of agricultural and horticultural crops. – Bd. 1, Berlin, Heidelberg, New York […]

[64] HARTMANN, G., NIENHAUS, F., BUTIN, H. (1988): Farbatlas Waldschäden / Diagnose von Baumkrankheiten. – Stuttgart

[65] HELFER, W. (1991): Pilze auf Pilzfruchtkörpern / Untersuchungen zur Ökologie, Systematik und Chemie. – Eching

[66] HIRSCH, G. (1988): Beiträge zur Kenntnis des Merkmalsbestandes und der Taxonomie der Familie Pezizaceae Dum. (Ascomycetes, Fungi). – Dissertation Friedrich Schiller Universität Jena

[67] HORAK, E. (2005): Röhrlinge und Blätterpilze in Europa. – München

[68] HUNSLEY, D., BURNETT, H. (1970): The ultrastructure architecture of the walls of some hyphal fungi. – Journal of General Microbio-logy 62 203-218

[69] INGOLD, C. T. (1971): Fungal spores / their Liberation and dispersal. – Oxford

[70] ITEN, P. X., MARKI-DANZIGL, H., KOCH, H., EUGSTER, C. H. (1984): Isolierung und Struktur von Pteridinen (Lumazinen) aus *Russula* sp. (Täublinge; Basidiomycetes). – Helvetica Chimica Acta 67 550-563

[71] ITEN,W. (1969): Zur Funktion hydrolytischer Enzyme bei der Autolyse von Coprinus. – Berichte der Schweizerischen Botanischen Gesellschaft 79 175-198

[72] JAHN, H. (1979): Pilze die an Holz wach-

sen. – Herford

[73] JAHN, H. (2005): Pilze an Bäumen. – Ed. 3, Berlin, Hannover

[74] JAIN, P. C. (2008): Microbial degradation of grains, oil seeds, textiles, wood, corrosion of metals and bioleaching of mineral ores. – Applied Microbiology, National Science Digital Library, New Delhia, India

[75] JÜLICH, W. (1984): Die Nichtblätterpilze, Gallertpilze und Bauchpilze / Apohyllophorales, Heterobasidiomycetes, Gastromycetes. – Kleine Kryptogamenflora, Bd II b/1, Jena

[76] JUNIUS, H. (1601): Phalli, es fungorumgenere un Hollandiaesabuletis passum crescentis descriptio et ad vivium expressa pictura. – Lugduni Batavorum [Leiden]

[77] KIRK, P. M., CANNON, P. F., MINTER, D. W., STALPERS, J. A. (2008): AINSWORTH and BISBY'S Dictionary of the Fungi. – Ed. 10, Cambridge

[78] KNUDSON, H., VESTERHOLDT, J. (2008): Funga Nordica / Agaricoid, boletoid and cyphelloid genera. – Copenhagen

[79] KORF, R. P. (1951): A monograph of the Arachnopezizeae. – Lloydia 14 129-180

[80] KORF, R. P. (1958): Japanese Discomycete notes I-VIII. – Sci. Rep. Yokohama Natl. Univ., Sect. 2, Biol. Sci. 7: 7-35

[81] KORF, R. P. (1973): Chapter 9. Discomycetes and Tuberales. – In: G. C. Ainsworth, G. C., Sparrow, F. K., Sussman A. S. [eds.], The Fungi, an Advanced Treatise, Volume IV A. A Taxonomic Review with Keys: Ascomycetes and Fungi Imperfecti, New York, 249-319

[82] KREISEL, H. (1961): Die phytopathogenen Großpilze Deutschlands. – Jena

[83] KREISEL, H. (1969): Grundzüge eines natürlichen Systems der Pilze. – Jena

[84] KREISEL, H. [ed.] (1975-1986): Handbuch für Pilzfreunde. – 6 Bde. [MICHAEL, E., HENNIG, B., KREISEL, H.]. – Jena

[85] KREISEL, H. [ed.] (1987): Pilzflora der Deutschen Demokratischen Republik. – Jena

[86] LOHWAG, H. (1941): Anatomie der Asco- und Basidiomyceten. – Handbuch der Pflanzenanatomie, Bd. 4, Abt. 2, Teilband 3 c. – Berlin, Nachdruck 1965, Berlin

[87] LUDWIG, E. (2001): Pilzkompendium Bd. 1 / Die kleineren Gattungen der Makromyzeten mit lamelligem Hymenophor aus den Ordnungen Agaricales, Boletales und Polyporales. – 2 Bde., Eching

[88] LUDWIG, E. (2007): Pilzkompendium. Bd. 2 / Die größeren Gattungen der Agaricales mit farbigem Sporenpulver (ausgenommen Cortinariaceae). – 2 Bde., Berlin

[89] LUDWIG, E. (2012): Pilzkompendium. Bd. 3 / Die restlichen Gattungen der Lamellenpilze mit weißem Sporenpulver. – 2 Bde., Berlin

[90] MAAS GEESTERANUS, R. A. (1975): Die terrestrischen Stachelpilze Europas. – Verhandelingen der Koninklijke Nederlandse Akademie van Wetenschappen, AFD Natuurkunde Tweete reeks, deel 65, Amsterdam, London

[91] MOMBÄCHER, R. (1993): Holzlexikon. – ed. 3., Stuttgart

[92] MOORE, D. (1998): Fungal Morphogenese. – Cambridge

[93] MOORE, R. T. (1985): The challenge of the dolipore / parenthosome septum. – In: MOORE, D., CASSELTON, L. A., WOOD, D. A., FRANKLAND J. C. [eds.], Developmental biology of higher fungi, Cambridge, London, New York [...] 175-212

[94] MOSER, M. (1985): Die Röhrlinge und Blätterpilze (Polyporales, Boletales, Agaricales, Russulales). – Kleine Kryptogamenflora Band IIb/2, Stuttgart, New York

[95] NEINHUIS, C., BARTHLOTT, W. (1997): Characterization and Distribution of Waterrepellent, Self-cleaning Plant Surfaces. – Annals of Botany 79 667-677

[96] Neubert, H., Nowotny, W., Baumann, K. (1993): Die Myxomyceten Deutschlands und des angrenzenden Alpenraumes unter besonderer Berücksichtigung Österreichs, Bd. 1. – Gomaringen

[97] Nilsson, T., Daniel, G. (1989): Chemistry and microscopy of wood decay by some higher Ascomycetes. – Holzforschung 43 11-18

[98] Nobles, M. K. (1965): Identification of cultures of wood-inhabiting Hymenomycetes. – Can. J. Bot. 43 1097-1139

[99] Parniske, M. (2008): Arbuscular mycorrhiza: the mother of plant root endosymbioses. – Nat. Rev. Micro. 2008 (6) 763–775

[100] Persoon, C. H. (1801): Synopsis methodica fungorum. – Gottingae

[101] Reichholf, J. H., Lohmeyer, T. R (2012): Regentropfen oder Samen-Mimikry? Evolutionsbiologische Gedanken über Verbreitungsstrategien der Teuerlinge. – Mycologia [1] Bavarica 13 1-7

[102] Reijnders, A. F. M. (1963): Les problèmes du développement des carpophores des Agaricales et de quelques goups voisins. – Den Haag

[103] Reijnders, A. F. M., Moore, D. (1985): Developmental biology of agarics – an overview. - In: Moore, D., Casselton, L. A., Wood, D. A., Frankland J. C. [eds.], Developmental biology of higher fungi, Cambridge, London, New York [...] 581-596

[104] Reiss, J. (1987): Kultivierung von Speisepilzen auf Papier. – Zeitschrift für Pilzkunde 53 (2) 355-364

[105] Riemay, K. H.; Tröger, R. (1978): Autolyse bei Pilzen / Autolyse bei Coprinus und in Pilzkulturen. – Zeitschrift für Allgemeine Mikrobiologie 18 523-540

[106] Riemay, K. H.; Tröger, R. (1978): Autolyse bei Pilzen II / Autolytischer Abbau von Kohlenhydraten, Proteinen und Nucleinsäuren. – Zeitschrift für Allgemeine Mikrobiologie 18 617-625

[107] Rogers, J. D. (1979): The Xylariaceae: systematic, biological and evolutionary aspects. – Mycologia 71 1-42

[108] Ross, I. K. (1979): Biology of the fungi / Their development, regulatiuon and associations. – New York, St. Louis, San Francisco [...]

[109] Rybacek, V. (1966): Biologie holzzerstörender Pilze. – Jena

[110] Schaarschmidt, S., Hause, B., Strack, D. (2009): Wege zur Endomycorrhiza. – Biologie in unserer Zeit 39 102-113

[111] Schmidt, O. (1994): Holz- und Baumpilze / Biologie, Schäden Schutz, Nutzen. – Berlin, Heidelberg, New York

[112] Schmidt, O., Czeschlik, D. (2006): Wood and Tree Fungi: Biology, Damage, Protection and Use. – Berlin, Heidelberg, New York

[113] Schüssler, A., Schwarzott, D., Walker, C. (2001): A new fungal phylum, the Glomeromycota: phylogeny and evolution. – Mycological Research 105 1413-1421

[114] Seehann, G., Hegarty, B. M. (1988): A bibliography of the dry rot fungus, Serpula lacrymans. – International Research Group on Wood Preservation, Document IRG/WP/105, Stockholm

[115] Simonis, J. L., Raja, H. A., Shearer, C. A. (2008): Extracellular enzymes and soft rot decay: Are ascomycetes important degraders in fresh water? – Fungal Diversity 31 135-146

[116] Singer, R. (1986): The Agaricales in modern Taxonomy. – Koenigstein

[117] Singer, R., Harris, B. (1987): Mushrooms and truffles / botany, cultivationand utilization. – Koenigstein

[118] Smith, S. E., Read, D. J. (1997): Mycorrhizal symbiosis. – ed. 2, London

[119] Sprecher, E. (1959): Über die Guttation von Pilzen. – Planta <u>53</u> 565-574

[120] Sprecher, E. (1960): Über die Stoffausscheidung bei Pilzen. – Habilitationsschrift der Fakultät für Natur- und Geisteswissenschaften, Technische Hochschule Karlsruhe

[121] Sprecher, E. (1961): Über die Stoffausscheidung bei Pilzen I / II. – Archiv für Mikrobiologie <u>38</u> 114-155, 299-325

[122] Stalpers, J. A. (1978): Identification of wood inhabiting Aphyllophorales in pure culture. – Studies in Mycology, Vol. 16, Baarn

[123] Starbäck, K. (1895): Discomyceten-Studien. – Bihang till Kungliga Svenska Vetenskaps-Akademiens Handlingar. <u>21</u> (5) 1-42

[124] Stijve, T. (1965): Een chemisch onderzoek van de grote stinkzwam (*Phallus impudicus*) Coolia <u>11</u> 40 – 41

[125] Stijve, T., (1966): Iets over de geurontwikkeling bij de grote stinkzwam. – Coolia <u>13</u> 20-22.

[126] Stijve, T., (1994): Avonturen met *Clathrus ruber*. – Coolia <u>37</u> 96-103.

[127] Stijve, T. (1998): Odours and pigments in stinkhorns. – Australasian Mycological Newsletter <u>17</u> 18–22

[128] Strassburger, E. [Begr.] (2002): Lehrbuch der Botanik für Hochschulen. – ed. 35. Aufl., Heidelberg, Berlin

[129] Sunhede, S. (1989): Geastraceae (Basidimycotina) / Morphology, ecology, and systematics with special emphasis on the North European species. – Oslo

[130] Sunhede, S. (1974): Studies in Gasteromycetes. I. Notes on spore liberation and spore dispersal in *Geastrum*. – Svensk Bot. Tidskr. <u>68</u> 329-343

[131] Sutton, B. C. (1981): The Coelomycetes. – Kew, Surrey

[132] Thielke, C. (1983): Membranaggregate und Filamente in den Cystiden von *Volvariella bombycina*. – Zeitschrift für Mykologie 49 (2) 257-264

[133] Throm, G. (1997): Biologie der Kryptogamen. – Frankfurt am Main

[134] Tournefort, J. P. (1700): Institutiones rei herbariae. – 3 Bde., Paris

[135] Ulloa. M., Hanlin, R. T. (2012): Illustrated dictionary of mycology. – ed. 2, St. Paul, Minnesota

[136] Vries, O. M. H. de, Wessels, J. G. H. (1973): Release of Protoplasts from *Schizophyllum commune* by combined action of Purified α-1,3-Glucanase and Chitinase derived from *Trichoderma viride* – Journal of General Microbiology <u>76</u> 319-330

[137] Wagenitz, G. (2003): Wörterbuch der Botanik / Morphologie, Anatomie, Taxonomie, Evolution. – ed. 2, Heidelberg, Berlin

[138] Walker, L. B. (1920): Development of *Cyathus fascicularis*, *C. striatus*, and *Crucibulum vulgare*. – Botanical Gazette <u>70</u> (1) 1-24

[139] Weber, H. [ed.] (1993): Allgemeine Mykologie. – Jena, Stuttgart

[140] Webster, J. (1986): Indroduction to fungi [ed. 2]. – Cambridge, London, New York [...]

[141] Webster, J. (1983): Pilze, eine Einführung. – Berlin, Heidelberg, New York

[142] Weidner, H., Schremmer, F. (1962): Zur Erforschungsgeschichte, zur Morphologie und Biologie der Larve von *Agathomia wanko-wiczi* Schnabl. – Entomologische Mitteilungen aus dem Zoologischen Staatsinstitut und Zoologisches Museum Hamburg <u>2</u> 1-12

[143] Weiss, M. (2007): Die verborgene Welt der Sebacinales. – Mitteilungen des Verbandes Biologie, Biowissenschaften und Biomedizin 3: 18-23

[144] WEISS, M., SELOSSE, M.-A., REXER, K.-H., URBAN, A., OBERWINKLER, F. (2004): Sebacinales: a hitherto overlooked cosm of heterobasidiomycetes with a broad mycorrhizal potential. – Mycological Research 108: 1003-1010

[145] WESSELS, J. G. H., KREGER, D. R., MARCHANT, R.: (1972): Chemical and morphological characterization of the hyphal wall surface of the basidiomycete *Schizophyllum commune* – Biochimica et Biophysica Acta 273 346-358

[146] WILD, A. (2003): Pflanzenphysiologie in Fragen und Antworten. – Wiebelsheim

[147] WIRTH, V. (1980): Flechtenflora. – UTB-Taschenbücher 1062, Stuttgart

[148] WRIGHT, J. E. (1987): The genus *Tulostoma* (Gasteromycetes), a world monograph. – Bibliotheca Mycologica Bd. 113. – Berlin, Stuttgart

[149] WUEST, P. J., ROYSE, D. J. (1987): Cultivating edible fungi. – Development in crop science 10, Amsterdam

[150] ZOPF, W. F. (1890): Die Pilze in morphologischer, physiologischer, biologischer und systematischer Beziehung. – Halle

Bildquellenverzeichnis:

Die Bilder zu den Farbtafeln wurden bis auf wenige Ausnahmen von den Autoren des Buches selbst angefertigt. Die folgende Liste enthält die Kürzel aller Bildautoren, geordnet nach den Seitenzahlen der Tafeln der Leitbegriffe auf den Seiten 10-213. Die Aufnahmen der polyporoiden Hymenophore auf den Seiten 216-225 stammen zu etwa gleichen Teilen von den Autoren des Buches.

Kürzel der Bildautoren:
Dö - Dörfelt, Heinrich; Gr – Grunewald, Dorit; Gu - Gube, Matthias; Ot - Otto, Peter; Ru - Ruske, Erika; Rö - Rönsch, Peter; Vö - Vökler, Herbert; Wi - Wiehle, Wolfgang

Präparation und Aufnahmetechnik

Färbungen: AS-Astrablau, BW-Baumwollblau, EO-Eosin, KR-Kongorot, LI-Lichtgün, SA-Safranin, SH-Sheaffer-Tinte, TB-Toluidinblau;

Lichttechnik: If- Interferenzfilter 574 nm; Ph-Phasenkontrast; Uv-Bestrahlung mit ultraviolettem Licht

Computertechnik: Stp-Bilderstapel; Pan Panoramaaufnahme (zusammengesetztes Bild);

Präparations- und Aufnahmetechnik: MIK-Mikrotomschnitt nach Einbettung des Objektes; SEM-Scanning-Elektronenmikroskopische Aufnahme, TEM-Transmissions-Elektronenmikroskopische Aufnahme*

11 – 1-3: Dö; 4: Ru
13 – 1,2,5(If): Ru; 3,4: Dö
15 – 1-3: Dö; 4: Ru
17 – 1-5: Ru; 6: Dö
19 – 1,2,4-6: Ru; 3: Dö
21 – 1-3: Dö; 4-7: Ru
23 – 1-9: Ru
25 – 1,2(St): Dö; 3-6: Ru
27 – 1,2: Dö; 3(Ph),4(If): Ru
29 – 1,2(If),3(Ph),4,5(BW),6(IF): Ru
31 – 1,5,6: Ru; 2,3(Stp),4(Stp): Dö
33 – 1,3(SEM): Dö; 2,4(If),5(If),6(Ph): Ru
35 – 1-6: Ru
37 – 1(If),2(Stp): Ru; 3(SEM),4(SEM): Gu; 5(SEM),6 (SEM): Dö
39 – 1: Ru; 2-5: Dö
41 – 1: Vö; 2,4,5,6(If,Stp): Ru; 3(TB,MIC): Gu
43 – 1-6: Ru
45 – 1(If),2(If),3,4: Ru
47 – 1,2,4: Ru; 3:Dö
49 – 1,4(If),5(If): Ru; 2,3,6,7: Dö
51 – 1,2,3(Stp),4,5,6(Stp),7(Pan): Ru
53 – 1(If,Stp): Ru; 2,3(MIK,EO),4-6: Dö
55 – 1-6: Dö
57 – 1,4,6: Ru; 2,3,5: Dö
59 – 1-5: Ru
61 – 1,2,4,5: Ru; 3: Dö

63 – 1,3-5: Dö; 2: Ru
65 – 1(Stp),2(Stp): Do; 3,4(KR),5(KR),6(If,Stp): Ru
67 – 1,3: Ru; 2,4,5(Stp)6,7: Dö
69 – 1-5: Dö; 6,7(Stp): Ru;
71 – 1-6: Dö
73 – 1,2,4-6: Ru; 3: Dö
75 – 1(MIK,TB)*,3,4,6: Dö; 2,5: Ru
77 – 1,3-7: Dö; 2: Ru
79 – 1-3,6: Dö; 4,5: Ru
81 – 1,3-6: Dö; 2: Ru
83 – 1-3: Dö
85 – 1-3: Ru; 4-6: Dö
87 – 1-5: Dö; 6: Ru
89 – 1,2,4: Dö; 3: Ot; 5,6: Ru
91 – 1-3: Ru; 4: Dö
93 – 1-5: Dö
95 – 1-5: Dö
97 – 1,2,5,6: Dö 3(MIK,TB)4(MIK,TB): Gu
99 – 1-2: Ru; 3-6: Dö
101 – 1,2,7: Dö; 3,4,6: Ru; Rö:5
103 – Ru
105 – 1(If),2(If),3-5: Ru; 6(Stp): Dö
107 – 1,2(If): Ru; 3-8: Dö
109 – 1-4,5(Stp),6(If),7(If,Pan),8(BW): Ru
111 – 1-3,5-6: Ru; 4: Dö
113 – 1-3,5: Ru; 4,6: Dö

115 – 1-5: Ru; 6: Dö
117 – 1-6: Ru
119 – 1-6: Ru
121 – 1,3-4: Ru; 2,5-6: Dö
123 – 1,5-6: Dö; 2-4: Ru
125 – 1(SH),2(Stp),6(SEM),7(TEM): Dö; 3,4(Stp,BW),5(If): Ru
127 – 1-2: Dö; 3-6: Ru
129 – 1,2,6: Dö; 3,4,5(If): Ru
131 – 1,2(Uv),3,4(Uv),5(Uv),6,7(Uv): Ru
133 – 1-5: Dö
135 – 1,2,3: Dö; 4: Ru; 4-1(MIK,TB),4-2(MIK,TB): Gu
137 – 1,4-5,6(If,Stp): Ru; 2,3,7: Dö
139 – 1,2,4-7,10(SH): Dö; 3: Gr*; 8(If),9(If): Ru
141 – 1-3: Dö
143 – 1,3-6: Dö; 2: Ru
145 – 1-6: Dö
147 – 1,2(If,Stp),3(BW,Stp)4(If),7: Ru; 5,6(Stp): Dö
149 – 1-3,5,7: Dö; 4,6: Ru
151 – 1-3,5,7-8: Ru; 4,6: Dö
153 – 1-4: Dö; 5-6: Ru
155 – 1: Ot, 2,3,5-7: Ru; 4(Stp): Dö;
157 – 1-3,5-6: Dö; 4: Ru
159 – 1,3: Ru; 2,4: Dö
161 – 1,2,4: Ru; 3: Dö
163 – 1,2,3(If): Dö; 4(KR),5(Ph): Ru
165 – 1,3-5: Ru; 2,6,7: Dö

167 – 1(TB,MIK)*,2(SA/AS,MIK),3(BW,MIK),4,5: Dö
169 – 1-2: Ru; 3: Dö
171 – 1-3,4(SA/LI,MIK)5: Dö; 6(Stp): Ru
173 – 1-6: Dö; 7-9: Ru
175 – 1,3-5: Dö; 2: Ru
177 – 1-4: Dö
179 – 1-5: Ru; 6-7: Dö
181 – 1(TEM),2(TEM),3(TEM),4(TEM): Dö
183 – 1,2(If,Stp),5,6(If): Ru; 3(If),4,7(SEM),8(TEM): Dö
185 – 1(SEM),3(SEM): Gu;2(Stp),6(If,Stp): Dö; 4,5: Ru
187 – 1-6: Ru
189 – 1(Stp),2(Stp): Dö
191 – 1,3-6: Ru; 2: Dö
193 – 1: Wi; 2-4: Dö; 5: Ru
195 – 1,3-5,7: Dö; 2,6(If): Ru
197 – 1-4: Dö; 5-8: Ru
199 – 1,2: Dö; 3(Stp),4,5(IF),6: Ru
201 – 1,3,5: Dö; 2,4: Ru
203 – 1-2,6(If): Dö; 3,4(KR),5(KR),7(If): Ru
205 – 1-5: Ru
207 – Dö
209 – 1,4: Ru; 2,3,5: Dö
211 – 1,2,4,6: Ru; 3,5: Dö
213 – 1-6: Dö

*Spezielle Anmerkungen zu einigen Bildern:

75 – 1: Semidünnschnitt, geschnitten mit Glasmesser für die TEM-Mikroskopie im Institut für Genetik der Martin-Luther-Universität

139 – 3: Ansatz vom Institut für Mikrobiologie / Mikrobielle Kommunikation / Friedrich-Schiller-Universität Jena; zwei Monate alte Kultur; Ansatz und Foto von D. Grunewald

167 – 1: Semidünnschnitt, geschnitten mit Glasmesser für die TEM-Mikroskopie im Institut für Genetikk der Martin-Luther-Universitär

Alle TEM-Aufnahmen wurden in Zusammenarbeit mit dem Institut für Genetik der Martin-Luther-Universität angefertigt; die SEM-Aufnahmen von M. Gube an der Friedrich-Schiller-Universität Jena, die von H. Dörfelt im Institut für Elektronrnmikroskopie und Festkörperphysik Halle/S.

Glossar

<u>**Rot, fett und unterstrichen**</u>: Leitbegriffe, die im Hauptteil des Buches (S. 10 – 213) alphabetisch geordnet, definiert und durch je eine Bildtafel erläutert sind. Den Begriffen sind Hinweise auf das nummerierte Literaturverzeichnis beigefügt. Sie umfassen eine Auswahl der benutzten Quellen und sind auch als Hinweise auf weiterführende Literatur zu verstehen.

Normalschrift, fett: kurz definierte Stichwörter, meist mit zusätzlichen Hinweisen auf weitere Informationen bei einem Leitbegriff oder bei einem anderen Stichwort im Glossar.

Kursivdruck: Verweisbegriffe oder Synonyme, sie sind im Text eines Leitbegriffes oder eines anderen Stichwortes des Glossars definiert oder erläutert.

[> = Verweis auf einen Leitbegriff; <u>unterstrichen</u> = Hinweis auf ein Stichwort im Glossar]

Aasfliegenpilz >**Gasterothecium, phalloid**

Acanthophyse s. <u>Hyphidium</u>

Acervulus >**Conidioma**

Aecidium >**Aecium**

<u>Aecium</u> Lit. 2-4,7,12,32,36,38,46,49,52-54,69,100,128,133,140

Aethalium >**Sporocarpium**

agaricoides Hymenophor >**Hymenophor, agaricoid**

agaricoides Pilothecium >**Pilothecium**

Aggregationsplasmodium s. <u>Plasmodium</u>

Alveole (Pl. Alveolen): Bezeichnung für kleine Hohlräume, Gruben oder Bläschen; in der Mykologie u.a. für die mit Hymenium ausgekleideten, wabenförmigen Vertiefungen der >morchelloiden Apothecien. Der Begriff wird mitunter auch für die Vertiefungen des >polyporoiden Hymenophors benutzt.

Anaholomorphe s. <u>Holomorphe</u>

Anamorphe: eine Erscheinungsform, eine ><u>Morphe</u>, von Pilzen, bei der keine Meiosporen gebildet werden und keine regulären Meiosen stattfinden. Anamorphen entwickeln als <u>Haplonten</u>, seltener auch als <u>Dikaryonten</u> ein relative Eigenständigkeit oder bilden augenscheinliche morphologisch definierte Entwicklungsabschnitte. Die meisten Anamorphen sind conidiogene Pilze (s. <u>Conidie</u>, >Conidioma), die sich in der Haplophase fortpflanzen können, wie die Sippen der Anamorph-Gattungen *Aspergillus* (Gießkannenschimmel) oder *Penicillium* (Pinselschimmel). Aber auch andere Erscheinungsformen, wie >Sclerotien (Anamorph-Gattung *Sclerotium*) oder Rhizomorphen (Anamorph-Gattung *Rhizomorpha*) sind als Anamorphen zu betrachten, ebenso die dikaryotischen Entwicklungsstadien von Rostpilzen (Anamorph-Gattungen *Caeoma, Aecidium, Peridermium, Roestelia, Uredo*). Anamorphen sind nicht generell als „asexuell" zu definieren und <u>Teleomorphen</u> nicht generell als „sexuell", da bei den dikaryotischen Anamorphen der Dikaryotisierung eine Plasmogamie, also ein Sexualvorgang vorausging und da bei parasexuellen Vorgängen vieler haploider Anamorphen auch Karyogamie vorkommt. Das ausschlaggebende Vorkommen von regulären Meiosen, z.B. in den Asci und Basidien der meisten Großpilze, ist kein Sexualvorgang und die vorausgehende obligatorische Karyogamie nur ein Teil der regulären Sexualität (>Pleomorphie). Mehrere Anamorphen einer einzigen Art werden als Synanamorphen bezeichnet.

Anastomose Lit. 32,36,40,129,135,137

Androgametocyte s. Gametocyte

Androgamocyte: eine männliche (kernspendende) Geschlechtszelle, die direkt zur Befruchtung weiblicher (kernempfangender) Zellen befähigt ist, wobei keine freien Gameten gebildet werden. Androgamocyten kommen bei vielen Ascomyceten und bei nahezu allen Oomyceten vor. Bei den Ascomyceten befruchten sie das >Ascogon, bei den Oomyceten (Eipilzen) die Eizellen. In der Pilzliteratur werden Androgamocyten mitunter als „Antheridien", als „Gametangien" oder „Angien" bezeichnet (>Sporocyte, s.Gametocyte, Gametangium).

Antheridium s. Gametangium

Apicalparaphyse >**Paraphyse**

Apiculus >Basidie, >Basidiospore

Apophyse Lit. 23,24,26,31,32,86,129,135,137

Apothecium Lit. 3,4,7,14,32,35,36,38,44,46,54,62,66,6979,80.81,83,84,86,128,135,139-141,147

Apothecium, cupulat Lit. 3,4,7,14,32,35,36,38,44,46,54,62,66,79,80.81,83,84,86,128,135, 139-141,147

Apothecium, helvelloid Lit. 32,36,38,62,83,128,140

Apothecium, morchelloid Lit. 32,36,38,83,128,140

,
Appressorium: der Anheftung dienende, verbreiterte Hyphen, die in symbiontischen und parasitischen Lebensverhältnissen auch dem Stoffaustausch dienen können. Sie sind meist der Herd der Penetration von Infektionshyphen oder Haustorien in die Wirts- oder Symbiontenzellen und nicht klar von den als Hyphopodien bezeichneten Haftfäden epiphytischer Pilze zu unterscheiden.

Archaeascus >**Ascus**

Asci Pl. von >**Ascus**

Ascocarpium >**Ascoma**

ascogene Hyphe: ascusbildende, dikaryotische Hyphe. Die ascogenen Hyphen sind der Dikaryont im Entwicklungszyklus der Ascomyceten (>Ascoma, Ascogon). An ihren Hyphenspitzen werden die Asci gebildet, mitunter wird auch jede Zelle einer ascogenen Hyphe zu einem >Ascus.

Ascogon (Pl. Ascogone, auch Ascogonium, Pl. Ascogonia oder Ascogonien): weibliche (kernempfangende) Zelle der Ascomyceten, aus der nach Befruchtung durch Spermatiogamie oder durch Gamocyten die dikaryotischen ascogenen Hyphen, selten auch direkt ein einzelner >Ascus oder mehrere Asci hervorgehen (>Ascoma).

<u>Ascoma</u> Lit. 36,38,69,77,83,86,128,139

Ascomycet: ein Vertreter der Schlauchpilze, die gegenwärtig meist als Abteilung *Ascomyco-ta* mit mehreren Klassen geführt werden.

<u>Ascospore</u> Lit. 3,4,32,36,69,83,139,140

<u>Ascus</u> Lit. 3,4,32,36,77,83,86,128,139,140

Atempustel >**Myzelioderm**

Autodigestion >**Autolyse**

<u>Autolyse</u> Lit. 71,86,92,105,106

<u>Basidie</u> Lit. 3,4,23,24,32,36,45,69,77,83,86,128,139

Basidiocarpium >**Basidioma**

Basidiole >**Basidie**

<u>Basidioma</u> Lit. 3,4,23,24,36,38,77,86,139,140

Basidiomycet: ein Vertreter der Ständerpilze. Sie werden gegenwärtig meist als Abteilung *Basidiomycota* geführt.

<u>Basidiospore</u> Lit. 23,24,32,36,45,69,86,94,128,140

biguttulate Sporen >**Guttation**

Blätterpilz: >Pilothecium mit lamellenförmigem (>agaricoidem) >Hymenophor. Blätter-pilze können zentral oder seitlich gestielt, mitunter auch resupinat ausgebildet sein. In der Literatur wird der Begriff auch noch im systematischen Sinne für alle *Agaricales* benutzt, die jedoch auch Sippen mit >Pilothecien ohne Lamellen und mit >Gasterothecien umfassen.

Blättling: ein pileates (>Pileus), meist ein >dimitates, seltener ein > stipitates >Crustotheci-um mit derbem, lamellenförmigem >Hymenophor. Im Unterschied zu <u>Blätterpilzen</u> ist die Hymenophoraltrama von der Huttrama nicht oder nur unbedeutend verschieden und nicht abgesetzt, die >Primordialentwicklung ist wie bei allen Crustothecien myzelial (>dimitates Crustothecium).

biotroph >**Mykoparasitismus**

bitunicat >**Ascus**

boletoides Hymenophor >**Hymenophor, boletoid**

boletoides Pilothecium >**Pilothecium**

Bovist >**Basidioma**, >**Gasterothecium, bovistoid**

bovistoides Gasterothecium >**Gasterothecium, bovistoid**

<u>Braunfäule</u> Lit. 32,36,72-74,91,98,109,111,112,114,122

Caulocystide >**Cystide**

Caeoma >**Aecium**

cantharelloides Hymenophor > **Hymenophor**

cantharelloides Pilothecium > **Pilothecium**

Capillitium Lit. 32,36,38,61,69,86,96

Carposoma >**Fruchtkörper**

Cecidium Lit. 32,82,84,142

Cheilocystide >**Cystide**

Chlamydospore: eine meist dickwandige, häufig pigmentierte Mitospore. Chlamydosporen entstehen endogen durch partiell verdichtetes Plasma in einer Hyphe und werden durch Absterben der umgebenden Biomasse frei. Sie entstehen nicht durch eine reguläre Conidiogenese und können nicht als Conidien bezeichnet werden. Sie sind mit Myzelgemmen (s. Gemme) vergleichbar.

Chrysocystide >**Cystide**

Chytridiomycet: ein Vertreter der opisthokonten Flagellatenpilze, die gegenwärtig meist als Abteilung *Chytridiomycota* geführt werden. Die ursprünglichen Formen besitzen nur einen einzigen, bläschenartigen coenocytischen Thallus mit Rhizoiden, man charakterisiert sie als „eucarp" und monozentrisch, andere sind polyzentrisch, besitzen mehrere coenocytische Bläschen, die mit Rhizoiden verbunden sind. Abgeleitete Formen bilden >Myzelien. Auf allen Entwicklungsstufen kommen begeißelte Stadien vor.

Cirrus (auch Cirrhus): aus den Ostioli von Pycnidien, >Spermogonien oder >Perithecien herausquellende schleimige Masse mit eingebetteten Conidien, Spermatien oder >Ascosporen. Der Cirrus kann gestreckt oder tröpfchenförmig am Ostiolum angeordnet sein. Bei den Spermogonien der Rostpilze ist das Hervorquellen der schleimigen Masse des Cirrus mit der Bildung von Geruchsstoffen zur Anlockung von Insekten verbunden, die der Verbreitung der Spermatien dienen (>Perithecium, Abb. 4).

clathroides Gasterothecium >**Gasterothecium, clathroid**

Clathrothecium >**Gasterothecium clathroid**

Cleistothecium Lit. 3,4,11,13,32,33,34,36,38,77,86,139

Collar Lit. 32,36,86,96,116,137

Columella Lit. 32,36,135,137,139

Conidie (Pl. Conidien, auch Conidium, Pl. Conidia): exogen reifende Mitospore von Pilzen (>Spore). Sie können ein- oder mehrzellig, haploid oder dikaryotisch sein. Arthroconidien entstehen durch Zergliederung von Hyphen, Blastoconidien werden endogen angelegt. Die Entstehungsweise ist sehr mannigfaltig und liefert bedeutende Hinweise auf die Phylogenie, z.B. entstehen Phialosporen blastisch an speziellen flaschenförmigen conidiogenen Zellen (Phialiden), Anellosporen an Zellen mit apikalen Ringbildungen (Anelliden), beide in basipedaler Folge; Aleuriosporen entstehen blastisch und solitär an apikal anschwellenden Hyphenzweigen, Oidien werden arthrisch an nachwachsenden Trägern gebildet. Die conidienbildenden Formen von Pilzen werden als <u>Anamorphen</u> den meiosporenbildenden <u>Teleomorphen</u> gegenüber gestellt (>Pleomorphie).

Conidiogenese: die Ausbildung von <u>Conidien</u> an den conidiogenen Zellen.

<u>Conidioma</u> Lit. 32,36,52,54,77,108,131,139,140

Context: die plectenchymatische Substanz zwischen den sterilen Corticalgeflechten (>Cortex) und den fertilen Teilen der >Basidiomata unter Ausschluss der Hymenophoraltrama. Der Begriff wird nicht von allen Autoren benutzt und ist dem Begriff der >Trama vieler Autoren teilweise synonym.

<u>Cortex</u> Lit. 23,24,32,78,86

Corticalgeflecht >**Cortex**

Crustohymeniderm >**Cortex**

<u>Crustothecium</u> Lit. 32,36,38,83,139

<u>Crustothecium, dimitat</u> Lit. 32,36,86,139

<u>Crustothecium, effus</u> Lit. 32,36,83,86,139

<u>Crustothecium, effusoreflex</u> Lit. 32,36,83,86,139

<u>Crustothecium, stipitat</u> Lit. 32,36,83,86

Cupula: eine becherförmige Struktur. In der Botanik wird der Begriff hauptsächlich für Achsenbecher benutzt, die eine oder mehrere Früchte basal umgeben, in der Mykologie für becherförmige >Apothecien.

cupulates Apothecium >**Apothecium, cupulat**

Cutis >**Cortex**

cyathoides Gasterothecium >**Gasterothecium, cyathoid**

<u>Cystide</u> Lit. 23,24,32,36,45,54,77,83,86,132,140

Cystidiole >**Cystide**

Deliqueszenz >**Autolyse**

Dendrophyse >**Cystide**, s.<u>Hyphidium</u>

Dermatocystide >**Cystide**

Destruktionsfäule >**Braunfäule**

<u>Diaspore</u> Lit. 32,36,38,69,86

dictyospor >**Ascospore**

didymospor >**Ascospore**

Dikaryon: ein zusammengehöriges Kernpaar in der dikaryotischen Kernphase.

Dikaryont: ein Entwicklungsabschnitt, eine selbstständige Generation oder ein Organismus, bei dem sich ausschließlich Zellkerne der dikaryotischen Kernphase durch >Mitosen teilen.

Dikaryontenwirt: Wirtspflanze des Dikaryonten eines Rostpilzes; der Begriff wird im Gegensatz zum Haplontenwirt benutzt. Im vollständigen Entwicklungszyklus der Roste mit einem Wirtswechsel werden Spermogonien und >Aecien auf dem Haplontenwirt, Uredien und >Telien auf dem Dikaryontenwirt gebildet. Der Kernphasenwechsel stimmt jedoch nicht mit dem Wirtswechsel überein, da die >Aecien bereits nach der Spermatiogamie dikaryotisch sind.

dikaryotisch: paarkernig; eine Kernphase, bei der das Erbmaterial nicht in einem einzelnen Kern, sondern in einem Kernpaar (Dikaryon) unterschiedlichen Paarungstypes lokalisiert ist. Jeder Kern enthält einen Chromsomensatz und ist haploid. Die dikaryotische Kernphase entspricht genetisch der diploiden Kernphase anderer eukaryotischer Organismen. Sie kommt nur bei höheren Pilzen (Asco- und Basidiomyceten) vor. Die Kerne eines Dikaryons teilen sich bei der Mitose gemeinsam (konjugierte Kernteilung).

Dikaryotisierung: ein Sexualvorgang, der die Bildung des Dikaryonten einleitet. Die Dikaryotisierung erfolgt durch Befruchtung einer kernempfangenden (weiblichen) Zelle, z.B. einem Ascogon oder nach Somatogamie. Die beiden Kerne kompatibler Paarungstypen treten in Kontakt, verschmelzen aber nicht.

dimitates Crustothecium >**Crustothecium, dimitat**

dimorphe Pilze: zweigestaltige Pilze; der Begriff wird hauptsächlich für Arten benutzt, die teils als Sprosspilze (Hefeform) leben und in anderen Phasen >Hyphen ausbilden (filamentöse Form). Typischer Dimorphismus kommt zum Beispiel bei den *Taphrinales* und den *Ustilaginales* vor, deren Haplont als saprotrophes Hefestadium lebt, während der Dikaryont ein phytoparasitisches Myzel ausbildet.

diploid: eine Kernphase, bei der das Genom des Zellkernes zwei Chromosomensätze aufweist. (s. haploid, s. dikaryotisch).

Diplont: ein Entwicklungsabschnitt, eine selbstständige Generation oder ein Organismus, bei dem sich ausschließlich diploide Zellkerne durch Mitose teilen.

Discomycet >**Apothecium**

effuses Crustothecium >**Crustothecium, effus**

effusoreflexes Crustothecium >**Crustothecium, effusoreflex**

Ektalexcipulum >**Apothecium**, >**Excipulum**

Endoascus >**Ascus**

Endoperidie >**Peridie**

Entalexcipulum >**Apothecium**, >**Excipulum**

Epibasidie >**Basidie**

Epiphragma >**Gasterothecium, cyathoid**

Erdsterne >**Basidioma**, >**Gasterothecium, geastroid**

Erdzunge: zungenförmiges (glossoides) >Apothecium mit einem sterilen Stiel und einem zungen- bis keulenförmigen Teil, der mit dem Hymenium überkleidet ist; diese Apothecien gleichen äußerlich manchen >Holothecien der Basidiomyceten.

eukaryotisch: mit echten, membranumschlossenen Zellkernen ausgestattet (s. prokaryotisch).

Excipulum Lit. 32,66,86

Exkretion: die Ausscheidung von Schadstoffen oder Ballaststoffen (>Guttation).

Exkretionscapillare: feiner Kanal in der Zellwand spezialisierter Hyphen, die der Exkretion dienen z.B. in manchen Typen von >Setae und >Cystiden (>Guttation, >Seta).

Exkretionsinfundibulum: trichterförmiger Kanal in der Zellwand von Hyphen, die der Exkretion dienen, z.B. in den Macrosetae der Pilothecien der Gattung *Xerula* (>Guttation, >Seta).

Exoascus >**Ascus**

Exoexcipulum >**Excipulum**

Exoperidie >**Peridie**

Fältling: >Crustothecium mit unregelmäßig faltigem (merulioidem) >Hymenophor, z.B. bei Fruchtkörpern der Gattungen *Merulius* und *Serpula*.

Fasciculum Lit. 41,42,86

filamentöser Pilz: ein Pilz, dessen Vegetationskörper aus Hyphen (Filamenten) besteht. Filamentöse Pilze werden den Hefen bzw. Hefestadien gegenübergestellt, die aus Sprosszellen bestehen (>Myzel).

fistulinoides Hymenophor >**Hymenophor, fistulinoid**

Flechtenthallus: das Lager (s. Thallus) lichenisierter Pilze, das neben Strukturen des Pilzes (Mykobionten) auch die Zellen des autotrophen Fotobionten (meist Cyanobakterien oder Grünalgen) enthält (>Apothecium, >Symbiose).

Fotobiont: der fotoautotrophe Partner einer >Symbiose aus heterotrophen und autotrophen Organismen, insbesondere werden die Cyanobakterien und Grünalgen der Flechten als Fotobionten zusammengefasst.

Fruchtkörper Lit. 23,24,32,36,38,83,86,139

Fruchtkörperentwicklung Lit. 23-25,32,35,36,38,83,86,102,103

Fusionsplasmodium s. <u>Plasmodium</u>

Galle >**Cecidium**

<u>Gallertpilz</u> Lit. 23,24,32,36,86

Gametangium: ein Behälter (Angium), in dem Gameten (Geschlechtszellen) entstehen. Sie kommen bei den Farnpflanzen (*Pteridophyta*) und Moosen (*Bryophyta*) vor. Gametangien besitzen eine zelluläre Wand. Männliche Gametangien heißen Antheridien, sie bilden begeißelte Spermatozoide, weibliche nennt man Archegonien, sie bilden je eine Eizelle (Oosphäre). Die Begriffe werden in der Literatur mitunter auch für einzellige Keimzellenbehälter von niederen Pflanzen und Pilzen benutzt (>Sporocyte, s. <u>Thallus</u>).

Gametocyte: eine Zelle, in der Gameten durch freie Zellbildung (Gonitogonie) entstehen. Wenn Isogameten (gleichgestaltete Gameten) gebildet werden, werden sie Isogametocyten genannt. Wenn männliche und weibliche Gameten unterscheidbar sind, heißen sie Andro- bzw. Gynogametocyten. Entstehen in den Gynogametocyten mehrere unbegeißelte Eizellen, nennt man sie Oocyten oder Oogonien. Wird in einer Gynogametocyte nur eine einzige Eizelle (Oosphäre) gebildet, heißt diese Zelle übereinstimmend in der Literatur Oogonium. Der Name *Oomycetes* (Eipilze) bezieht sich auf die typischen weiblichen Gametocyten mit meist mehreren Eizellen (>Sporocyte).

Gamocyte: eine Geschlechtszelle, die ohne die Bildung von Gameten (Eizellen, Spermatien oder Spermatozoide) an einem Sexualvorgang beteiligt ist. Morphologisch gleich gestaltete Gamocyten (Isogamocyten) kommen z.B. bei vielen <u>Zygomyceten</u> vor. Bei Ascomyceten sind weibliche (Gyno-) und männliche (Andro-) Gamocyten meist morphologisch verschieden. Die weiblichen heißen <u>Ascogonien</u>. Bei den <u>Oomyceten</u> kommen weibliche <u>Gametocyten</u> (<u>Oogonien</u>) vor, während die männlichen Zellen keine Gameten bilden, sondern als Gamocyten am Sexualakt beteiligt sind.

Gasteromycetation >**Morphogenesis**

<u>Gasterothecium</u> Lit. 32,36,38,51,61,83,86,134,137

<u>Gasterothecium, bovistoid</u> Lit. 32,36,69,86,140

<u>Gasterothecium, clathroid</u> Lit. 32,36,38,83,86,126

<u>Gasterothecium, cyathoid</u> Lit. 32,36,38,69,76,86,138,140

<u>Gasterothecium, geastroid</u> Lit. 10,31,32,36,38,39,69,83,86,129,130,140

<u>Gasterothecium, hypogäisch</u> Lit. 32,36,75,86

<u>Gasterothecium, phalloid</u> Lit. 32,36,38,69,75,76,86,140

<u>Gasterothecium, secotioid</u> Lit. 32,36,69,75,86

<u>Gasterothecium, tulostomoid</u> Lit. 32,36,39,61,86,148

geastroides Gasterothecium >**Gasterothecium, geastroid**

Gemme: vegetative Fortpflanzungs- und meist auch Vermehrungseinheit, in der Botanik insbesondere von Moosen. In der Mykologie werden undifferenzierte, vielgestaltige Hyphensegmente mit kernhaltigem Cytoplasma und einer derben schützenden Wand als Gemmen oder Myzelgemmen bezeichnet (s. Chlamydospore).

Gemmifere >**Apophyse**

Gleba Lit. 32,36,83,86,129,139

Gloeocystide >**Cystide**

Glomeromycet: ein Vertreter der Klasse *Glomeromycetes*, die gegenwärtig meist als Abteilung *Glomeromycota* geführt wird. Zu ihr gehören ca. 170 Arten von Pilzen, die VA-Mykorrhiza (>Symbiose, >Mykorrhiza) bilden, coenocytische Myzelien besitzen und keine Sexualität aufweisen. Sie wurden früher zu den *Endogonales* der *Zygomycetes* gestellt, erwiesen sich aber als selbstständiger Verwandtschaftskreis.

Gonitangium >**Sporocyte**

Guttation Lit. 41,42,86,119-121,128,137

guttulate Sporen >**Guttation**

Gymnothecium: ein ursprüngliches, hymeniales >Ascoma (>Fruchtkörperentwicklung), das keine geschlossene Hülle besitzt. Es geht aus einem befruchteten Ascogon hervor und besteht aus relativ regellos angeordneten ascogenen Hyphen und Asci, die mitunter locker von schützenden Hyphen des Haplonten umhüllt sind. Gymnothecien werden auch als Prototothecien bezeichnet.

Gynogametocyte: eine Zelle, in der weibliche Gameten durch freie Zellbildung entstehen (s. Gametocyte, Oogonium).

Halocystide >**Cystide**

Hamathecium (Pl. Hamathecia): die Gesamtheit der haploiden Hyphen im Bereich des >Hymeniums oder anderer ascusführender Strukturen der >Ascomata, hierzu gehören z.B. die >Paraphysen und Pseudoparaphysen.

haploid: eine Kernphase, bei der das Genom des Zellkernes nur einen einzigen Chromosomensatz aufweist. (s. diploid, s. dikaryotisch).

Haplont: ein Entwicklungsabschnitt, eine selbständige Generation oder ein Organismus, bei dem sich ausschließlich haploide Zellkerne mitotisch teilen.

Haplontenwirt: Wirtspflanzen der Rostpilze, die bei den Entwicklungszyklen mit Wirtswechsel vom Haplonten besiedelt werden. Auf dem Haplontenwirt werden in der Regel die Spermogonien (>Pycnium) und die >Aecien gebildet.

Haustorium: ein Saugorgan. Der Begriff wird für verschiedenartige Organe benutzt, in der Mykologie für Hyphen oder Auswüchse von Hyphen, die in lebendes Protoplasma von Wirtsorganismen oder Symbionten eindringen und Nährstoffe aufnehmen.

Hefe >**Myzel**

helvelloides Apothecium >**Apothecium, helvelloid**

hemibiotroph >**Mykoparasitismus**

hemiparasitisch >**Mykoparasitismus**

Heterobasidiomyceten >**Basidie**

heteromerer Thallus: ein geschichteter <u>Flechtenthallus</u>, in dem die Fotobiontenzellen in einer Schicht unter der Oberfläche angeordnet sind (s. <u>Thallus</u>, s. <u>homöomerer Thallus</u>).

Hilarappendix >**Basidie, >Basiodiospore**

Hilum >**Basidie, >Basidiospore**

Holobasidie >**Basidie**

holobiotroph >**Mykoparasitismus**

Holomorphe: die Gesamtheit der Erscheinungsformen (s. <u>Morphe</u>) einer Pilzart. Die Holomorphe kann aus einer oder mehreren <u>Anamorphen</u> und der <u>Teleomorphe</u> bestehen. Sie kann mit der Teleomorphe identisch sein, wenn keine Anamorphen vorkommen, und sie kann ausschließlich aus einer oder mehrere Anamorphen bestehen, wenn keine Teleomorphe gebildet wird. In letzterem Fall wird sie auch als Anaholomorphe bezeichnet. Nomenklatorisch muss bei pleomorphen Pilzen, die eine Teleomorphe bilden, der Namen der Teleomorphe für die Holomorphe angewendet werden.

<u>Holothecium</u> Lit 23,24,32,36,38,83,139

<u>Holzzerstörung</u> Lit. 32,97,98,107,109

Homobasidie > **Basidie**

Homobasidiomyceten >**Basidie**

homöomerer Thallus: ein ungeschichteter Flechtenthallus, in dem die Fotobiontenzellen relativ gleichmäßig verteilt sind (<u>heteromerer Thallus</u>).

Hydathoden: Wasserspalten oder –poren in pflanzlichen Geweben, die der >Guttation, der Absonderung von Wasser in Tröpfchenform dienen; morphogenetisch sind es umgestaltete Spaltöffnungen oder Drüsenhaare. Guttation der Pflanzen erfolgt bei hoher Luftfeuchtigkeit, wenn die notwendige Wasserabgabe durch Verdunstung über die Spaltöffnungen nicht mehr möglich ist oder nicht ausreicht.

hydnoides Hymenophor >**Hymenophor, hydnoid**

hydnoides Pilothecium >**Pilothecium**

Hydrochorie >**Diaspore**

Hydrophilie >**Hydrophobie**

<u>Hydrophobie</u> Lit. 39,95,130

<u>Hygroskopizität</u> Lit. 8,18,22,32,39,38,47,69,86,128,136,140,145

Hymenialcystide >**Cystide**

Hymeniderm >**Cortex**

Hymenium Lit. 32,36,77,82,83,86,139

Hymenophor Lit. 32,36,77,82,83,86,139

Hymenophor, agaricoid Lit. 32,36,54,86

Hymenophor, boletoid Lit. 32,36,86

Hymenophor, fistulinoid Lit. 32,36,86

Hymenophor, hydnoid Lit. 32,36,90,140

Hymenophor, polyporoid Lit. 3,4,32,36,82,140

Hymenophoraltrama: die >Trama zwischen den Hymenien und ggf. den Subhymenien des >Hymenophors (>agaricoides H., >boletoides H., >polyporoides H). Die Hymenophoraltrama weist bei vielen >Pilothecien eine von der Huttrama deutlich verschiedene Struktur auf.

Hymenothecium Lit. 23,24,39,51,61,86,100

Hyphe Lit. 23,24,32,36,77,86,128,139

Hyphidium (Pl. Hyphidia): sterile, hyphenartige, meist verzweigte, endständige Hyphenabschnitte im Hymenium, insbesondere von >Crustothecien. Acanthohyphidia oder Acanthophysen besitzen zahlreiche kurze Stacheln, Dendrohyphidia oder Dendrophysen sind apikal bäumchenartig verzweigt. Hyphidien sind feiner als >Cystiden, jedoch in vielen Fällen nicht klar abzugrenzen.

Hyphochytridiomycet: ein Vertreter der heterokonten Flagellatenpilze, die gegenwärtig meist als Klasse *Hyphochytridiomycetes* oder *Hyphochytridiomycetes* der Abteilung *Heterokontophyta*, zu der auch fotoautotrophe Algen gehören, zugeordnet werden. In ihrer Morphologie gibt es Ähnlichkeiten zu den *Chytridiomycota* (opistokonte Flagellatenpilze), einem isolierten Verwandtschaftskreis der Echten Pilze, von dem sie in der Vergangenheit nicht getrennt wurden.

Hypobasidie >**Basidie**

hypogäisches Ascoma: cleistocarpes >Ascoma, das meist vollständig unterirdisch wächst und sich morphologisch von hemiangiocarpen >Apothecien ableitet (>Fruchtkörperentwicklung). Es wird auch als >Tuberothecium bezeichnet.

hypogäisches Gasterothecium >**Gasterothecium, hypogäisch**

Hypothecium >**Apothecium**

Hysterothecium >**Lirella**

Indusium (Pl. Indusien oder Indusia): ein Schleier; für verschiedene nicht homogene Strukturen benutzter Begriff. In der Botanik z.B. für die Hülle der Sporangien eines Sorus von Farnen, in der Mykologie für einen gitterartigen Teil des >Receptaculums >phalloider Gasterothecien.

Involucralgeflecht: loses oder plectenchymatisches Geflecht, das aus dem Myzel, nicht von der umhüllten Struktur selbst (z.B. einem Fruchtkörperprimordium) gebildet wird.

Involucrum (Pl. Involucra): eine Hülle; für verschiedene nicht homogene Strukturen benutzter Begriff; in der Botanik z.B. für die Gesamtheit der Hüllblätter (Involucralblätter) der Blütenköpfchen der *Asteraceae*, in der Mykologie für die plectenchymatische Hüllen mancher >Pseudorhizae.

irpicoides Hymenophor: ein unregelmäßig stachel- bis zahnförmiges >Hymenophor (>Crustothecium).

Ixotrichoderm >**Cortex**

Karyogamie: Kernverschmelzung, ein wesentlicher Teil des Sexualaktes eukaryotischer Organismen. Zwei (meist) haploide Zellkerne verschiedenen Paarungstypes verschmelzen miteinander zu einem einzigen (meist) diploiden Zellkern (>Plasmogamie).

Kommensalen („Mitesser"): Organismen, die vom Nahrungsüberschuss anderer Individuen leben, ohne diese zu schädigen, z.B. im Darm von Insekten lebende Trichomyceten (Fadenpilze). Der Übergang zum Parasitismus ist fließend (>Mykoparasitismus).

Konsumenten: Organismen (Tiere), die sich von den autotrophen Primärproduzenten auf verschiedenen Ebenen der Nahrungskette ernähren, z.B. Pflanzenfresser und von ihnen lebende Prädadoren (Räuber).

Kormophyten: Pflanzen, deren Vegetationskörper aus den Grundorganen Wurzel, Sprossachse und Blatt aufgebaut ist (s. Thallus).

Krustenpilz >**effuses Crustothecium**

Kugelzellen >**Hyphe**, s. Sphaerocyte

Kulturpilz Lit. 1,35,38,63,84,104,117,149

Lamellen: parallel verlaufende blattartige Teile; in der Mykologie die „Blätter" des >agaricoiden Hymenophors. Pilze mit Lamellen werden Blätterpilze genannt, sie sind den Blättlingen ähnlich, die ebenfalls ein nahezu lamellenförmiges Hymenophor aufweisen können, das sich jedoch vom >polyporoidem Hymenophor ableitet.

Lamellentrama: das Plectenchym des >agaricoiden Hymenophors, die Hymenophoraltrama, das „Innere" der Lamellen, das zwischen den >Hymenien der Lamellenflächen angeordnet ist.

Lamelletten (Kurzlamellen): zwischen den normalen, vom Hut zum Stiel reichenden Lamellen liegende, kürzere Lamellen, die vom Hutrand her den Stiel nicht erreichen (>agaricoides Hymenophor).

Lamprocystide: >**Cystide**

Latiziferen >**Hyphe**

lecanorines Apothecium >**Apothecium**

Leistling: >Hymenothecium mit leistenförmigem >Hymenophor. Der Begriff wird hauptsächlich für *Cantharellus*-Arten angewendet. Im Gegensatz zu den >Blätterpilzen ist die Hymenophoraltrama nicht von der Huttrama verschieden. Die Leisten sind als Ausstülpungen der hymenientragenden Hutunterseite bzw. Außenseite trichterförmiger >Basidiomata zu verstehen.

lignicoler Pilz: holzbewohnender Pilze (>Braunfäule, >Weißfäule, >Moderfäule). Lignicole Pilze werden auch als xylophage (holzfressende) Pilze bezeichnet.

Lirella Lit. 9,12,32,36,46,64,139

Lumineszenz Lit. 5,6,16,48,50,70,150

lysogen: durch eine Lysis (Auflösung) entstanden; z.B. die Hohlräume (Loculi) bei der asco-locularen Entwicklung der >Ascomata durch partielle Auflösung des Plectenchyms (>Pseudothecium).

Macrocystide >**Cystide**

Mediostratum >**Textura**

Meiose: Reduktionsteilung von Zellkernen; die Chromosomenzahl des Mutterkernes wird auf die Tochterzellen verteilt; in der Regel gehen aus einem diploiden Kern zunächst zwei haploide Kerne (erste Phase der Meiose) hervor, die sich anschließend noch einmal teilen (zweite Phase der Meiose), so dass vier haploide Kerne entstehen, z.B. in der Basidie, durch weitere Teilung können auch mehr haploide Kerne gebildet werden, z.B. im Ascus meist acht.

Meiospore: Sporen, deren Kerne aus einer Meiose hervorgegangen sind.

Meiosporocyte: eine Zelle, in der die Meiose stattfindet und welche die Meiosporen erzeugt. Die Meiosporocyten höherer Pilze sind die >Asci und die >Basidien.

meiotische Kernteilung: Zellkernteilung durch Meiose. Sie findet bei den Großpilzen in spezifischen Meiosporocyten statt.

Metabasidie >**Basidie**

metabiotroph >**Mykoparasitismus**

Metamorphose >**Morphogenesis**

Metuloid >**Cystide**

Mitose: Zellkernteilung, bei der die Tochterkerne die gleiche Chromsomenzahl (das gleiche Erbmaterial) wie der Mutterkern erhalten. Bei den fruchtkörperbildenden Asco- und Basidiomyceten kommen Mitosen nur in der haploiden und dikaryotischen Kernphase vor, bei Oomyceten (Eipilzen), einigen Hefen u.a. auch in der Diplophase.

mitotische Kernteilung: Zellkernteilung durch Mitose.

Mitosporen: Sporen, deren Kerne aus einer Mitose hervorgegangen sind.

Moderfäule Lit. 32,43,97,115

monozentrisch s. polyzentrisch

morchelloides Apothecium >**Apothecium, morchelloid**

Morphe: die Gestalt, das Erschaffene; in der Mykologie relativ selbständige Entwicklungs-formen. Bei pleomorphen (vielgestaltigen) Pilzen kommen zwei oder mehr Morphen vor, die sich z.B. durch die äußere Gestalt, durch Kernphasen oder den Modus der Sporenbildung unterscheiden (>Pleomorphie, s. dimorphe Pilze).

Morphogenesis Lit. 23,24,32,36

muriform >**Ascospore**

Mykobiont: der pilzliche Partner einer >Symbiose, insbesondere bei Flechten und bei den >Mykorrhiza-Symbiosen (s Phytobiont, s. Fotobiont).

Mykoparasitismus Lit. 3,4,12,23,32,36,40,49,52,65

Mykorrhiza Lit. 2,23,24.36,84,86,99,110,113,118,133,143,144

Myxamöben: die durch Plasmaströmung amöboid beweglichen, einzelligen Stadien der Schleimpilze. Der Begriff wird auch für die Zygoten verwendet („diploide Myxamöbe"), die aus der sexuellen Verschmelzung (Hologamie) zweier Myxamöben hervorgehen und sich zu Plasmodien weiterentwickeln.

Myxoflagellaten: die durch Geißeln frei beweglichen einzelligen, haploiden Schwärmer der Schleimpilze (>Sporocarpium).

Myzel Lit. 3,4,23,24,36,40,84,86,128

myzelial: aus Myzel bestehend. Bei der >Primordialentwicklung wird der Begriff für konti-nuierlich heranwachsende Fruchtkörper mit meist deutlichem Spitzenwachstum der Hyphen benutzt und der nodulären Entwicklung, bei der sich in oder auf einem primären Knoten ein Primordium bildet und interkalares Wachstum und Hyphenstreckung ausschlaggebende Fak-toren der Entfaltung sind, gegenüber gestellt.

Myzelialkern Lit. 32,36,72,73,82

Myzelioderm Lit. 29,32,36

Neomycet: ein pilzlicher Neubürger, eine Pilzart, die sich außerhalb ihres natürlichen Ver-breitungsgebietes in der Neuzeit angesiedelt hat.

Nestpilze >**Basidioma,** >**Gasterothecium, cyathoid**

nodulär: mit einem Knoten versehen. In der Mykologie ein Typ der >Primordialentwick-lung, bei der einem primären Myzelknötchen, dem Nodulus, die Bildung eines Primordiums folgt.

Nodulus (Pl. Noduli): ein Knoten. In der Mykologie werden die primären Myzelknötchen, die der Bildung eines Fruchtkörperprimordiums voraus gehen, als Noduli bezeichnet. Dieser noduläre Modus der >Primordialentwicklung wird der myzelialen Entwicklung gegenüber gestellt.

ombro-anemochor: Verbreitung von Diasporen durch Regen und Wind, z.B. beim Ausstoß von Basidiosporen aus angiocarpen >Gasterothecien durch auffallende Regentropfen und anschließendem Weitertransport der Sporen durch den Wind (>Hydrophobie).

256

ontogenetisch: die Individualentwicklung (Ontogenie)betreffend.

Ontogenie (auch Ontogenese): Individualentwicklung; z.B. die Entwicklung eines tierischen Individuums von der befruchteten Eizelle bis zum geschlechtsreifen Tier; in der Mykologie in erster Linie die >Fruchtkörperentwicklung vom ersten Hyphenknäuel bis zum sporulierenden Fruchtkörper (>Fruchtkörperentwicklung, >Primordialentwicklung).

Oogonium: eine weibliche Gametocyte, in der eine oder mehrere Eizellen gebildet werden. Bei den diplontischen Oomyceten entstehen die Eizellen nach einer Meiose. Die Eizellenbehälter mit mehreren Eizellen werden mitunter als Oocyten bezeichnet.

Oomycet: ein Eipilz der Klasse *Oomycetes*, die gegenwärtig oft als eigenständige Abteilung (*Oomycota*) geführt wird. Die Oomyceten werden jedoch meist als Klasse *Oomycetes* der Abteilung *Heterokontophyta*, zu der auch fotoautotrophe Algen gehören, zugeordnet. Viele von ihnen wurden als diplontische Arten beschrieben. Charakteristisch ist die Bildung von Eizellen, die über Kopulationsbrücken von männlichen Gamocyten befruchtet werden (s. Gametocyte).

Operculum: ein Deckel; in der Mykologie insbesondere die deckelartigen Apices einiger >Asci, die nach dieser Struktur als operculate (sich mit Deckel öffnende) Asci bezeichnet werden; >Apothecium.

Ostiolum: in der Mykologie die präformierte Öffnung eines Keimzellenbehälters. Der Begriff wird insbesondere für die präformierte Öffnung von >Perithecien, Pycnidien und Spermogonien (>Conidioma) verwendet, mitunter auch für die Öffnung angiocarper >Gasterothecien, z.B. der *Geastrum*- und *Tulostoma*-Arten (Erdsterne, Stielboviste), bei denen auch der Terminus Stoma (Mund) benutzt wird.

Palisadoderm >**Cortex**

Paracapillitium >**Capillitium**

Paraphyse Lit. 32,36,53,54,86

Paraphysoid >**Paraphyse**

Parenchym: Grundgewebe der Pflanzen. Die Gewebe der Kormophyten bestehen aus aneinander haftenden Zellen, die von mehrzelligen Meristemen (Bildungsgeweben) abstammen, während die >Plectenchyme und Pseudoparenchyme von Algen und filamentösen Pilzen auf das Spitzenwachstum oder auf interkalares Wachstum einzelner Fäden, z.B. der Hyphen von Pilzen, zurückzuführen sind (>Mykoparasitismus).

Pellis >**Cortex**

Peridie Lit. 3,4,32,36,69,86

Peridermium >**Aecium**, >**Peridie**

Peridiole Lit. 17,32,36,86,101,129,138

Periphyse >**Paraphyse**

Periphysoid >**Paraphyse**

<u>Peristom</u> Lit. 32,36,86,135

<u>Perithecium</u> Lit. 3,4,32,36,69,83,86,128

perthotroph >**Mykoparasitismus**

phalloides Gasterothecium >**Gasterotheciun, phalloid**

Photobiont s. <u>Fotobiont</u>

Phragmobasidie >**Basidie**

phragmospor >**Ascospore**

Phycobiont: der Algen-Partner einer >Symbiose. In der älteren Literatur wurden alle autotrophen Partner der Flechten als Phycobionten bezeichnet. Da die häufig beteiligten prokaryotischen Cyanobakterien nicht mehr als Algen definiert werden, setzt sich der Begriff <u>Fotobiont</u> durch.

phylogenetisch: die Abstammung betreffend (s. <u>Phylogenie</u>).

Phylogenie: stammesgeschichtliche Entwicklung, Abstammungsgeschichte; die Entwicklung der Organismen von ursprünglichen zu abgeleiteten Verwandtschaftskreisen (s. <u>Ontogenie</u>).

Phytobiont: der pflanzliche Partner einer >Symbiose; insbesondere Pflanzen, die sich mykotroph z.B. durch >Mykorrhiza, ernähren (s. <u>Mycobiont</u>, <u>Fotobiont</u>, <u>Phycobiont</u>).

pileat: mit einem Hut (>Pileus) ausgestattet. Der Begriff wird in der Mykologie für alle >Pilothecien, aber auch für >effusoreflexe, >dimitate und >stipitate >Crustothecien benutzt, bei denen Hüte mit sterilen Oberseiten vorkommen.

<u>Pileus</u> Lit. 23,24,38,69,78,86

Pilocystide>**Cystide**

<u>Pilothecium</u> Lit. 32,36,38,83,139

<u>Pilothecium, resupinat</u> Lit. 23,24,32,36,83

Pinnote >**Conidioma**

Plasmodiocarpium >**Sporocarpium**

Plasmodium: eine vielkernige, nicht in Zellen gegliederte (coenocytische) Plasmamasse von <u>Schleimpilzen</u>. Im Entwicklungszyklus der Schleimpilze sind die Plasmodien die wesentliche trophische Entwicklungsform. Sie enthalten bei den *Myxomycota* (Echte Schleimpilze) zahlreiche diploide Kerne. Je nach Größe und Bewegungsmodus des Plasmas werden sie in Proto- , Aphano- und Phanerplasmodien gegliedert. Die Aggregationsplasmodien der *Acrasiomycota* (Zelluläre Schleimpilze) sind zellulär gegliedert. Im Gegensatz zu ihnen werden die coenocytischen Plasmodien auch als Fusionsplasmodien bezeichnet. Die Plasmodien der *Plasmodiophoromycota* (Parasitische Schleimpilze) leben intrazellulär in den Wirtspflanzen. Bei ihnen kommen haploide und diploide Plasmodien vor.

Plasmogamie: die vereinigung der Protoplasten zweier Geschlechtszellen. Bei den meisten Organismen folgt der Plasmogamie die Karyogamie. Bei den höheren Asco-und Basidiomyceten wird jedoch durch die Plasmogamie die dikaryotische Phase eingeleitet.

Plectenchym Lit. 23,24,32,35,36,38,86,128

Pleomorphie Lit. 3,4,35,38,77,86,128

*Pleurocystide>***Cystide**

*polyporoides Hymenophor >***Hymenophor, polyporoid**

polyzentrisch: mit mehreren Zentren; in der Mykologie eine Form der >Primordialentwicklung von Fruchtkörpern, die aus mehreren Entwicklungszentren des Myzels entstehen. Der stets myzelialen, polyzentrischen Entwicklung steht die monozentrische gegenüber, die myzelial oder nodulär verlaufen kann (>effuses Crustothecium). Bei den Chytridiomyceten werden monozentrische und polyzentrische Thalli unterschieden.

Porling: >Hymenothecium mit >polyporoidem Hymenophor. Es kommen zahlreiche Übergangsformen zu Wirrlingen, Blättlingen und Stachelpilzen vor. Die meisten Porlinge sind >Crustothecien holzbewohnender Arten mit myzelialer >Primordialentwicklung. Aber auch einige terrestrische Arten besitzen ein polyporoides Hymenophor, z.B. in der Gattung *Albatrellus,* und werden als terrestrische Porlinge bezeichnet.

Primordialentwicklung Lit. 23,24,86,102,103,140

Primordium: frühes Entwicklungsstadium einer Struktur, das noch nicht seine spätere Form angenommen hat, z.B. die Anlage eines Blattes am Vegetationskegel einer Pflanze. In der Mykologie werden Fruchtkörperanlagen als Primordien bezeichnet (>Primordialentwicklung).

*Probasidie >***Basidie**

prokaryotisch: ohne echten Zellkern. Prokaryotische Organismen, z.B. Cyanobakterien (Blaualgen), besitzen Kernäquivalente, in der Regel ringförmige Kernsäuren (s. eukaryotisch).

*Proliferation >***Teratum**

*Prolifikation >***Teratum**

Propagulum: eine Fortpflanzungseinheit, z.B. eine Spore, ein Samen, ein Brutkörper etc. Propaguli sind oft, aber nicht immer, gleichzeitig Vermehrungs- und Ausbreitungseinheiten (>Diaspore).

Prothallium: ein Vorkeim. In der Botanik werden die meist lebermoosähnlich feinen Gametophyten von Farnpflanzen, auf denen Archegonien und Atheridien entstehen, als Prothallien bezeichnet.

Protothecium s. Gymnothecium

*prototunicat >***Ascus**

*Pseudoaethalium >***Sporocarpium**

Pseudocapillitium: fädige, einem >Capillitium ähnliche Struktur in den Aethalien von Schleimpilzen, die nach ihrer Herkunft Reste der Wände von >Sporocarpien darstellen.

Pseudocystide>**Cystide**

Pseudolamelle: eine Scheinlamelle, die lamellenähnliche Struktur der Unterseite der Hymenothecien der meisten *Schizophyllum*-Arten. Bei *Schizophyllum commune* (Spaltblättling) sind entwicklungsgeschichtlich die Pseudolamellen durch Verwachsung resupinater Basidiomata entstanden, wobei die Oberflächen im Längsspalt als ursprüngliche Fruchtkörperränder aufzufassen sind (>Hygroskopizität).

Pseudomyzel >**Myzel**

Pseudoparenchym >**Plectenchym**

Pseudoparaphyse: haploide Hyphen des Hamatheciums, die nicht wie die >Paraphysen parallel zu den Asci im >Hymenium entstanden, sondern entgegen der Wachstumsrichtung der Asci zwischen diese eingewachsen sind.

Pseudoperidie >**Peridie**

Pseudorhiza Lit. 23,24,28,32,36,69,86

Pseudoseptum >**Hyphe**

Pseudoseta >**Seta**

Pseudothecium Lit. 32,36,83,86,139

Pycnidium >**Conidioma**

Pycnium >**Conidioma**

Quellung Lit. 86,128,146

Receptaculum Lit. 75,77,86,124

resupinates Pilothecium >**Pilothecium, resupinat**

Rhizine: wurzelähnlicher, der Befestigung dienender Myzelstrang von lichenisierten Pilzen, insbesondere von Blatt- und Strauchflechten.

Rhizoid: wurzelähnliche Gebilde von Pflanzen und Pilzen, z.B. an Prothallien von Farnpflanzen, an Moosen und Flechten. Es sind Zellfäden, Auswüchse oder Verlängerungen von Zellen. In der Mykologie werden kernlose Auszweigungen von Hyphen oder anderen Pilzzellen, die der Ernährung und meist gleichzeitig Anheftung dienen, als Rhizoide bezeichnet, z.B. bei den Chytridiomyceten.

Rhizoidmyzel: aus verzweigten, mitunter vernetzten Rhizoiden bestehende, einem Myzel ähnliche Struktur, die nicht aus echten >Hyphen besteht.

Rhizomorpha Lit. 3,4,25,32,36,77,86

Roestelia >**Aecium**

Röhrling: ein >Pilothecium mit röhrenförmigem (>boletoidem) Hymenophor. Röhrlinge sind in der Regel zentral gestielt. In der Literatur wird der Begriff auch noch im systematischen Sinne für alle Vertreter der Ordnung *Boletales* benutzt.

Rostrum: die zum Ostiolum hin verschmälerte Wand von >Perithecien und Pycnien (>Conidioma).

Rotfäule >**Braunfäule**

Sammelfruchtkörper: ein >Stroma mit mehreren Fruchtkörpern, z.B. werden an oder in den Stromata vieler Ascomyceten der *Sordariomycetes*, die zunächst oft conidiogene Oberflächen besitzen (>Pleomorphie), >Perithecien in oft großer Anzahl gebildet.

Saprobiont: ein saprotroph, d.h. von toter organischer Substanz lebender Organismus. Die saprotrophe Lebensweise von Pilzen ist eine saprophytische, da sie die Nährstoffe im Gegensatz zu saprotrophen Tieren, durch Osmose direkt aus dem Substrat aufnehmen (>Mykoparasitismus).

Schichtpilz: ein >Hymenothecium mit glattem >Hymenophor, z.B. in der Gattung *Stereum*.

schizogen: durch Aufspaltungen entstanden; z.B. die Hohlräume (Loculi) bei der ascolocularen Entwicklung der >Ascomata durch partielle Aufspaltung des >Plectenchyms (>Pseudothecium).

Schleimpilz: ein Vertreter der Protozoen aus den Abteilungen *Myxomycota* (Echte Schleimpilze), *Acrasiomycota* (Zelluläre Schleimpilze) oder *Plasmodiophoromycota* (Parasitische Schleimpilze). Die Schleimpilze sind Protozoen (Urtierchen) aus Verwandtschaftskreisen der Amoeben, in deren Entwicklungszyklus pilzähnliche Stadien mit Sporenbildung vorkommen. Einige Sippen der Myxomycota bilden große, als Aethalien bezeichnete Fruktifikationen, die an >Gasterothecien erinnern (>Sporocarpium), sie wurden daher früher zu den Pilzen gestellt.

Sclerotium Lit. 32,36,77,86,128

secotioides Gasterothecium >**Gasterothecium, secotiod**

Sekretion: Absonderung von Stoffen, die eine ökologische oder physiologische Bedeutung haben (>Guttation).

Septenporus Lit. 3,4,32,36,40,41,42,56-58,77,86,93

Septocystide >**Cystide**

Septum (Septe, Pl. Septa oder Septen): eine Scheidewand, in der Botanik z.B. die Wände im Fruchtknoten, in der Mykologie insbesondere die transversalen Wände in den Hyphen und Sporen. Wenn die Septenbildung mit Kernteilungen verbunden ist, entstehen oft komplizierte >Septenpori.

Seta Lit. 3,4,23,24,32,36,45,86

Skelettocystide >**Cystide**

Somatogamie: die sexuelle Vereinigung von nicht speziell als Geschlechtszellen differenzierten somatischen („Körper"-) Zellen, z.B. von haploiden Hyphen unterschiedlichen Paarungstypes (Hyphogamie) bei vielen Basidiomyceten. Mitunter wird auch die sexuelle Vereinigung von Sprosszellen unterschiedlichen Paarungstypes als Somatogamie bezeichnet. Letzteres kann besser als Hologamie (Verschmelzung einzelliger Organismen) charakterisiert werden. Für die sexuelle Vereinigung primärer Basidiosporen (Sporidien) mancher Brandpilze wird auch der Begriff Sporidiogamie verwendet. In all diesen Fällen leitet die Somatogamie einen dikaryotischen oder – bei manchen Hefen – einen diploiden Entwicklungsabschnitt ein.

Sorocarpium >**Sporocarpium**, s. Sorus

Sorus (Sori): ein Haufen, eine Menge; in der Mykologie ein Sporenhaufen, eine Ansammlung von Sporen. Als Sori werden z.B. die Sporenansammlungen der *Ustilaginales* (Brandpilze) bezeichnet, aber auch die der *Acrasiomycota* (Zelluläre Schleimpilze), die von den zellulär gegliederten Plasmodien, den Aggregationsplasmodien, gebildet werden. Da manche Vertreter dieser Organismengruppe den >Sporocarpien der Echten Schleimpilze ähnliche Fruktifikationen bilden, wurde für die Sporenhäufchen und die daraus resultierenden komplizierten Gebilde der Begriff Sorocarpien geprägt. Von manchen Autoren werden auch die Sporenlager von Rostpilzen, vor allem die Uredien und die >Telien als Sori bezeichnet.

Spermatiogamie: ein Sexualvorgang, an dem Spermatien beteiligt sind; bei den Pilzen meist eine Plasmogamie ohne unmittelbar nachfolgende Karyogamie, z.B die Befruchtung der Ascogonien vieler Ascomyceten.

Spermatium (Pl. Spermatia oder Spermatien): eine frei werdende, unbegeißelte, nur passiv bewegliche, männliche (kernspendende) Keimzelle, die ausschließlich der Befruchtung dient und im Gegensatz zu den Conidien für sich allein keinen neuen Organismus hervorzubringen vermag. Die Entwicklung der Spermatien von Pilzen ist der Conidiogenese ähnlich. Der Befruchtungsvorgang mit Hilfe von Spermatien wird als Spermatiogamie, Spermatisierung oder Spermatisation bezeichnet.

Spermogonium (Pl. Spermogonia oder Spermogonien): ein Behälter, in dem Spermatien entstehen. Die Spermatienträger (Spermatiophore) bilden conidienähnliche Keimzellen, die jedoch ausschließlich der Befruchtung dienen. Spermogonien sind in vielen Fällen morphologisch den Pycnidien ähnlich, in denen jedoch Conidien gebildet werden (>Conidioma).

Sphaerocyten (auch Sphaerocysten): kugelförmige Zellen. In der Mykologie z.B. die kugeligen Hyphensegmente der >Textura globulosa mancher Apothecien oder die Kugelzellen in der >Trama der *Russula*- und *Lactarius*-Arten (Täublinge und Milchlinge).

Spinula >**Seta**

Sporangium >**Sporocyte**

Spore Lit. 3,4,23,24,32,36,45,69,77,86,128

Sporidie: die ersten, aus einer Basidie von Brandpilzen aussprossenden Zellen, werden als Sporidien bezeichnet. Sie stellen die ersten Zellen des haploiden Hefestadiums dar (s. dimorphe Pilze) und sind bei manchen Arten in der Lage, miteinander zu kopulieren. Dieser Vorgang wird als Sporidiogamie bezeichnet.

Sporidiogamie: Sexualität zwischen Sporidien, eine Form der Somatogamie bzw. Hologamie.

Sporocarpium Lit. 3,4,32,36,37,40,96

<u>Sporocyte</u> Lit. 3,4,32,36,86,128

Sporodochium > **Conidioma**

Sporogon: der Diplont (Sporophyt) im Entwicklungszyklus der Moose, der in einer Kapsel die Meiosporen erzeugt. Sporogone entwickeln sich aus den befruchteten Eizellen in trophischer Abhängigkeit vom <u>Haplonten</u> (Gametophyten), der die Archegonien und Antheridien hervorbringt.

Sprossmyzel >**Myzel**

Stachelpilz: >Hymenothecium mit >hydnoidem >Hymenophor

Stephanocystide>**Cystide**

stereoides Hymenophor >**Crustothecium**

Sterigma (Pl. Sterigmata oder Sterigmen): eine „Sporenstütze", ein gestreckter, selten fast kugelförmiger Fortsatz an einer >Basidie, an dem eine >Basidiospore entsteht. Bei den Hymenothecien werden die Basidiosporen in der Regel aktiv von den Sterigmata abgeschleudert. Der Begriff wird mitunter auch für conidiogene und spermatogene Zellen benutzt, an denen Conidien oder Spermatien exogen reifen. Bei der repetitiven Sporenkeimung bilden Basidiosporen ein Sterigma, an dem eine Sekundärspore entsteht.

Stielbovist >**Basidioma**, >**tulostomoides Gasterothecium**

Stilboid >**Apophyse**

stipitates Crustothecium >**Crustothecium, stipitat**

Stoma s. <u>Ostiolum</u>

<u>Stroma</u> Lit. 3,4,32,36,38,54,86,128

Subgleba >**Gleba**

Subhymenium: hymeniumtragende, plectenchymatische Schicht unter dem >Hymenium von >Ascomata und >Basidiomata, die sich oft von den tiefer liegenden Schichten der >Trama bzw. des >Excipulums meist durch eine höhere Dichte der Hyphen unterscheidet.

Subiculum (Pl. Subicula): eine Basis oder Unterlage. In der Mykologie werden wollige bis krustige Hyphenschicht, auf der kleine Fruchtkörper entstehen, Subiculum genannt. Der Begriff wird auch für die >Trama von >effusen Crustothecien benutzt, die das Hymenium trägt.

<u>Symbiose</u> Lit. 2-4,23,24,32,36,38,99,110,113,128,133,139,143,144,146

Synanamorphe s. <u>Anamorphe</u>

Synnema >**Conidioma**

Teleomorphe: die Erscheinungsform (s. <u>Morphe</u>) pleomorpher Pilze, von der regulär die <u>Meiosporen</u> produziert werden. Es ist die „perfekte" Form, die auch als „geschlechtliche" Form bezeichnet wird, weil der Meiose bei den Pilzen mit <u>diakaryotischen</u> Phasen stets die

Karyogamie vorausgeht. Die <u>Meiosporocyten</u> der Teleomorphen der Großpilze sind die >Asci oder die >Basidien, die auf >Fruchtkörpern, den >Ascomata oder den >Basidiomata, gebildet werden. Neben den Teleomorphen bilden viele Pilze auch <u>Anamorphen</u>, die meist durch die Bildung von <u>Mitosporen</u>, häufig von <u>Conidien</u>, charakterisiert sind (>Pleomorphie, s. <u>Holomorphe</u>).

Teleutospore: >**Telium**

Teliospore >**Telium**

<u>Telium</u> Lit. 2-4,7,12,32,36,38-40,46,49,53,54,77,83,100,128,133

<u>Teratum</u> Lit. 30,32,36,77,84

<u>Textura</u> Lit. 23,32,44,62,66,79-81,86,123,140

Thallus: ein Lager. Ursprünglich wurde der Begriff für die Lager der Flechten benutzt und später auf alle vielzelligen oder coenocytischen pflanzlichen Organismen – einschließlich der Pilze – übertragen, die keinen Kormus, d.h. keinen in Wurzel, Sproßachse und Blätter gegliederten Pflanzenkörper, besitzen. Alle mehrzelligen Algen und Pilze sowie die Moose werden als Thallophyten (Lagerpflanzen) den Kormophyten gegenüber gestellt. Gegenwärtig wird in der Mykologie der Begriff Thallus insbesondere für Flechten, aber auch als allgemeiner Überbegriff für Myzelien und sonstige Vegetationskörper von Pilzen gebraucht.

Thylakoid: Membransystem im Inneren der Zellen von Cyanobakterien (Blaualgen) und von Chloroplasten grüner Pflanzen, die unter anderem das Chlorophyll (Blattgrün) enthalten.

<u>Tomentum</u> Lit. 23,24,72,86

<u>Trama</u> Lit. 23,24,32,36,83,86

Trichoderm >**<u>Cortex</u>**

Trichogyne: ein Empfängnishaar, das der Aufnahme männlicher Zellkerne dient. Der Begriff wird in erster Linie für die haarförmigen Anhängsel von <u>Ascogonien</u> benutzt, die mit den Spermatien oder anderen männlichen Geschlechtszellen (Androgamocyten) verschmelzen und deren Kerne aufnehmen können.

<u>Tuberothecium</u> Lit. 32,36,66,83,84,86,140

tulostomoides Gasterothecium >**Gasterothecium, tulostomoid**

Tumor >**Cecidium**

unitunicat >**Ascus**

uniguttulate Sporen >**Guttation**

Uredium (auch Uredinium, Uredosporenlager, Uredosorus, Sommersporenlager): Uredosporenlager der Rostpilze; der Namen beruht auf der Anamorphgattung *Uredo*, die Teleomorphen gehören zu den *Pucciniaceae*. Uredien werden meist subepidermal im Mesophyll oder unter der Epidermis von Sprossachsen gebildet, die Sporen durchbrechen die Epidermis oder zerstören nur einzelne Spaltöffnungen. Sie sind für die epidemische Ausbreitung des <u>Dikaryonten</u> vieler Roste verantwortlich (>Paraphyse, Abb. 4; >Spore, Abb. 2; >Aecium,

>Telium, <u>Sorus</u>).

Uredospore (auch Urediniospore, Sommerspore): dikaryotische Mitosporen von Rostpilzen, die in besonderen Sporenlagern, den <u>Uredien</u>, gebildet werden. In vielen Fällen sind die Uredosporen rund, warzig, rostbraun pigmentiert und besitzen mehrere Keimpori (>Spore, Abb. 2).

<u>Velum</u> Lit. 3,4,10,23,24,32,36,83,86,102,103,140

<u>Velum partiale</u> Lit. 3,4,23,24,32,36,38,86,102,103,140

<u>Velum universale</u> Lit. 3,4,23,24,32,36,55,86,102,103,140

Venae externae >**Tuberothecium**

Venae internae >**Tuberothecium**

Volva: die basalen, häutigen Reste einer >Peridie oder eines >Velum universale entfalteter >Basidiomata. Die Peridien der clathroiden, phalloiden und einiger secotioiden >Gasterothecien und die Vela universale einiger stipitater >Pilothecien verbleiben nach der Streckung der >Receptaculi bzw. der Stiele als häutige Reste an der Fruchtkörperbasis erhalten und werden Volva („Embryonalhülle") genannt.

Warzenpilz: ein >Hymenothecium mit warzenförmigem Hymenophor. Es kommen zahlreiche Übergangsformen zu >Basidiomata mit glatten und leistenförmigen Hymenophoren vor (s. <u>Leistlinge</u>).

<u>Weißfäule</u> Lit. 32,36,72,73,74,91,98,109,111,112,122

Wirrling: ein >dimitates Crustothecium mit labyrinthischem >Hymenophor. Es kommen zahlreiche Übergangsformen zu <u>Porlingen</u> und <u>Blättlingen</u> vor (>Crustothecium, Abb. 6).

Würfelbruch >**Braunfäule**

Würfelbruchfäule >**Braunfäule**

Zoochorie >**Diaspore**

Zoospore: eine >Spore, die durch Begeißelung mobil beweglich ist. Bei Pilzen bzw. pilzähnlichen Organismen kommen z.B. bei den *Oomycetes* (Eipilzen) und den *Chytridiomycota* (Flagellatenpilzen) Zoosporen vor (>Diaspore).

Zoosporocyte: eine Zelle, in der durch freie Zellbildung <u>Zoosporen</u> entstehen (>Sporocyte).

Zygoma >**Fruchtkörper**

Zygomycet: ein Vertreter der Jochpilze. Sie werden gegenwärtig meist als Abteilung *Zygomycota* mit mehreren Klassen geführt. Die früher zur Klasse *Zygomycetes* gestellten VA-Mykorrhiza bildenden *Glomeraceae* werden gegenwärtig meist als eigenständige Abteilung *Glomeromycota* geführt.

Zygote: Durch Fusion von Sexualzellen (Gameten, Gamocyten oder somatischen Zellen unterschiedlichen Paarungstyps) entstandene <u>diploide</u> oder <u>dikaryotische</u> Zelle. Da der Sexualakt aus <u>Plasmogamie</u> und <u>Karyogamie</u> besteht, sind Zygoten normalerweise diploid.

Bei den Pilzen mit einer Dikaryophase wird der Zygotenbegriff jedoch in unterschiedlichem Sinne benutzt. Manche Autoren bezeichnen die nach der Plasmogamie entstandene dikaryotische Zelle als Zygote, z.B. das befruchtete <u>Ascogon</u>. Andere beziehen den Begriff auf die diploiden Zellen nach der Karyogamie, d.h. auf die kurzzeitig diploiden >Asci bzw. Probasidien, Basidiolen oder >Basidien.

Organismenregister

Abgestutzte Keule 158
Abgestutzter Keulenpilz 100
Abies alba 192
Ablösender Krustenpilz 58,**59**
Absidia 14
Acer 26.28,108,128
Acer pseudoplatanus 128,**129**,164,**165**
Achnatherum splendens 88,
Acrasiomycota 258,261,262
Aecidium 10,243
*Aecidium euphorbiae*10,**11**
Aegopodium podagraria 50, **51**
Agaricaceae 84,92,134,206
Agaricales 88,90,100,102,112,114,116,118,
  138,245
Agaricomycotina 6
Agaricus 92,110,112,122,158
Agaricus abruptibulbus 176
Agaricus arvensis **209**
Agaricus bisporus 74,**75**,126,**127**,134,**135**
Agaricus bitorquis 126
Agaricus hortensis **159**
Agathomyia wankowiczi 42,**43**
Agrocybe praecox 36,**37**,52,**53**,176
Ahorn 26.28,108,128
Ahorn-Runzelschorf 108,**109**
Alabasterkernling 100,**101**
Albatrellus 259
Aleuria aurantia 146, **147**
Alpen-Johannisbeere 50
Alternaria 132
Alternaria tenuissima 184,**185**
Amanita 210
Amanita caesarea 158
Amanita echinocephala 210,**211**
*Amanita fulva*210,**211**
Amanita muscaria 210
*Amanita phalloides*206 **207**, 210,**211**
Amanita rubescens 74,**75**,208,**209**,210,**211**
Amanita vaginata var. *fulva*210,**211**
Amauroderma 62
Amauroderma rude 63,**63**
Ambivina filobasidia 58
Anemone nemorosa 18
Anemonenbecherling 18,**19**,108,**109**,178
  179
Anistramete 214ff
Antrodia 38
Antrodia serialis 214ff
Antrodiella hoehnelii 214ff
Apothekerschwamm 38 **39, 214**ff
Arbutus 138

Arcangeliella 88
Arctostaphylos 138
Arcyria 40
*Arcyria obvelata*40,**41**
Armillaria 130
Armillaria mellea 130, 176, **177**
Armillariella 176
Aschgraues Weichbecherchen 18,**19**
*Ascobolus*84, **85**
Ascocoryne 76, 172
Ascocoryne cylichnium 162,**163**,164,**165**
Ascomycota 6,170
Ascusschleuderer 84,**85**
Aseroë 82
Aseroe rubra 82,**83**
Asiatischer Hohlfußröhrling 12,**13**,208,**209**
Aspergillus 132,164,243
Asteraceae 174,254
Asterostroma 182
Astraeus 86
Astraeus hygrometricus 106
Auricularia auricula-judae 76,172
Auricularia polytricha 76,**77**,126
Auriculariales 76,118,172
Auriscalpium vulgare **111**
Austernseitling 70,126,**127**,158,**159**
Balkenblättling 214ff
Bankeraceae 118
Bärenklau 24,
Bärtiger Ritterling 138,**139**
Basidiomycota 6,38,245
Battarraea 94,210
Battarraea phalloides 40,94,**95**
Beef-Steak-Pilz 116
Behaarte Erdzunge 20
Bergahorn **165**
Betula pendula 164
Betula pubescens 212,**213**
Beutel-Stäubling 196,**197**
Birken- Feuerschwamm 214ff
Birkenporling 38,54,102, **214**ff
Birkenreizker 52,**53**
Birkenrotkappe 70,**71**
Birne 194
Birnenstäubling 36,**37**,66,**67**,104,**105**
Birnengitterost 12,**13**,32,**33**,194,**195**
Bischofsmütze 20,**21**
Bitterer Saftporling 214ff
Bjerkandera adusta 54,**55**,60,**61**, 214ff,**228**
Bjerkandera fumosa 214ff
Blasenroste 148,**149**
Blattartiger Zitterling 76,**77**
Blaualgen 192,259,264
Blauer Saftporling 214ff

Printing and Binding: Stürtz GmbH, Würzburg